Deterministisches Chaos

Deterministisches Chaos

Wege in die nichtlineare Dynamik

von
Dr. Roman Worg, München

Wissenschaftsverlag
Mannheim · Leipzig · Wien · Zürich

Die Deutsche Bibliothek – CIP-Einheitsaufnahme

Worg, Roman:
Deterministisches Chaos: Wege in die nichtlineare Dynamik / Roman Worg. – Mannheim; Leipzig; Wien; Zürich: BI-Wiss.-Verl., 1993
ISBN 3-411-16251-1

Gedruckt auf säurefreiem Papier
mit neutralem pH-Wert (bibliotheksfest)

Druck: RK Offsetdruck GmbH, Speyer
Bindearbeit: Progressdruck GmbH, Speyer
Printed in Germany
ISBN 3-411-16251-1

Vorwort

> "Ich habe nicht vom ästhetischen Reiz seltsamer Attraktoren gesprochen. Diese Kurvensysteme, diese Punktwolken erinnern manchmal an Feuerwerke und Galaxien, dann wieder an seltsame, beunruhigende Pflanzenwucherungen. Ein ganzes Reich von Formen, die es zu erforschen, und Harmonien, die es zu entdecken gilt."
>
> D. Ruelle [29,S.223]

Das Wissenschaftsgebiet "deterministisches Chaos" erfreut sich breiter Popularität in der Öffentlichkeit. Dieses Buch möchte Erkenntnisse des neuen Gebietes an Nichtspezialisten weitergeben. Ausgehend von physikalischen Phänomenen wird nach Beschreibungsmöglichkeiten, Ursachen und Konsequenzen gefragt. Als Beispiele werden mechanische Systeme im Experiment und in der Computersimulation behandelt.

Zur Einordnung des Themas wird zuerst ein geschichtlicher Überblick gegeben. Dabei wird dargelegt, daß die Entwicklung des neuen Wissenschaftsgebietes nach einem allgemeinen Schema abläuft.

Die Basis von deterministischem Chaos ist die hohe Sensitivität eines Systems auf Anfangsbedingungen und Störungen. Dementsprechend sind die ersten physikalischen Begriffe Determinismus, Kausalität, Sensitivität und Auswirkungen auf die Vorhersagedauer.

Das "Bifurkationsszenario", "seltsame Attraktoren", "Selbstähnlichkeit" und "Fraktale" sowie "Intermittenz" sind hervorstechende Phänomene bei deterministischem Chaos. Sie werden am experimentellen Beispiel des Rotationspendel mit Unwucht eingeführt. Dabei werden Analysetechniken wie das Feigenbaum-Diagramm, der Poincaré-Schnitt oder die Rückabbildung beschrieben. Gemeinsamkeiten zwischen dem Verhalten des physikalischen Systems und dem Verhalten von Iterationssystemen (z. B. Universalität beim Bifurkationsszenario oder Selbstähnlichkeit) zeigen sich im Vergleich mit der logistischen Funktion.

Es lassen sich sogar Iterationsfunktionen finden, die das komplexe Verhalten des Pendels auf relativ einfache Weise modelliert. Damit soll die Lücke zwischen "einfacher" mathematischer Iteration einerseits und "kompliziertem" physikalischem System andererseits geschlossen werden.

Ein weiteres Phänomen ist das Auftreten verschiedener Schwingungstypen je nach Wahl der Anfangsbedingungen. Bei genauerer Untersuchung kommt bei den Einzugsgebieten wieder eine fraktale Struktur zum Vorschein. Außerdem wird noch das Phänomen der Hysterese dargestellt und die Konsequenz des hyperbolischen Punktes für die Sensitivität.

Aus den untersuchten Phänomenen drängt sich eine Quantifizierung für die typischen Verhaltensweisen auf. Hierzu werden der Liapunov-Exponent und die fraktale Dimension eingeführt und Berechnungsverfahren dazu dargelegt.

Als Beispiele für konservative Systeme dienen das Magnetpendel und das ebene elastische Pendel. Für das Magnetpendel werden experimentell Bahnen aufgenommen und die zugehörigen Poincaré-Schnitte ermittelt. Das ebene elastische Pendel eignet sich sehr gut für die Computersimulation, im Poincaré-Schnitt findet sich die Fibonacci-Serie und der Goldene Schnitt.

Das vorliegende Buch stellt nicht einen speziellen Lehrkurs für eine scharf abgegrenzte Zielgruppe dar. Das Material kann sowohl zum Erwerb von Hintergrundwissen als auch als Grundlage für die unterrichtliche Umsetzung dienen. Es richtet sich auch an naturwissenschaftlich interessierte Nichtspezialisten, die eine Einführung aus der Sicht der Physik erwarten.

Bei der Behandlung von Themen der nichtlinearen Dynamik ist der Computer ein wichtiges, häufig sogar notwendiges Hilfsmittel. Die benutzten Computerprogramme sind im Anhang kurz beschrieben und können über den Autor erworben werden.

Wissenschaftliches Arbeiten ist ein kommunikativer Prozeß. Die Diskussion mit Freunden und Kollegen brachte viele Ideen. Der "Zwang zum Erklären müssen" zeigte mir, was ich nicht verstanden oder nicht richtig dargelegt habe. Ich danke Prof. Dr. K. Luchner, daß ich die Arbeit am Lehrstuhl für Didaktik der Physik, Sektion Physik der Ludwig-Maximilians-Universität München durchführen konnte. Viele Ideen und konstruktive Anregungen stammen von ihm. Dank auch an die Kollegen, besonders Hermann Deger, und Studenten für ihre Rolle als Berater und Publikum. Weiter nütze ich die Chance, mich bei Freundin, Familie und Freundeskreis für so manche Stunde zu entschuldigen, die ich am Computer verbrachte und nicht mit ihnen zusammen.

München, im Dezember 1992 — Roman Worg

Inhalt

Einleitung

Eine (unsystematische und eher zufällige) Umfrage im Bekanntenkreis ergab, daß ''Chaos überall ist'', daß die Chaosforschung ''das Wetter erklärt'', genauso wie sie sich ''mit Medizin, Biologie und Astronomie'' beschäftigt, die ''Philosophie der Physik revolutioniert'' oder ''Chaos erst Kreativität ermöglicht''; ''Wissenschaftler können damit politische Systeme durchschauen und Krisen vorhersagen'' oder ''sehen jetzt ein, daß sie nichts mehr vorhersagen können''. Immer wieder genannt wurden auch die schönen Bilder, ''in diesen ist das Chaos beschrieben'', ''daraus kann man etwas ablesen''.

Das Chaos im Griff

Wie unvorhersehbare Entwicklungen zu beeinflussen sind

..iehen die Planeten unseres Sonnensystems ewig auf den gleichen Bahnen?
Astronomen stellen die Auffassung vom perfekten Räderwerk in Frage

Ein himmlisches Chaos

Physik gerät in Unordnung

Die Chaosforschung stellt den reduktionistischen Standpunkt in Frage / Von Jeanne Rubner

Auf der Suche nach dem Durchblick

Wie Wissenschaftler das Chaos erforschen wollen

Chaos im Gehirn?

Was mathematische Modelle erklären

›Chaotische‹ Zustände in Magen und Darm

Neue Erkenntnisse über Verdauungsvorgänge bei einem internationalem Symposium in Augsburg

Auch diese Schlagzeilen, entnommen aus den Wissenschaftsseiten seriöser Zeitungen, klingen eher nach kurzlebigen Nachrichten als nach Berichten über ''ernsthafte'' Wissenschaft. Sie zeugen zusammen mit einer großen Anzahl von populärwissenschaftlichen Veröffentlichungen, Fernsehsendungen und Sonderausstellungen von der Popularität eines neuen Wissenschaftsgebietes, der ''Chaosforschung''.

Bei näherem Nachfragen stellt sich heraus, daß der Begriff ''Chaos'' kaum in der wissenschaftlichen Bedeutung des ''deterministischen Chaos'' verstanden wird, und daß die attraktiven Bilder, die fast ausschließlich auf mathematischen Iterationen beruhen, direkt mit Naturbeschreibung gleichgesetzt werden. Es ist nicht so, daß die Inhalte der Zeitungsartikel, Fernsehsendungen oder populärwissenschaftlichen Bücher die nötigen Definitionen und Erklärungen unberücksichtigt lassen, die meisten Beiträge sind gut verständlich und inhaltlich fundiert. Es bleibt aber die Notwendigkeit, **Erkenntnisse der modernen Wissenschaft** in verschiedenster Weise und an verschiedenster Stelle **für Nichtspezialisten** weiterzugeben. Dieses Buch möchte dazu einen Beitrag im Rahmen der Physik liefern. Die Formulierung ''nichtlineare Dynamik'' im Titel soll andeuten, daß der Ansatz auf der Beschreibung der Natur beruht, daß nicht allgemein das Thema ''deterministisches Chaos'' behandelt wird. Im Aufbau der Arbeit drückt sich dies dadurch aus, daß nicht von der Iterations-Mathematik ausgegangen wird und physikalische Beispiele dazu dargelegt werden. **Von physikalischen Phänomenen ausgehend wird nach Beschreibungsmöglichkeiten, Ursachen und Konsequenzen gefragt.**

"Wissenschaft bedeutet nämlich nicht Wissen,
Wissenschaft bedeutet Erwerbung des Wissens."
V.F.Weisskopf [82,S.76]

Zur fachdidaktischen Forschung gehört die **Aufbereitung und Umsetzung von Neuigkeiten aus der Forschung für Zwecke des Unterrichts** (nach K. Luchner [52]). Zur Aufbereitung und Umsetzung zählt die **Auswahl und Anordnung, didaktische Transformation** und die **Entwicklung fachdidaktischer Hilfsmittel und Medien** (G. Bittner, [85,S.77ff]). Dabei versteht man unter der didaktischen Transformation die Vereinfachung und Veranschaulichung komplexer und abstrakter wissenschaftlicher Aussagen in einfachere Aussagen, ohne den Inhalt zu verfälschen (G .Bittner [85,S.51]). Diese Aufgabenstellung stellt den Rahmen für die didaktischen Bearbeitungen des vorliegenden Buches.

Vor allem drei **didaktische Leitprinzipien** bilden die Grundlage den Aufbau und die Art der Darstellung. Das **Aktivitätsprinzip** fordert, daß der Lernende möglichst häufig Gelegenheit zur Eigenaktivität hat und zu weiteren Studien angeregt wird. Neues Lernen bedeutet immer auch **Training von Vorwissen und physikalischer Intuition**: Die Beschäftigung mit relativ komplexen Systemen setzt Kenntnisse, Fähigkeiten und Fertigkeiten zu Basisinhalten der Physik voraus. Sie entwickelt sie weiter zu Vertrautheit, Beherrschung sowie Offenheit für Erkennen und Werten von Problemstellungen und Lösungsansätzen. Naturwissenschaftliche Inhalte werden optimal durch die **Methode des entdekkenden Lernens** vermittelt: Ausgehend von einem Phänomen wird nach Beschreibungsmöglichkeiten, Ursachen und Konsequenzen gefragt. Diese Lehrmethode entspricht einem "natürlichen" Lernstil, man vergleiche das spielerische Lernen von Kleinkindern. Es entsteht ein Kreisprozeß, neues Interesse entwickelt sich aus Beobachtungen, die während der Bearbeitung gemacht werden. Der durch die nichtlineare Dynamik beschriebene Bereich bietet eine große Anzahl von Beispielsystemen, an denen der Lernende tatsächlich selbst forschen kann. Dabei wird die Abstraktionsebene Schritt für Schritt erhöht und somit auch die Anforderungen an Vorwissen und Ausdauer.

Die Arbeit stellt nicht den Vorschlag für einen Lehrkurs dar, der an eine scharf abgegrenzte Zielgruppe von Lernenden gerichtet ist, sie ist sowohl **für Lehrende als auch für Lernende** gedacht. Sie kann Lehrenden (an Schule und Hochschule) als Grundlage zur Aufstellung eines Kurses dienen oder die Möglichkeit geben, Hintergrundwissen zu erwerben.
Für Studenten ist sie als Einführung und Ergänzung gedacht oder auch als Quelle für Ideen zu eigenen Arbeiten. Ein Beispiel für die Eingliederung in klassischen Veranstaltungen der universitären Ausbildung ist das Anfängerpraktikum Kurs C an der Sektion Physik, Universität München. Dort ist seit 1988 der Versuch "Verhalten eines nichtlinearen, schwingungsfähigen Systems" eingeführt. Der Versuch wurde vom Autor eingerichtet und mehrere Semester betreut. Untersuchungsobjekt ist das Rotationspendel mit Unwucht, die Studieninhalte entsprechen denen aus Kapitel 3. und 5. Im Vergleich zu vielen anderen Versuchen des Praktikums steht nicht die Messung physikalischer Größen oder die Bestätigung eines formelmäßigen Zusammenhanges im Vordergrund. Neben dem Erkennen der spezifischen Phänomene der nichtlinearen Dynamik wird Wert darauf gelegt, diese Phäno-

mene zu beobachten, zu diskutieren und sie als Einstiegsmöglichkeit in eine eventuell später erfolgende Vertiefung zu erkennen. Ähnliche Einbindungen sind sicher inzwischen auch an anderen Universitäten üblich.
Für die Schulphysik kann es sicher nicht das Anliegen sein, den Lehrplan noch mehr zu überfüllen. Ein spezieller Kurs "deterministisches Chaos" wäre eine Überbewertung der Bedeutung dieses Gebietes. Es ist aber für ein sich ständig entwickelndes Fach notwendig, neue Erkenntnisse mit einfließen zu lassen. Die Diskussion in der Lehrerschaft ([03], [22] und persönliche Mitteilungen, z.B. bei Lehrerfortbildungen) zeigen drei Tendenzen:

- Die attraktiven Bilder und das Wort "Chaos" mit seinen Assoziationen zum persönlichen Umfeld machen eine Motivation zur Behandlung von Themen zur nichtlinearen Dynamik leicht. Viele Schüler erfahren über öffentliche Medien von einzelnen Inhalten, oder erstellen selbst Bilder nach Algorithmen, deren Bedeutung sie aber nicht erfassen . Die entstandene Neugierde führt zu Fragen, zu deren Beantwortung eine entsprechende Fortbildung der Lehrerschaft nötig ist.
- Wenigstens das Prinzip der Sensitivität ("nicht alle Naturvorgänge sind prinzipiell beliebig genau vorhersagbar") sollte verdeutlicht werden. Die neuen Inhalte können an entsprechenden Stellen in den Unterricht mit eingebunden werden. Z.B. können bei der Behandlung von Schwingungen zuerst verschiedenste Schwingungen betrachtet werden (phänomenologisch), um dann erst (mit Angabe der Gründe) die harmonische Schwingung eingehender zu bearbeiten. Hierzu finden sich bereits Ansätze bei der Gestaltung von Lehrbüchern (z.B. [48]).
- Der Themenkreis eignet sich sehr gut für die Behandlung durch einzelne Schüler (Facharbeiten) oder kleine Schülergruppen (Projektarbeiten). Außerdem bietet es sich automatisch zu fächerübergreifendem Arbeiten an.

> "Not only in resaearch, but also in the everyday world of politics and economics, we would all be better off if more people realised that simple nonlinear systems do not necessarily possess simple dynamical properties."
>
> R.M. May [61,p.77]

1. Ein neues Wissenschaftsgebiet installiert sich

"Die Natur kann auch im Chaos nicht anders, als ordentlich und regelmäßig verfahren."
Emanuel Kant

Zur Einordnung des Themas wird zuerst ein geschichtlicher Überblick gegeben. Dabei wird dargelegt, daß die Entwicklung des neuen Wissenschaftsgebietes nach einem allgemeinen Schema abläuft.

Der Erfolg und die Anerkennung der exakten Naturwissenschaften basiert sicherlich zum großen Teil auf ihrer Anwendbarkeit. Die prinzipielle Suche nach Kategorien und Zusammenhängen erlaubt Aussagen für die Zukunft - Vorhersagen. An der Art der Vorhersagbarkeit mißt sich auch der "Nutzen" eines Wissenschaftsgebietes, es zieht einen großen Teil seiner Existenzberechtigung daraus. Diese Anforderung erfüllt die Physik in ganzer Breite. Beispiele wie die Beschreibung der Planetenbewegungen durch die Keplerschen Gesetze, die Konstruktion von Uhren auf der Grundlage von Oszillatoren stehen hierfür; Zusammenhangsbeschreibungen wie die Newtonschen Gesetze, die Maxwell-Gleichungen oder die Relativitätstheorie bilden die Grundsäulen der Naturwissenschaft.

Naturwissenschaftler sehen ihr Arbeitsgebiet allerdings nicht nur als Zubringer für anwendungsorientierte Wissenschaft, sondern sehen die Hauptaufgabe im Finden von Modellen, die sie ständig hinterfragen und auf ihre Gültigkeit prüfen. John von Neumann liefert eine prägnante Definition: "Die Naturwissenschaften wollen nicht erklären, und sie wollen selten etwas interpretieren, sie schaffen in der Hauptsache Modelle. Mit einem Modell ist ein mathematisches Konstrukt gemeint, das unter Zusatz bestimmter sprachlicher Interpretationen Phänomene der Beobachtungswelt beschreibt. Die Berechtigung eines solchen mathematischen Konstrukts beruht einzig und allein auf der Hoffnung daß es funktioniert." [29,S.381]

Victor F. Weisskopf verbindet wissenschaftliches Arbeiten mit menschlichen Hintergründen: "What's beautiful in science is that same thing that's in Beethoven. There's a fog of events and suddenly you see a connection. It expresses a complex of human concerns that goes deeply to you, that connects things that were always in you that were never put together before."[67,S.129] Er schreibt wissenschaftlichem Arbeiten nicht nur einen ästhetischen Wert zu sondern deutet auch an, wie Wissenschaft sich entwickelt, daß Bestehendes verbunden zu neuem Wissen wird.

1.1 Struktur bei der Installation eines Wissenschaftsgebietes

Wissenschaftliche Entwicklung kann unterschiedliche Wirkung haben. Thomas S. Kuhn so unterscheidet zwischen ''normalen Wissenschaften'' und ''Umwälzungen'' [36,S.229ff]. Die Umwälzungen führen nicht nur zu neuen Grundmodellen, sondern häufig auch zu einem neuen Wissenschaftsgebiet. Solche neuen Gebiete durchlaufen bestimmte Entwicklungsstufen. Der Installationsprozeß paßt in ein Schema wie in Abb. 1.1 dargestellt. In dem Schema sind verschiedene Ansätze zusammengefaßt und erweitert (Zitate siehe folgender Text).

Die **normale Wissenschaft** entwickelt sich kontinuierlich in kleinen Schritten. Hierbei ergeben sich immer wieder **Hinweise** auf Unstimmigkeiten oder es tauchen Fragen auf, die nicht geklärt werden können. Immer deutlicher wird ein Drang nach einer anderen Blickrichtung. Die ''Zeit ist reif'' [36,S.231] für einen ''Phasenübergang von einem Bewußtseinszustand in den nächsten'' [36,S.230].

1 ''NORMALE WISSENSCHAFT'' der VORSITUATION:
- Existenz allgemein anerkannter Theorien und Modelle

2 HINWEISE:
- Unabhängige und sporadische Bearbeitung von Randgebieten stellen Voraussetzungen und Allgemeingültigkeit in Frage
- Formulierung von Fragestellungen und Entwicklung einzelner Bearbeitungstechniken
- Entwicklung von Hilfsmitteln (Computer, Rechentechnik, ...)
- ''Drang'' zu anderer Blickrichtung - ''Die Zeit ist reif''
- Vorbereitung für ''Phasenübergang'' von einem Bewußtseinszustand zu nächsten
- Beginn von Fluktuationen der normalen wissenschaftlichen Entwicklung

3 PARADIGMENWECHSEL - UMWÄLZUNG:
- Initialbeobachtungen führen zu neue Ideen und Ansätzen
- Bildung von Prästrukturen und ersten Modellen
- Die Akzeptanz durch ''klassische Wissenschaft'' entwickelt sich exponentiell, es stellt sich der Matthäus-Effekt ein: ''Denen, die haben, wird noch gegeben, denen die nichts haben, wird noch genommen werden.''
- Die Anzahl der Veröffentlichungen ist so groß, daß jeder die Chance hat, davon zu hören

4 STRUKTURAUSBILDUNG:
- Gezielte Bearbeitung von Experimenten, Theorien und Methoden
- Ausbildung einer eigenen Nomenklatur, Namenssuche für das Wissenschaftsgebiet
- Eine ''Veröffentlichungsexplosion'' setzt ein, eigene Lehrbücher erscheinen, es bilden sich spezielle Forschungszentren

5 NEUE NORMALE WISSENSCHAFT:
- Anerkennung als eigener Wissenschaftszweig
- Suche nach übergreifender Theorie
- Verstärkter Praxisbezug, Eingang in angewandte Wissenschaften
- Neue Fragestellungen

Abb. 1.1: *Allgemeine Struktur bei der Installation eines Wissenschaftsgebietes (Quellenhinweise siehe Text; Darlegung für das Gebiet Deterministisches Chaos in 1.2.1-1.2.5)*

Dieser **Paradigmawechsel** [36,S.230] vollzieht sich deutlich und rasch nach einer initialen Beobachtung oder Idee, die eine breitere Akzeptanz finden. Robert Mertan bezeichnet dieses soziologische Phänomen als "Matthäus-Effekt" [36,S.231]: "Denen, die haben, wird noch gegeben, denen die nichts haben, wird noch genommen" [Matthäus 25,29]. Aufgrund der Häufung von Erkenntnissen zu diesem Gebiet, die anfangs meist unabhängig voneinander entstehen, **bildet sich eine Struktur aus**, es werden gezielte Experimente gemacht und eine Nomenklatur entwickelt. Der letzte Schritt zum neuen Wissenschaftszweig liegt in der Suche nach Vereinheitlichung, es bedarf einer übergreifenden Theorie und der Formulierung von detaillierten Fragestellungen. Der Zweig ist in der **normalen Wissenschaft** anerkannt. Die Entwicklung des Wissenschaftszweiges DETERMINISTISCHES CHAOS läßt sich in die vorgeführte Installationsstruktur einordnen. Das neue Gebiet läßt sich sogar selbst auf die Wissenschaftsentwicklung anwenden, so führt H. Haken in "Die Dynamik wissenschaftlicher Erkenntnis oder der Kampf der Wissenschaftler" [36,S.227] als Beispiel für einen synergetischen Vorgang auf.

Der Name "Chaos" ist nicht zuletzt wegen seiner umgangssprachlichen Bedeutung eher mit hochkomplexen Systemen, also Systemen mit sehr vielen Parametern, Freiheitsgraden und sehr vielen Einflüssen assoziiert, in dem der Zufall eine entscheidende Rolle spielt. Diese Assoziation ist irreführend. Der Zusatz "deterministisch" räumt zwar den Einfluß von Zufall aus, nicht aber die gefühlsmäßige Erwartung von sehr vielen Parametern. Trotz dieser möglichen Mißverständnisse soll im folgenden der Begriff "deterministisches Chaos" benutzt werden, er hat sich allgemein durchgesetzt und im wissenschaftlichen Sprachgebrauch inzwischen auch präzisiert. Für die Lehre bringt das Wort Chaos eine zusätzliche Motivation durch Personifizierung. Wer assoziiert nicht sofort eigene Erfahrungen mit diesem Wort? Außerdem fordert er den Lernenden heraus, seine präkonzeptionelle eigene Definition mit der wissenschaftlichen zu vergleichen, und dieser Vergleich führt zu Diskussion und damit zur Chance eines tieferen Verständnisses; die Abgrenzung von Umgangssprache und Fachsprache ist dann eine Hilfe zur Präzisierung.

1.2 Geschichtliche Entwicklung des Gebietes "Deterministisches Chaos"

Bevor das Entwicklungsschema aus Abb.1.1 auf das Beispiel deterministisches Chaos angewandt wird, soll in Abb.1.2 ein zeitlicher Überblick über die wichtigsten Ideen, Arbeiten und Entdeckungen gegeben werden. Die Zuordnungen zu den Gebieten "Nichtlineare Naturwissenschaft", "Strukturbildung" und "Iterations-Mathematik" bilden eine erste Einteilung des Gebietes. Abb.1.3 zeigt eine Aufteilung und die Verknüpfungen zwischen den Teilbereichen.

Abb.1.2: *Geschichtliche Entwicklung des Wissenschaftsgebietes Deterministisches Chaos Die Daten sind aus [01], [29], [36], [67], [75] und Veröffentlichungen der erwähnten Personen entnommen. Die Zahlen beziehen sich auf die Entwicklungsstufe, die Buchstaben stellen eine erste, grobe Einteilung dar:*

1: Normale Wissenschaft der Vorsituation
2: Hinweise zum Umbruch
3: Paradigmawechsel
4: Strukturausbildung
5: Neue normale Wissenschaft
N: Nichtlineare Naturwissenschaft
S: Struktur, Synergetik
I: Iterations-Mathematik

Jahr	Personen	Ideen/Entdeckungen	1	2	3	4	5	N	S	I
1596 1619	Kepler	Mysterium Cosmographicum - Weltharmonik; Planetengesetze	X							
1687	Newton	Principia: Formulierung allgemeiner Prinzipien der Mechanik	X							
1700	Leibniz	Kontinuitätsprinzip: "natura non facit saltus"	X							
1812	Laplace	Determiniertheit ermöglicht Weltformel, den "Laplaceschen Dämon"	X							
1845	Verhulst	Aufstellung von Wachstumsmodell für Tierpopulationen		X				X		X
1871	Boltzmann	Statistische Thermodynamik Entropie als Ordnungsmaß		X						
1879	Cayley	Zusammenhang Einzugsgebiete-Konvergenzgebiete bei Newton-Iterationen		X				X		X
1885	Weierstrass Oskar II von Schweden	Preisfrage: Ist Sonnensystem stabil? Existieren quasiperiodische Bahnen?		X				X		
1890	Cantor	Iterativ definierte Cantormenge		X						X
1892	Liapunov	Einführung von charakteristischem Exponent zur Stabilität		X				X		X
1900	Bénard	Strömungsmuster bei Flüssigkeiten		X				X	X	
1899 1902	Poincaré	Zusammenhang Topologie - dynamische Systeme Schnitt durch Phasenraum Sensitivität von Anfangsbedingungen		X				X	X	
1900 - 1927	Planck Heisenberg Bohr et al	Entwicklung der Quantentheorie Unschärferelation		X						
1918	Duffing	Behandlung von nichtlinearer Differentialgleichung, dem Duffing-Osz.		X				X		
1918	Julia Fatou	Strukturen auf komplexer Ebene, Julia-Mengen		X						X
1919	Hausdorff	Mathematisch allgemeine Definition der Dimension		X				X		X
1921	Bray	Behandlung chemischer Oszillationen		X				X		

Jahr	Personen	Ideen/Entdeckungen	1	2	3	4	5	N	S	I
1927	Van der Pol	Frequenzgemisch bei elektrischen Oszillationen		X				X		
1932	Birkhoff	Topologische Dynamik; erster chaotischer Attraktor; Ergodentheorie		X				X	X	
1940	Koch	Iterativ definierte Kochsche Kurve		X						X
1940	Siegel	Mathematische Bearbeitung von Stabilität in Hamiltonschen Systemen		X			X	X		
1948	Von Neumann Ulan	Zellular-Automaten: nachbarorientierte Strukturentwicklung		X					X	X
1954	Kolmogorov	Nachweis von quasiperiodischen Lösungen in Hamiltonschen Systemen			X		X	X		
1961	Lorenz	Sensitivität in Computermodellen von Wetter: "Schmetterlingseffekt"			X			X		
1963	Arnold Moser	Hierarchie von Stabilität in Hamiltonschen Systemen Zusammenhang mit goldenem Schnitt			X		X	X		
1964	Sarkovski	Nachweis für Koexistenz von Ordnung und Chaos			X			X		
1966	Kadanoff	Skalierungsgesetze			X		X	X		X
1967	Belousov Zhabotinsky	Oszillationen in biologischen und chemischen Systemen				X		X		
1967	Smale	Zusammenhang Topologie - Dynamische Systeme; Mischungen als Bäcker- oder Hufeisen-Transformation				X	X	X	X	
1968	Oseledec et al	Einführung des Liapunov-Exponenten zur Quantifizierung von Chaos				X	X	X		X
1970	Sinai	Übertragung von Hufeisentransformation auf Verhalten Stadionbillard				X		X		
1971 1978	Ruelle Takens Newhouse	Einführung von "seltsamen Attraktor" als Weg ins Chaos				X		X		
1971	Haken	Synergetik - Die Lehre vom Zusammenwirken Allgemeiner theoretischer Ansatz				X	X	X	X	
1971	Eigen	Modelle für Entwicklung des Lebens mit Synergetik-Ansatz				X	X		X	

Jahr	Personen	Ideen/Entdeckungen	1	2	3	4	5	N	S	I
1975	Yorke	Bildet Name "CHAOS"; Satz über die Koexistenz von Ordnung und Chaos; Fraktale Struktur der Einzugsgebiete				X	X	X	X	X
1975	Swinney Gollub	Taylor-Couette-Experiment als erstes Experiment für Nachweis von periodischen und chaotischen Lösungen				X		X		
1976	May	Chaos in Populationsdynamik				X		X		X
1976	Hénon	Seltsamer Attraktor am Modell für galaktische Bahnen				X		X		X
1977	Großman Thomae	Gesetze bei Bifurkationsszenario				X		X		X
1978	Feigenbaum	Universalität von Bifurkationsszenarien				X		X		X
1979	Shaw et al	Return-Map als Analysemethode Verbindung mit Shannons Inform.-Theorie				X	X	X		X
1979 1982	Libchaber	Experimentelle Bestätigung von Bifurkationsszen. bei He-Strömungen				X		X		
1979	Manneville Pomeau	Intermittenz-Route als Weg ins Chaos				X		X		
1979	Rössler	Rössler-Attrakter: einfaches Beispiel eines seltsamen Attraktor				X		X		
1979	Greene Chirikov ...	Evidenz für KAM-Theorem aus Computer-Experimenten				X		X		
1980	Mandelbrot	Fluktuationsuntersuchungen Logistische Funktion auf komplexer Ebene; Fraktale				X	X			X
1980	Collet Eckmann Koch	Mathematische Erklärung zu Bifurkations-Szenario					X	X		X
1983	Donady Hubbard	Verbindung Julia-Mengen - Äquipotentialflächen					X	X		X
1983	Winfree	Chaos bei Herzrhythmus-Schwankungen					X	X		
1984	Peitgen Richter Barnsley	Detaillierte Darstellung der Julia-Mengen Collagen-Theorem: Kopiermethode für fraktale Strukturen (Farn)					X X			X

Jahr	Personen	Ideen/Entdeckungen	1	2	3	4	5	N	S	I
1985	Richter Scholz	Sonnensystem und Doppelpendel als Beispiele für KAM-Theorem					X	X		
1987	Hübler	Stabilitätssteuerung von Systemen im chaotischen Bereich					X	X		
1987	Wisdom	Computerexperimente zur Evidenz von Chaos im Sonnensystem					X	X		

1.2.1 Normale Wissenschaft der Vorsituation

"**Kepler** bestimmte Richtung und Weg der 'Kopernikanischen Wende' zur Säkularisierung und zur Autonomie der Naturwissenschaften ... sein rationales Fragen und Suchen nach den causae physicae der natürlichen Dinge 'löst der Natur die Zunge', ... führt zur Einsicht in das Bestehen von Naturgesetzen und zu einer neuen Stellung des Menschen zu seiner Welt" [28,S.526]. So beschreibt Walther Gerlach den Mitbegründer der "exakten" Wissenschaften. Allerdings galt Keplers Beschreibung des Planetensystems als "Weltharmonik" noch vor einigen Jahren als zu platonisch, zu sehr vom Wunsch nach Harmonie getragen. Inzwischen fand die Harmonie, ausgedrückt durch den Goldenen Schnitt, begründet durch das KAM-Theorem, wieder Einlaß in die physikalische Diskussion der Stabilität des Planetensystems.

Mit **Newtons** "principia" (1687) und dem Kontinuitätsprinzip "natura non facit saltus" von **Leibniz** (1700) waren die allgemeinen Prinzipien der Mechanik festgelegt, die Vergangenheit und Zukunft der materiellen Welt beschreibbar. Diese Determiniertheit führte zur optimistischen Aussage durch **Laplace**: "Eine Intelligenz, welche für einen gegebenen Augenblick alle in der Natur wirkenden Kräfte sowie die gegenseitige Lage der sie zusammensetzenden Elemente kennt und überdies umfassend genug wäre, um diese gegebenen Größen der Analysis zu unterwerfen, würde in derselben Formel die Bewegung der größten Weltkörper wie des leichtesten Atoms umschließen; nichts würde ihr ungewiß sein und Zukunft wie Vergangenheit würden ihr offen vor Augen liegen" [04,S.952]. Dies ist zugleich die Formulierung des Arbeitsprogramms der Mechanik: Man finde die Zusammenhänge und eine leistungsfähige Analysis.

1.2.2 Hinweise auf die Notwendigkeit einer anderen Sicht

Mittlerweile ist die Newtonsche Physik in manchen Bereichen durch die Quantentheorie und die Relativitätstheorie korrigiert worden. Auch die Einführung der statistischen Thermodynamik 1871 durch **Boltzmann** zeigte, daß der klassischen Mechanik Grenzen gesetzt sind. So blieben eigentlich nur Wenigteilchensysteme bei relativ niedriger Geschwindigkeit der Lösung durch einen reinen Newtonschen Ansatz überlassen.

Das durchgängige Standardproblem ist die Behandlung des Planetensystem. **Weierstrass** und andere formulierten die Frage, die König Oskar II von Schweden 1885 als Preisfrage stellte: "Es sollen für ein beliebiges System materieller Punkte, die einander nach den Newtonschen Gesetzen anziehen, unter der Annahme, daß niemals ein Zusammentreffen zweier Punkte stattfinde, die Coordinaten jedes einzelnen Punktes in unendliche, aus bekannten Functionen der Zeit zusammengesetzte und für einen Zeitraum von unbegrenzter Dauer gleichmäßig convergierende Reihen entwickelt werden" (aus [64]). Die Frage zielt auf die Stabilität des Sonnensystems, ob Störungen von resonanten Planeten aufeinander kumulativ wirken können. **Henri Poincaré** (1854-1912) gewann den Preis durch Veröffentlichung von "Les Méthodes Nouvelles de La Méchanique Céleste" [70]. Er entwickelte in diesem Werk nicht nur Analysemethoden, wie den nach ihm benannten Schnitt durch den Phasenraum, sondern zeigte auf, daß es eine Aufspaltung in stabile und nichtstabile Bahntypen gibt, und daß in bestimmten Fällen eine beliebig schwache Störung einen Bahntypwechsel hervorrufen kann.

Diese Einsicht verallgemeinert zeigt einen tiefen Sinn und den Hinweis auf den Bruch im Glauben an die Laplacesche Weltformel. Poincaré formuliert es 1903 in folgender Weise: "Eine sehr kleine Ursache, die wir nicht bemerken, bewirkt einen beachtlichen Effekt, den wir nicht übersehen können, und dann sagen wir, der Effekt sei zufällig. Wenn die Naturgesetze und der Zustand des Universums zum Anfangszeitpunkt exakt bekannt wären, könnten wir den Zustand dieses Universums zu einem späteren Moment exakt bestimmen. Aber selbst wenn es kein Geheimnis in den Naturgesetzen mehr gäbe, so könnten wir die Anfangsbedingungen doch nur annähernd bestimmen. Wenn uns dies ermöglichen würde, die spätere Situation in der gleichen Näherung vorherzusagen - und dies ist alles, was wir verlangen - so würden wir sagen, daß das Phänomen vorhergesagt worden ist, und daß es Gesetzmäßigkeiten folgt. Aber es ist nicht immer so; es kann vorkommen, daß kleine Abweichungen in den Anfangsbedingungen schließlich große Unterschiede in den Phänomenen erzeugen. Ein kleiner Fehler zu Anfang wird später einen großen Fehler zur Folge haben. Vorhersagen werden unmöglich, und wir haben ein zufälliges Ereignis." (zitiert nach [18,S.10])

Das ist eine völlig neue Sicht der Kausalität: die starke Kausalität, wonach ähnliche Ursachen ähnliche Wirkungen hätten, ist verletzbar, obwohl Determinismus vorliegt. Im Gegensatz zu Laplace wird von Poincaré die praktische Frage nach der Vorhersagequalität gestellt. Die Weiterbearbeitung der Ideen von Poincaré fand rasch Grenzen in der Analysis. Die bearbeiteten Systeme sind nichtlinear, d.h. die Zusammenhänge sind beschreibbar mit Differentialgleichungen, sie sind determiniert. Aber diese lassen sich nicht geschlossen lösen, sie sind nicht separierbar. Selbst wenn sich zeigen läßt, daß eine Lösung vorliegt, hilft dies nicht bei der Aussage über die Divergenz von Lösungen, die von benachbarten Startbedingungen ausgehen, also für Angaben über die Vorhersagequalität. Poincaré entwikkelte Hilfsmittel zur Bearbeitung und Klassifikation von nichtlinearen Systemen, die vor allem den Zusammenhang von Dynamik und Topologie betrafen. Er beschäftigte sich mit der Darstellung verschiedener Bahnen im Phasenraum und machte bei mehrdimensionalen Systemen solche Bahnen durch einen Schnitt durch den Phasenraum, den "Poincaré-Schnitt", in zwei Dimensionen sichtbar. Die Berechnung solcher Bahnen ist nur numerisch möglich, doch dies war mit damaligen Mitteln mühsam und zeitraubend. Als Beispiel sei der dänische Astronom E. Strömgren genannt. Er beschäftigte eine Gruppe von 57 Mitarbeitern, die ab 1900 über 40 Jahre hinweg numerische Berechnungen zur Bahnberechnung des Dreikörperproblems durchführten [14].

Nach Poincarés Tod 1916 setzte **Birkhoff** die Arbeiten über dynamische Systeme fort und veröffentlichte 1932 den ersten chaotischen Attraktor [01/2,S.77].

Ein Gebiet der Physik, welches trotz vieler Ansätze und praktischen Erfolgen noch immer auf die übergreifende Idee wartet, ist die Strömungsmechanik. Auch hier beschreiben nichtlineare Differentialgleichungen den Vorgang. Es existieren sowohl ungeordnete als auch geordnete Strukturen, die von **Bénard** schon Anfang dieses Jahrhunderts behandelt wurden.

Vorarbeiten und deutliche Hinweise auf Chaos gab es auch bei der Behandlung von eindimensionalen Oszillationen: **Duffing** studierte die nach ihm benannte Differentialgleichung mit einem Störungsglied dritter Ordnung (1918), **Bray** arbeitete 1921 an chemischen Oszillationen und **van der Pol** beschreibt ein auffälliges Phänomen bei elektrischen Schwingungen in einem Brief an die Zeitschrift Nature: "Wie oft hört man ein irreguläres Geräusch im Telefonhörer bevor die Frequenz zum nächsten Wert überspringt" [29,S.76].

Parallel zu solchen physikalischen Systemen, die durch kontinuierliche Differentialgleichungen beschreibbar sind, entwickelte sich ein Zweig der Mathematik, der hier als **"Iterations-Mathematik"** bezeichnet sei. Eine mathematische Zuweisung liefert den Wert einer Zustandsgröße, diese Zuweisung wird iterativ immer wieder angewandt und dabei die Konvergenz oder Divergenz untersucht. Der Biologe **Verhulst** stellte 1845 solch ein Iterationsmodell auf, welches das Populationsverhalten in der Biologie beschreiben sollte; diese sogenannte logistische Funktion $X_{neu} = X_{alt} \cdot C \cdot (1 - X_{alt})$ zieht sich durch die gesamte Entwicklungsgeschichte des deterministischen Chaos. Auch **Cantor** (1890), **Julia** und **Fatou** (1918) sowie **Koch** (1940) beschrieben nach ihnen benannte Iterationsmengen, die inzwischen zu den Standardbeispielen für nichtlineare Effekte zählen. Typisch ist die immer wieder auftretende Selbstähnlichkeit, der fraktale Charakter. **Hausdorff** gab 1919 eine allgemeine Definition für die Dimension, bei der auch rationale Werte zugelassen sind. Diese **"fraktale Dimension"** fand Ende der siebziger Jahre ihren Praxisbezug bei der qualitativen Beschreibung der Selbstähnlichkeit. **Cayley** verknüpfte dynamische Systeme und Iterations-Mathematik schon vor Poincaré, indem er 1879 den Zusammenhang zwischen Einzugsgebieten im Phasenraum und Konvergenzgebieten des Newtonschen Iterationsverfahrens zur Nullstellenberechnung feststellte.

1948 kam durch **von Neumann** und **Ulan** eine weitere Klasse zur Iterations-Mathematik, die sogenannten Zellular-Automaten, also die nachbarorientierte Strukturentwicklung. Innerhalb der Physik fand diese Methode z.B. im Ising-Modell eine Anwendung.

Bei der Entwicklung des Wissenschaftsgebietes Deterministisches Chaos sind alle diese Bearbeitungen dem Schritt "Hinweise" anzurechnen. Sie sind Vorarbeiten zur Umwälzung, führen aber diesen Paradigmawechsel noch nicht durch. Sie halfen aber dazu, daß die Zeit reif wurde und ein Wechsel in der Einsicht über das Naturverständnis stattfand.

1.2.3 Paradigmawechsel

Dieser Wechsel kam Anfang der sechziger Jahre aus zwei Richtungen: Zum einen von einer praktisch relevanten Frage über die Wettervorhersage (Lorenz), zum anderen durch die theoretische Weiterentwicklung der klassischen Frage nach der Stabilität des Sonnensystems (Kolmogorov, Arnold, Moser: KAM-Theorem). Die Entdeckung oder besser Wiederentdeckung der sensitiven Abhängigkeit von den Anfangsbedingungen durch **Lorenz**, 1961, war eher zufällig [29/S.28 ff]. Er bearbeitete ein einfaches Wettermodell, das auf Saltzmann zurückging und einen Sonderfall der Rayleigh-Bénard-Konvektion darstellte. Dabei fielen ihm bei der Wiederholung der Computerberechnungen starke Abweichungen auf, die nicht durch Rechenfehler erklärbar waren. Das Verdienst von Lorenz liegt darin, daß er diesen Abweichungen nachging und sich systematisch mit Fluktuation von periodischen Vorgängen beschäftigte [51]. Die Wirkung der Arbeiten von Lorenz liegt sicher auf verschiedenen Ebenen. Zum einen am Zeitpunkt: die Wissenschaft war reif für den Paradigmawechsel und die Technik entwickelte für die Bearbeitung das richtige Handwerkszeug, den Computer. Andererseits betrifft die Wettervorhersage jeden Menschen und macht es dadurch leicht, auch in populären Artikeln schnelle Verbreitung zu finden. Für die populäre Wirkung sind sicher die phantastisch anmutenden Beschreibungsmodelle maßgeblich mit verantwortlich. Typisches Beispiel ist der **"Schmetterlingseffekt"**, daß nämlich der Flügelschlag eines Schmetterlings in Peking unser Wetter in Europa maßgeblich beeinflussen kann. Als Aufgabe für die Lehre ist abzuleiten, daß zu den Schlagworten die richtigen Inhalte hinzukommen.

Eine für die Physik inhaltlich weiterreichende Aussage ist das KAM-Theorem. Aufbauend auf Vorarbeiten von **Siegel** (1946) beschäftigten sich **Kolmogorov**, **Arnold** und **Moser** mit Lösungstypen in Hamiltonschen Systemen. Dies war die Wiederaufnahme der Preisfrage nach der Stabilität des Sonnensystems aus dem 19. Jahrhundert. Die Ergebnisse Poincarés nutzend zeigte **Kolmogorov** 1954 die Existenz und Stabilität von quasiperiodischen Lösungen, und **Arnold** und **Moser** fanden 1963 eine Hierarchie von Stabilität verschiedener Lösungstypen. Dabei spielt das Verhältnis des goldenen Schnittes beim Stabilitätsmaximum eine wichtige Rolle: es schließt sich der Kreis zur Keplerschen Weltharmonik.

Als grundlegende Arbeit zum deterministischen Chaos ist noch **Sarkovskis** Nachweis anzuführen, daß es eine Koexistenz von Ordnung und Chaos gibt (1964).

1.2.4 Strukturausbildung

Aufbauend auf diesen Erkenntnissen konnte nun die Strukturausbildung des Wissenschaftsgebietes deutlich werden und fortschreiten. Abb.1.3 stellt einen Überblick über die Einteilung dar. Diese Einteilung ist nicht durch scharfe Abgrenzungen gekennzeichnet, es gibt viele Überschneidungen und Verbindungen, häufig treten auch verschiedene Merkmale und Effekte in gleichen Systemen auf.

Der Name Chaos wurde zum ersten Mal in einer Veröffentlichung von **Yorke**, 1975, "Period Three Implies Chaos" eingeführt. Der Inhalt betrifft die Grundfrage nach der Koexistenz von chaotischen und periodischen Lösungen eines Systems.

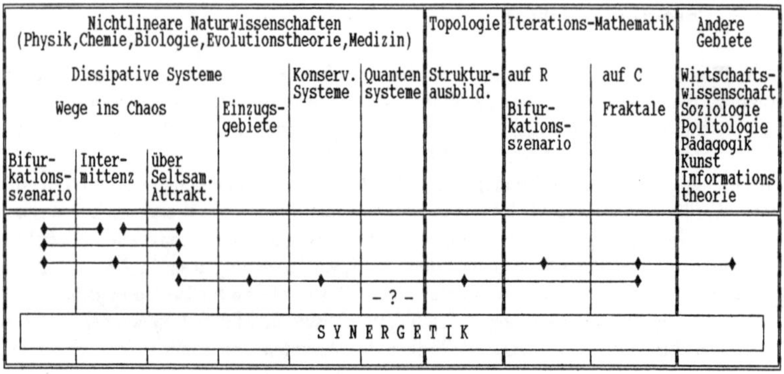

Nichtlineare Naturwissenschaften (Physik, Chemie, Biologie, Evolutionstheorie, Medizin)						Topologie	Iterations-Mathematik		Andere Gebiete
Dissipative Systeme				Konserv. Systeme	Quantensysteme	Strukturausbild.	auf R	auf C	Wirtschaftswissenschaft Soziologie Politologie Pädagogik Kunst Informationstheorie
Wege ins Chaos			Einzugsgebiete				Bifurkationsszenario	Fraktale	
Bifurkationsszenario	Intermittenz	über Seltsam. Attrakt.							
					- ? -				
SYNERGETIK									

Abb. 1.3: Einteilung und Verknüpfungen des Gebietes "Deterministisches Chaos"

Wege ins Chaos

Ziel der Chaoswissenschaft ist es, Ordnungen und Strukturen im Verhalten nichtlinearer Systeme zu finden. Von besonderem Interesse ist der Übergang von regelmäßigem zu chaotischem Verhalten, der "**Weg ins Chaos**". Der bekannteste Weg ist das **Bifurkations-Szenario**, welches in vielen Systemen beim Übergang von periodischen Vorgängen zu chaotischen Vorgängen erkennbar ist. Er wurde von **Großmann** und **Thomae**, 1977, anhand der logistischen Funktion dargelegt. Sie erkannten, daß Regelmäßigkeiten für die Aufspaltungspunkte vorliegen, die sich bei der Variation eines Kontrollparameters zeigen. 1978 wies **Feigenbaum** nach, daß diese Regelmäßigkeiten in typischer Weise bei einer ganzen Klasse von verschiedenen Iterationsabbildungen auftreten (Universalität). Das erste Bestätigungsexperiment wurde von **Libchaber** anhand von Strömungsmustern mit Helium zwischen 1979 und 1982 bearbeitet. Inzwischen ist das Bifurkationsszenario in vielen Systemen bestätigt worden, eines davon, das verstimmte Rotationspendel, zeigt alle typischen Phänomene der Szenarien und wird in Kapitel 3 ausführlich beschrieben.

Ruelle, **Takens** (1971) und später **Newhouse** beschreiben einen Weg ins Chaos, charakterisiert durch den **seltsamen Attraktor**. Dieser zeigt klar, daß deterministisches Chaos nicht stochastisch verstanden werden darf, auch im Chaosbereich sind Strukturen erkennbar. Die bekanntesten seltsamen Attraktoren sind wohl der Lorenz-Attraktor, entstehend aus der einfachen Wettersimulation, der **Rössler**-Attraktor, gewonnen aus dem Duffing-System und der **Hénon**-Attraktor, der aus Modellen zur Galaxiebildung resultiert. Bei näherer Untersuchung dieser seltsamen Attraktoren fällt ein Entstehungsprozeß auf, der als "**Bäcker-Transformation**" bezeichnet wird (siehe Kapitel 3). Ein Teil des beobachteten Raumes, z.B. des Phasenraumes, wird auseinandergezogen wie ein Kuchenteig, dann zusammengeklappt und wieder auseinandergezogen. Diese topologische Transformation ist nicht nur eine sehr effiziente Mischung sondern auch eine der fundamentalen Erklärungsmodelle für Chaos-Phänomene (**Smale**, 1967). Das Szenario über den Seltsamen Attraktor widerlegte die Turbulenztheorie von Landau (1944, 1959), der Turbulenzen als Summe immer mehr auftretender Frequenzen deutete. Ruelle, Takens und Newhouse zeigten, daß schon nach wenigen Frequenzaufspaltungen ein seltsamer Attraktor, also exponentielles Auseinanderlaufen benachbart gestarteter Bahnen, gegeben ist.

Der dritte Weg ins Chaos ist der über **Intermittenz**, eine Erscheinung, die 1979 von **Manneville** und **Pomeau** beschrieben wurde: Ein periodisches Verhalten fällt von Zeit zu Zeit immer wieder in ein irreguläres Verhalten. Die mittlere Anzahl dieser Unterbrechungen wächst mit einem Kontrollparameter, ein universeller Zusammenhang zu typischen 1/f-Rauschen bei nichtlinearen Systemen konnte gezeigt werden.

Die drei beschriebenen Wege können vor allem in eindimensionalen dissipativen Systemen beobachtet werden, Voraussetzung ist allerdings eine Form von Antrieb, z.B. periodische Anregung beim mechanischen System. Ohne Antrieb würde ein solches System einem stabilen Endzustand zustreben. Benachbarte Startbedingungen können dann zwar auf stark unterschiedlichen Wegen zu solchen Punktattraktoren laufen, man kann die Bahnen aber nicht als chaotisch bezeichnen.

Iterations-Mathematik

Ausgehend von der logistischen Funktion, die als Populationsmodell einen engen Kontakt zur Naturwissenschaft hat, können Iterationen natürlich rein mathematisch diskutiert werden. Die populärsten Resultate gehen auf **Mandelbrot** zurück, der das Konvergenzverhalten der logistischen Funktion auf der komplexen Ebene studierte (1980) und somit der **Iterations-Mathematik** den Weg ebnete. Komplexe Strukturen wurden sichtbar, die als Haupteigenschaft die **Selbstähnlichkeit bei Skalierungsänderungen** zeigten. Als Maß hierfür führte Mandelbrot die sogenannte **"Hausdorffdimension"** oder auch **"Fraktaldimension"** ein. Die Iterations-Mathematik zeigt neben dem ästhetischen Reiz der Bilder ("The Beauty of Fractals" von **Peitgen** und **Richter** [67]) auch Anwendungen in Modellen für Bildkonstruktion und -rekonstruktion. Ein erstaunlicher Zusammenhang von Iterationsmustern und Physik wurde schon 1879 von **Cayley** festgestellt. Er zeigte, daß Einzugsgebiete in dissipativen Systemen durch Konvergenzgebiete beim Iterationsverfahren beschrieben werden können. **Yorke** zeigte weiter in den siebziger Jahren, daß diese Einzugsgebiete fraktalen Charakter haben, also Selbstähnlichkeit zeigen.

Chaos in konservativen Systemen

Ein weiterer Bereich von deterministischem Chaos liegt bei klassischen konservativen Systemen. Das **KAM-Theorem** in seiner Bedeutung zum Paradigmawechsel wurde bereits beschrieben; eine Evidenz hierfür gaben erstmals 1971 **Greene**, **Chirikov** und andere in Computerexperimenten. Inzwischen sind weitere solche Systeme untersucht worden. Als eindrucksvolles Beispiel ist das Doppelpendel anzuführen, das von **Richter** und **Scholz** 1985 detailliert untersucht wurde. Ein anderes einfaches System ist das "ebene elastische Pendel", das in Kapitel 7 der vorliegenden Arbeit eingehend behandelt wird. Dort wird auch ein Experiment zu zweidimensionalen Bewegungen vorgestellt: ein Pendel mit einem Magnet als Pendelmasse schwingt über festen anderen Magneten.

Nach Betrachtung der klassischen Mechanik drängt sich natürlich die Frage nach **Chaos in der Quantenmechanik** auf. Diese Frage wurde schon 1917 von Einstein aufgebracht und vielseitig bearbeitet. Wegen der Heisenbergschen Unschärferelation und der Quantisierung ist dort der Weg über die bisher angeführten Szenarien nicht durchführbar; die Grundfrage ist, wie sich quantenmechanische Systeme verhalten, deren korrespondierende klassische Systeme chaotisches Verhalten zeigen. Im Folgenden soll dieser Bereich aber ausgespart werden; eine kurze Abhandlung und weitere Literaturhinweise finden sich z.B. in [75].

Synergetik

Ein allgemeiner Ansatz aus ungewöhnlicher Blickrichtung ist die schon 1971 von Hermann **Haken** definierte **Synergetik**, die Lehre vom Zusammenwirken. Sie geht vom Zusammenwirken vieler einzelner Elemente aus und beschreibt über den Mechanismus ''Versklavung'' die Strukturbildung von globalen Mustern. Der Ansatz der Synergetik beruht auf der Selbstorganisation vieler einzelner Zustände. Dementsprechend ist er besonders in Gebieten wie Kristallbildung, Magnetismus, Phasenübergängen, Flüssigkeitsmuster, Mustererkennung und -beschreibung und Laser erfolgreich. Auch in nicht naturwissenschaftlichen Bereichen wie Soziologie, Wirtschaft und Psychologie findet die Synergetik Anwendung. Bemerkenswert ist die Anwendung auf die **Dynamik wissenschaftlicher Erkenntnis**. Haken beschreibt sie in ''Erfolgsgeheimnisse der Natur'' [36,S.227]. Dementsprechend sind die ''Hinweise'' (siehe 1.2.2 und Abb. 1.1), neuen Ideen und Entdeckungen **''starke Fluktuationen''** in dem offenen System der ''normalen Wissenschaft''. Tritt eine neue Idee auf, die viele Erscheinungen erklären kann, die Unzusammenhängendes erklärt, so wirkt diese als **Ordner**. Beim Gebiet Chaos ist dies die Idee der sensitiven Abhängigkeit. Der Ordner **''versklavt''** die weiteren Veröffentlichungen zum Themenkreis, es organisiert sich eine ''neue normale Wissenschaft'', ein neues Muster.

1.2.5 Neue normale Wissenschaft

Die Etablierung des Gebietes ''deterministisches Chaos'' ist heute allgemein anerkannt. Die entwickelten Ideen und Methoden sind in verschiedensten Gebieten der Naturwissenschaften aufgegriffen worden. Nicht nur in der Physik, sondern auch in der Chemie, Biologie und Medizin. Auch in anderen Wissenschaftsgebieten wie Informationstheorie, Soziologie und Politologie findet man Anwendungen. Die oben aufgeführten Phänomene von ''deterministischem Chaos'' sind alle miteinander verbunden, viele verschiedene Phänomene werden parallel am gleichen System beobachtet. So zeigt z.B. das mathematische Pendel alle drei beschriebenen Wege ins Chaos. Die Frage, die sich jetzt aufdrängt, ist die Suche nach einer übergreifenden Theorie. Sicher ist das KAM-Theorem ein Teil dieser Theorie. Auch gibt es eine mathematische Erklärung für das Bifurkationsszenario, die auf Renormalisierungsgruppen basiert (**Collet, Eckmann, Koch et al** 1980). Allerdings fehlt noch die Beschreibung der Zusammenhänge mit den anderen Wegen ins Chaos. Ein Charakteristikum für eine ''normale Wissenschaft'' ist der verstärkte Praxisbezug (siehe Abb. 1.1). Dieser ist inzwischen gegeben, z.B. zeigte 1983 **Winfree** das Bifurkationsszenario bei Herzrhythmusschwankungen.

Ein breites Arbeitsgebiet liegt in der **Strömungsmechanik** und natürlich in der bewußten Erzeugung oder Vermeidung von Chaos bei Oszillationen. 1987 hat **A. Hübler** gezeigt, daß sich Systeme, deren Systemparameter bekannt sind, im Chaosbereich periodisch stabil betreiben lassen. Dabei ist zwar eine geeignet gewählte, gesteuerte Anregung nötig, aber keine Rückkopplung vom System her.

1.3 Popularisierung des Gebietes

Veröffentlichungsexplosion

Ein Indikator für die Bedeutung einer Wissenschaft (nicht unbedingt die Qualität) stellt die Anzahl von Veröffentlichungen dar. Bei der Entwicklung der Veröffentlichungszahlen ist ab etwa 1975 ein exponentielles Wachstum ab zu erkennen, die Verdoppelungszeit beträgt etwa 1,8 Jahre (nach [44]).

Ab Anfang der achtziger Jahre hat sich das Gebiet als neues Wissenschaftsgebiet allgemein etabliert, etwa ab diesem Zeitpunkt erschienen die ersten umfassenden **Lehrbücher** zu den Themen Chaos, Fraktale und Synergetik. Eine kleine Auswahl sei angeführt:

1981 H. Haken:	Erfolgsgeheimnisse der Natur [36]
1982 B. Mandelbrot:	The Fractal Geometry of Nature [57]
1984 H.G. Schuster:	Deterministisches Chaos [75]
1984 P. Bergé et al:	Order within Chaos [07]

Etwa zu dieser Zeit, also relativ früh, wurde das Thema auch in **populärwissenschaftlichen Zeitschriften** aufgegriffen. Auffallend ist, daß auch führende Fachforscher auf diesem Gebiet allgemeinverständliche Artikel verfaßten. Beispiele hierfür sind:

D. Ruelle:	Les attracteurs étranges, La Recherche, Vol11, No108, 1980 [73]
B.R. Hofstadter:	Metamagical Themes, Scientific American, 239(11), 1981 [37]
L.P. Kadanoff:	Roads to Chaos, Physics Today, Dec. 1983 [41]
R. Breuer:	Das Chaos, Geo, Nr. 7, Juli 1985 [14]
J. Gleick:	"Chaos - Making a New Science", 1987 (Deutsche Übers. [29])

Auch in **fachdidaktischen Zeitschriften** fand das Thema früh Eingang; hier einige deutschsprachige Artikel:

R. Sexl:	Die klassische Mechanik - eine trockene Materie, Wien, 1982 [76]
H. Haken:	Synergetik, physica didacta, 1979 [35]
E. Brun:	Von Ordnung und Chaos in der Synergetik Physik und Didaktik, 1985 [15]
L. Silverberg, K. Luchner, R. Worg:	Nichtlineare gekoppelte mechanische Systeme Physik und Didaktik, 1986 [78]
W. Kuhn (Hrsg.):	Themenheft Synergetik, Praxis der Naturwissenschaften, 1986 [46]

Attraktivität des Themenkreises

Ein Grund für den relativ **frühen Eingang in die Lehre** an Universität und Schule ist sicher der naturnahe Ansatz, d.h. der Umbruch im Selbstverständnis der Physik. Die Beschäftigung gilt jetzt nicht nur den geschlossen analytisch lösbaren Systemen, wo alle störenden (aber möglicherweise relevanten) Einflüsse per definitionem abgekoppelt werden. Inzwischen setzt sich nach und nach die Einsicht durch, daß bisher oft nur ein kleiner Ausschnitt der

Realität behandelt wurde. Sehr deutlich formuliert dies der Mathematiker Stanilslav Ulan: ''Wer das Studium von Chaos als 'nichtlineare Wissenschaft' bezeichnet, kann ebensogut die Zoologie als die 'Wissenschaft nichtelephantischer Tiere' definieren'' [29,S.105].

Gründe für das allgemeine Interesse finden sich sicherlich in der direkten Betroffenheit, der Assoziation zur ''Menschlichkeit'' des Chaos. Natürlich spielt dabei der irreführende Name ''Chaos'' eine Rolle. So ist eine typische Reaktion auf das Stichwort Chaos-Wissenschaft: ''Da könnte ich auch etwas beitragen, wenn ich an meinen Schreibtisch denke oder an das Zimmer meines Sohnes ...''. Diese Reaktion drückt eben das Menschliche und das Natürliche aus. Das Interesse an Ordnung und Unordnung scheint elementar, jeden zu betreffen und so weckt die wissenschaftliche Bearbeitung die Hoffnung, Hilfen zu bekommen, um ''Ordnung in das eigene Chaos zu bringen''.

Das allgemeine Interesse am ''Warum'' und ''Woher'' zeigt sich darin, daß bestimmte Fragen und Ideen immer wieder behandelt werden. Nach dem griechischen Mythos entstand die Welt aus dem Chaos. Goethe beschreibt im Faust Mephistopheles als ''des Chaos wunderlichen Sohn''. **F. Siemsen** faßt in [77] philosophische Überlegungen zu ''Chaos und Ordnung als Ursprünge des Raumbegriffs'' zusammen. Dort wird die ursprüngliche Bedeutung des Wortes ''Chaos'' als etwas ''gähnend Leeres'' dargestellt.

Erkenntnisse aus der Chaos-Theorie, vor allem die fraktale Struktur, benutzt Gerd **Binnig** in seinem Buch ''Aus dem Nichts'' [11] zu einem Modell für Kreativität und Evolution. Er beschreibt dort nicht nur den Vorteil von fraktalen Strukturen in Management, Lehre und Forschung, sondern behandelt auch die Frage, ob die Naturgesetze der Evolution unterworfen sind.

Die menschliche Betroffenheit von Ordnung und Unordnung spiegelt sich auch in der Kunst. So zeigen sich in **M.C. Eschers** Graphiken und Bildern Grundaussagen zur Synergetik, Selbstähnlichkeit, Harmonie und Evolution. Haken benutzt das Bild "Zeichnen" der sich gegenseitig zeichnenten Hände (siehe [25, S.26]) zur Verdeutlichung der Selbstorganisation. Der "Tautropfen" auf einem Blatt vergößert kleine Strukturen, die zum Gesamtblatt selbstähnlich sind (siehe [25, S.74]) und die "Sterne" symbolisieren als platonische Körper die Weltharmonik (siehe [25, S. 94]).

Künstler der heutigen Zeit fühlen sich durch die Computerbilder der Iterationsmathematik angesprochen, experimentieren in ähnlicher Weise und versuchen den ästhetischen Effekt der Bilder zu durchdringen. Gert **Eilenberger** schreibt zum Thema ''Freedom, Science, and Aesthetics: ''Genau diese Mischung aus Ordnung und Unordnung ist faszinierend, und was entscheidend ist für diese neue Einsicht - sie ist typisch für natürliche Prozesse. Weiter führt die Wissenschaft der dynamischen Systeme zu einer Antwort auf eine zweite, emotionale Frage: Warum scheinen die Produkte unserer Technologie, die ganze technische Welt, unnatürlich, wenn sie doch Produkte einer **Natur**wissenschaft sind '' [67,S.179]. Er vergleicht die Wirkung moderner Architektur mit Bildern aus der Natur und stellt heraus, daß die Abbildung dynamischer Prozesse eben Modellen entstammen, und dort das Nebeneinander von Ordnung und Unordnung typisch ist.

2. Deterministisches Chaos - Grenzen der Vorhersagbarkeit

Die Basis von deterministischem Chaos ist die hohe Sensitivität eines Systems auf Anfangsbedingungen und Störungen. Dementsprechend sind die Lerninhalte dieses ersten fachlichen Kapitels: Determinismus, Kausalität, Sensitivität, Divergenzverhalten und Auswirkungen auf Vorhersagedauer. Die Darlegung ist so gewählt, daß sie auch Schülern der gymnasialen Oberstufe verständlich ist. Experimente bieten sich als Schüleraktivitäten an.

2.1 Determinismus und Kausalität

Ein wichtiges Ziel der Mechanik ist es, Vorhersagen zu machen. Man betrachtet ein **Objekt** (z.B. einen Skispringer) und beschreibt zuerst alle **Einflüsse** (Erdanziehung, Schanzenform, Wind usw.) und die **Startbedingungen** (Startort und Startgeschwindigkeit). Nun versucht man mit Hilfe von physikalischen Gesetzen Ort und Geschwindigkeit anzugeben, die sich zu einem bestimmten späteren Zeitpunkt ergeben. Die Erfahrung zeigt, daß man dabei idealisieren darf, es muß nicht jeder Einfluß berücksichtigt werden. Beim Skispringen vernachlässigt man z.B. die Reibung auf der Schanze. Möchte man präzisere Aussagen über Ort und Geschwindigkeit, so muß man eben Einflüsse und Startbedingungen entsprechend genauer beschreiben. Allgemein glaubt man, daß komplexe Systeme beliebig gut beschreibbar sind, vorausgesetzt es gelingt, die Einflüsse genau genug zu beschreiben und die Naturgesetze genau genug zu kennen. Dieses Prinzip der Berechenbarkeit wurde 1812 vom französischen Mathematiker und Naturforscher Pierre Simon Laplace als "Weltformel" beschrieben:

> "Eine Intelligenz, welche für einen gegebenen Augenblick alle in der Natur wirkenden Kräfte sowie die gegenseitige Lage der sie zusammensetzenden Elemente kennt und überdies umfassend genug wäre, um diese gegebenen Größen der Analysis zu unterwerfen, würde in derselben Formel die Bewegung der größten Weltkörper wie des leichtesten Atoms umschließen; nichts würde ihr ungewiß sein und Zukunft wie Vergangenheit würden ihr offen vor Augen liegen" [04,S.952]

Den Hintergrund für diese Aussage bildeten die **allgemeinen Gesetze der Dynamik**, die Isaac **Newton** 1687 in der "Philosophiae Naturalis Principia Mathematica" darlegte, dem Trägheitsgesetz und dem Zusammenhang von Impulsänderung und Kraft. Diese Grundgesetze der klassischen Mechanik stellen den Zusammenhang zwischen der **Ursache** (den momentan wirkenden Kräften) und der **Wirkung** (die Orts- und Geschwindigkeitsänderung) dar. Existiert solch ein Zusammenhang, so spricht man allgemein von **Determinismus** oder **Kausalität**. Die gesamte klassische Mechanik wird von diesem **Kausalitätsprinzip** bestimmt. Die beschriebene Art, Vorhersagen zu machen, ist in vielen Bereichen außerordentlich erfolgreich, ein deutliches Beispiel ist die Weltraumfahrt: Für lange Zeiten (Jahre) und Wege (Lichtstunden) gelingt eine Vorhersage. Andere Beispiele sind die Entwicklung von Maschinen, Gesetze über thermische Ausdehnung von Körpern und vieles mehr.

2.2 Sensitivität auf Anfangsbedingungen und Störungen

Trotz sorgfältiger Vorberechnungen ist es für Weltraumflüge notwendig, die Flugbahn immer wieder zu korrigieren. Nicht exakt eingehaltene Startbedingungen und immer wieder auftretende **kleine Einflüsse**, die nicht berücksichtigt werden können, haben eine **Abweichung** von der festgelegten Bahn zur Folge. Solche Abweichungen sind bei den genannten Beispielen allerdings nicht gravierend, die Praxis zeigt, daß die auftretenden Fehler in einem korrigierbaren Rahmen bleiben. Anders ist es bei Systemen, die als Zufallsgenerator konstruiert sind, z.B. Würfel und Lottomaschine oder Spiele wie Flipper und Mikado. Diese Systeme folgen jedoch auch den Naturgesetzen, sie sind deterministisch; der Zusammenstoß zweier Kugeln der Lottomaschine ist berechenbar. Mit entsprechendem Aufwand könnte auch das Ergebnis von vielen solchen Zusammenstößen vorhergesagt werden. Nach der Idee von Laplace müßte man nur die Anfangsbedingungen genau genug kennen. Und trotzdem gelten sie als **"praktisch unberechenbar"**.

Im folgenden sollen zwei Systeme etwas genauer betrachtet werden, die solche "zufälligen" Resultate hervorbringen: Das **Doppelpendel** und ein **Magnetpendel.**

Das Doppelpendel und das Magnetpendel sind physikalisch leicht als deterministisch erkennbar und zeigen in manchen Parameterbereichen eine starke sensitive Abhängigkeit von den Anfangsbedingungen. Außerdem sind sie übersichtlich und einfach herstellbar und deshalb sehr gut als Einführungsexperimente geeignet. Sie sollen nicht nur als Demonstrationsexperiment Verwendung finden, sondern zusammen mit anderen auch von Schülern und Studenten qualitativ studiert werden. Diese bekommen durch dieses "learning by doing" ein "Gefühl" für die Sensitivität.

Das **Doppelpendel** besteht aus zwei aneinandergehängten Stabpendeln. Am Ende des ersten (Länge ungefähr 1 m) wird ein zweites Stabpendel (Länge ungefähr 0,3 m) drehbar befestigt, an dessen Ende eine Masse von ungefähr 50 g befestigt ist (siehe Abb.2.1). Beide Achsen sind durch Kugellager möglichst reibungsarm realisiert. [23,S.128]

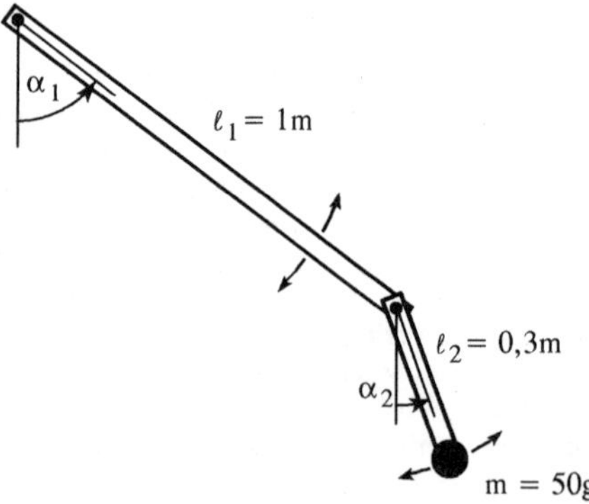

Abb.2.1: *Das Doppelpendel zum Studium der Sensitivität von den Anfangsbedingungen*

Man läßt das Pendel bei verschiedenen Anfangskonfigurationen (α_1,α_2) los und beobachtet das Schwingverhalten. Für kleine Winkel (z.B. $\alpha_1 = 20°$, $\alpha_2 = 20°$) ergeben sich bei Wiederholungen immer wieder sehr ähnliche Bewegungen, die an eine Schwebung erinnern. Drastisch anders ist die Situation bei größeren Anfangswinkeln; z.B. $\alpha_1 = 90°$, $\alpha_2 = -90°$, also wenn beide Pendel waagrecht stehen, eines nach rechts, das andere nach links gerichtet. Es liegt eine komplizierte Bewegung vor, und bei der Wiederholung des Versuchs reagiert das Pendel in einer völlig anderen Weise. Als Beschreibungshilfe kann man z.B. die Anzahl der Linksdrehungen bzw. Rechtsdrehungen des kleinen Pendels notieren. Abb.2.2 zeigt Ergebnisse von einigen solchen Versuchen. Das Pendel reagiert also sehr stark auf kleinste Fehler beim Loslassen bzw. auf kleinste Störungen, man bezeichnet dies als **Sensitivität auf Änderungen der Anfangsbedingungen bzw. auf Störungen**. (Eine genauere Behandlung des Verhaltens des Doppelpendels siehe [71]).

Versuch	Anzahl der Umschläge des kleinen Pendels bis zum Stillstand	
	nach links	nach rechts
1	1	9
2	7	12
3	3	9
4	2	7
5	7	4
6	5	2
7	10	2
8	4	1
9	5	3
10	6	9

Abb.2.2: *Versuchsreihe mit dem beschriebenen Doppelpendel*
Startsituation jeweils $\alpha_1 = 90°$, $\alpha_2 = -90°$

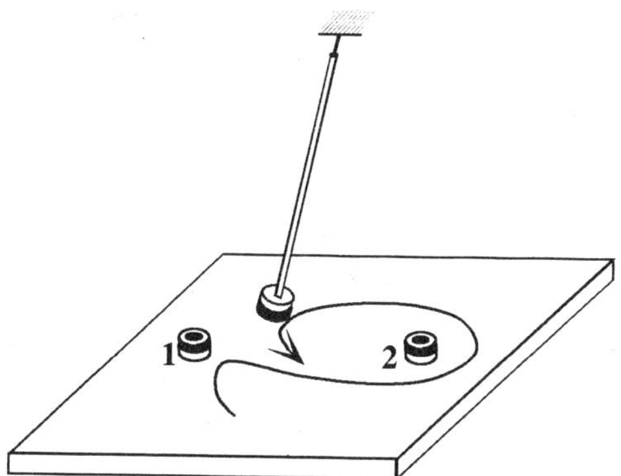

Abb.2.3: *Aufbau des einfachen Magnetpendels*

Ähnliches zeigt das **Magnetpendel**: Ein Magnet ist am Ende eines leichten Stabes angebracht. Dieser Stab ist über einen Faden an einem Galgen frei schwingbar befestigt (sphärisches Pendel). Unter dem Pendel sind zwei Magnete so befestigt, daß sie den Pendelkörper anziehen (Abb.2.3).

Läßt man das Pendel mit einer bestimmten Auslenkung aus der Ruhe los, so ergibt sich eine mehr oder weniger komplizierte Bewegung, je nach Stellung zu den unteren Magneten. Durch Luftreibung wird das Pendel immer mehr abgebremst und kommt schließlich über einem der unteren Magneten zum Stillstand. Versucht man möglichst exakt an der gleichen Stelle loszulassen, zeigt sich wieder die Sensitivität auf kleine Unterschiede bei den Anfangsbedingungen, das Pendel kommt scheinbar zufällig mal bei dem einen mal bei dem anderen Magnet zum Stillstand.

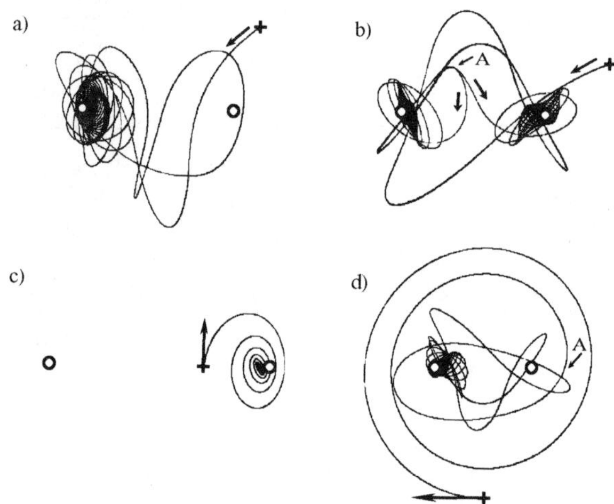

***Abb.2.4:** Bahnen des Magnetpendels*

Die Bahnen wurden durch eine Computersimulation mit dem Programm MAPE (siehe Anhang II) gewonnen. Die Blickrichtung ist senkrecht von oben, die eingezeichneten Kreise sind anziehende Magnete. Das Kreuz bezeichnet den Startort, der Pfeil Größe und Richtung der Startgeschwindigkeit v.

- *a) Start mit v = 0: Nach einiger Zeit kommt durch die Dämpfung das Pendel beim linken Magnet zur Ruhe.*
- *b) Zwei Simulationen nahe beieinander gestartet. Anfangs sind die Bahnen noch nahezu deckungsgleich. Von A ab laufen sie deutlich auseinander und kommen bei verschiedenen Endlagen zum Stillstand.*
- *c) Das Pendel spiralt regelmäßig auf den rechten Magnet zu. Wegen der vorhandenen Gravitation kommt es etwas links vom Magneten zur Ruhe.*
- *d) Der Startpunkt ist relativ weit vom Ursprung gewählt, die Geschwindigkeit ist für eine Kreisbahn berechnet. Das Pendel ist weit von den Magneten entfernt und "spürt" anfangs deren Wirkung kaum. Bei A wird die Anziehung deutlich und nach relativ komplexer Bahn kommt das Pendel beim rechten Magneten zur Ruhe.*

Das Magnetpendel ist physikalisch eindeutig beschreibbar: Die wirkenden Kräfte rühren von der Gravitation, den Magnetkräften und der Reibung her, die an jedem Ort bestimmbar sind. Diese Kräfte haben aufgrund der Newtonschen Gleichungen eine ganz bestimmte Änderung der Bewegung zur Folge. Die Systeme sind also deterministisch, die Zusammenhänge kausal. Aus den bekannten Kraftwirkungen und mit Hilfe des zweiten Newtonschen Gesetzes kann eine Bahn auch vorausberechnet werden. Dies geschieht im Rahmen einer Computersimulation (Programm MAPE, siehe Anhang II).

2.3 Verletzung der starken Kausalität

Abb.2.4.b zeigt deutlich die sensitive Abhängigkeit von den Anfangsbedingungen. Die Computersimulation erlaubt nun eine systematischere Untersuchung dieser Sensitivität. Man startet dabei von möglichst vielen Punkten mit v = 0 und wartet ab, ob das Pendel beim linken oder rechten Magneten zum Stillstand kommt. Entsprechend wird der Startpunkt weiß (für 1) oder schwarz (für 2) markiert. Abb.2.5.a zeigt das Ergebnis.

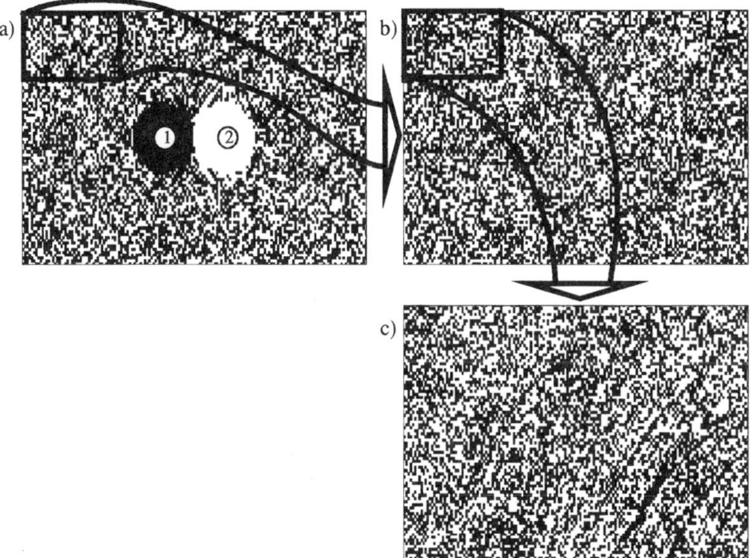

Abb.2.5: *Systematische Untersuchung des Verhaltens des Magnetpendels*
Von einem Raster auf der x-y-Ebene wird Punkt für Punkt eine Simulation mit v = 0 gestartet. Durch die Dämpfung kommt das Pendel bei 1 oder 2 zum Stillstand. Ist 1 der Endpunkt, so wird der zugehörige Startpunkt schwarz gefärbt, ansonsten bleibt er weiß.

a) Startpunkte in der Nähe von 1 (bzw. 2) erlauben kein "Überwechseln" zu 2 (bzw. 1), ansonsten scheint es zufällig, ob 1 oder 2 erreicht wird.

b) Ein Teilbereich der x-y-Ebene wird mit kleinerem Rasterabstand nochmals untersucht und vergrößert dargestellt. Wieder ergibt sich das gefleckte Muster.

c) Eine weitere Ausschnitsvergrößerung zeigt ebenfalls das Fleckenmuster.

Bis auf die Gebiete nahe um den einzelnen Magneten ergibt sich ein mehr oder weniger zufälliges Muster. Trotz der Vergrößerung (in Abb.2.5.b linear mit Faktor vier) ist die Körnung noch die gleiche d.h. auch noch nähergelegene Startorte können zu 1 oder 2 laufen. Man kann nicht sagen, daß ähnliche Startbedingungen sich auch ähnlich verhalten.
Ähnliche Ursachen haben hier also nicht ähnliche Wirkungen.

Dies widerspricht einem Axiom, das James C. Maxwell 1879 beschreibt:

> "Es ist eine metaphysische Doktrin, daß gleiche Ursachen gleiche Wirkungen nach sich zögen. Niemand kann sie bestreiten. Ihr Nutzen aber ist gering in einer Welt wie dieser, in der gleiche Ursachen niemals wieder eintreten und nichts zum zweiten Mal geschieht. Das daran anlehnende physikalische Axiom lautet: Ähnliche Ursachen haben ähnliche Wirkungen. Dabei sind wir aber von Gleichheit übergegangen zu Ähnlichkeit, von absoluter Genauigkeit zu mehr oder weniger grober Annäherung" [22,S.65].

Die Aussage ist vorsichtig formuliert, und die aufgezeigten Beispiele lassen es als Axiom nicht mehr haltbar erscheinen. Vergleicht man diese sensitiven Systeme mit den anfangs erwähnten Systemen, wie einfache Satellitenbahnen oder dem Lauf der Uhr, so läßt sich der Begriff Kausalität verschärfen: Der bisher definierte Begriff, daß **gleiche Ursachen gleiche Wirkungen** haben, wird als **schwache Kausalität** bezeichnet. Gilt noch, daß **ähnliche Ursachen ähnlich Wirkungen** haben, so spricht man von **starker Kausalität**. Im Gegensatz zur umgangssprachlichen Bedeutung schließen sich die Begiffe "stark" und "schwach" nicht gegenseitig aus, vielmehr ist die starke Kausalität eine Verschärfung der Ursache-Wirkung-Beziehung. Abb.2.6 stellt die Zusammenhänge schematisch dar.

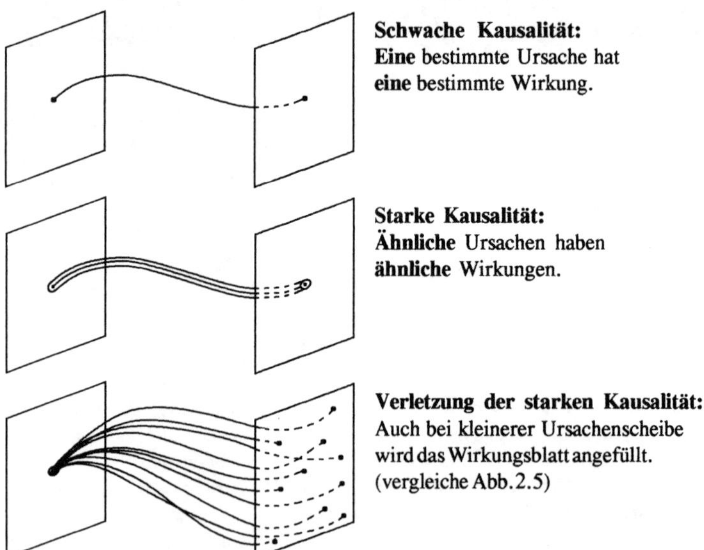

Abb.2.6: *Schematische Darstellung von Kausalität (nach [22,S. 73])*

Für die Beschreibung der Natur stellt sich die Frage, ob es viele Systeme gibt, die die starke Kausalität verletzen, oder ob es nur einige kuriose Ausnahmen sind, wie z.B. die Zufallsmaschinen. Sieht man sich um, so erkennt man, daß die **meisten Systeme nicht stark kausal** sind, selbst solche "verlässlichen" Systeme wie das Planetensystem oder die Uhr können in bestimmten Situationen sensitiv reagieren. Dies wird in den späteren Kapiteln weiter ausgeführt.

Auch viele Beispiele aus unserem täglichen Umfeld reagieren sensitv auf kleine Störungen:
- Ein auf der Spitze stehender Bleistift, in welche Richtung wird er fallen?
- Der Ausdruck "auf Messers Schneide" spricht für sich
- Skifahrer zeigen ihr Können bei Buckelpistenfahrten, trotzdem geht es nicht immer "glatt".
- Viele Spiele sind auf Sensitivität aufgebaut, z.B. das Flipperspiel oder Glücksspiele.
- Ein tropfender Wasserhahn, tropft er regelmäßig oder unregelmäßig?
- Die Rauchfahne einer Zigarette strömt erst laminar und wird plötzlich turbulent.

Diese Liste könnte noch mit vielen Beispielen erweitert werden.

2.4 Mathematische Beschreibung der Sensitivität

Für eine genauere Klassifizierung von physikalischen Systemen ist es nötig, die Sensitivität von den Anfangsbedingungen und Störungen auch quantitativ zu beschreiben. Dazu soll ein **Pendel** genauer beobachtet werden, das aus einem sehr leichtem Stab (Länge l, Masse vernachlässigbar) und der Pendelmase m besteht (siehe Abb.2.7).

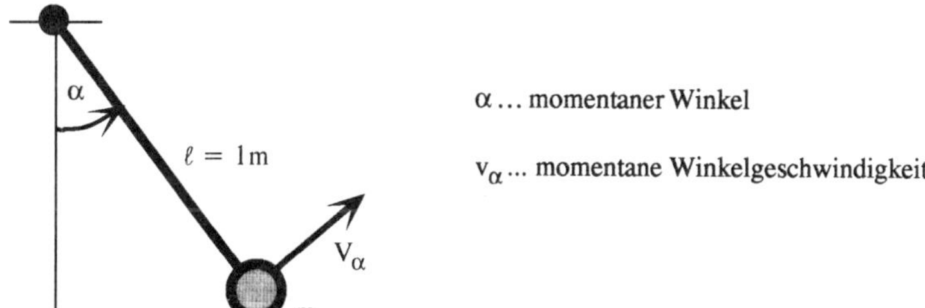

Abb.2.7: *Das Pendel*

Das Pendel ist ein "klassisches Lehrbeispiel für Schwingungen". Die Geschichte von Galilei über seine Beobachtungen bei Kronleuchterschwingungen wird jeder Schüler mindestens einmal gehört haben: Die Schwingungsdauer ist unabhängig von der Amplitude - zumindest im Bereich kleiner Auslenkungen. Das Pendel reagiert also für relativ kleine Auslenkung harmonisch, d.h. Auslenkung α und rücktreibendes Drehmoment M sind direkt proportional. Für solche Winkel gilt auch die starke Kausalität. Kritisch ist allerdings das Verhalten bei großen Winkeln. Zur quantitativen Untersuchung betrachten wir zunächst das Verhalten zweier sehr ähnlicher Startsituationen: Beide Pendel starten bei einem Winkel von 90° und haben je eine kleine Winkelgeschwindigkeit. Die Winkelgeschwindigkeiten sollen sich um einen sehr kleinen Wert ε unterscheiden. Abb.2.8 zeigt die unterschiedliche Entwicklung der beiden Pendel. Aufgetragen ist die Winkeldifferenz $\delta = \alpha_1 - \alpha_2$ über die Zeit für verschiedene Werte von ε. Die Beobachtungszeit (1 s) ist kurz im Vergleich zur Pendelperiode (7,5 s). Dabei wird von jedem Pendel der Winkelbereich von etwa 30° überstrichen.

Die Winkel der beiden Pendel laufen anfangs linear auseinander, **der Fehler wächst linear**.

$\delta \sim \varepsilon \cdot t$ **lineares Fehlerwachstum** **(GL 2.1)**

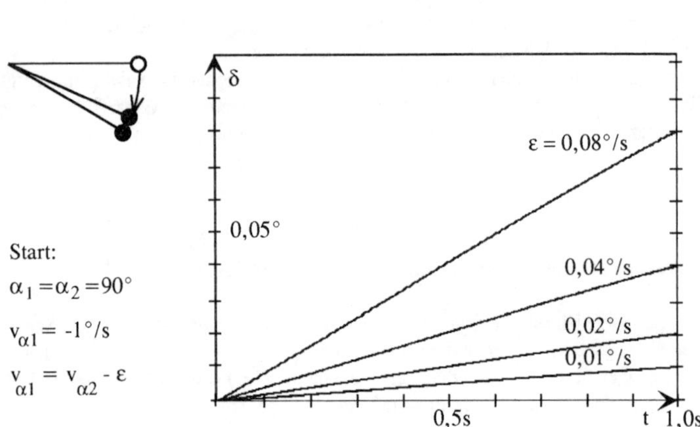

Abb.2.8: *Zwei Pendel starten bei 90° mit kleinen Winkelgeschwindigkeitsdifferenzen ε Aufgetragen sind die Entwicklungen der Winkelabweichungen $\delta = \alpha_1 - \alpha_2$ für verschiedene Werte von ε. δ entwickelt sich während der relativ kurzen Beobachtungszeit linear. Die Berechnungen wurden mit dem Programm SENS-PEN durchgeführt (siehe Anhang II).*

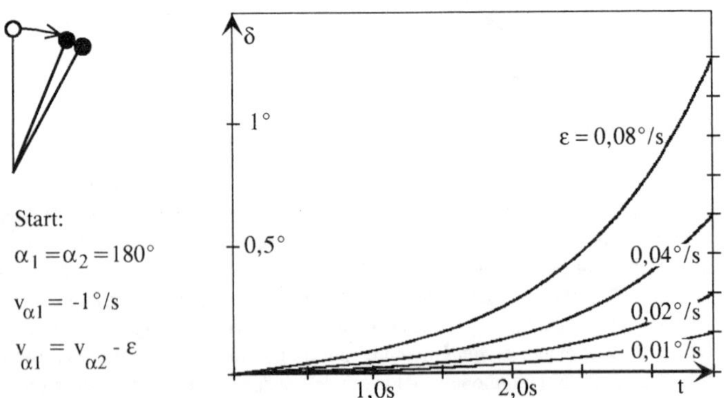

Abb.2.9: *Vergleich zweier Pendelstarte bei $\alpha_1 = \alpha_2 = 180°$*
Die Winkelabweichungen entwickeln sich anfangs exponentiell.

Zum Vergleich die gleiche Untersuchung für eine Situation, bei der die Pendel beim Start senkrecht nach oben stehen. Ist $v_\alpha = 0$, dann würden die Pendel für immer still stehen. Mit einer kleine Anfangswinkelgeschwindigkeit setzen sie sich langsam in Bewegung. Die Geschwindigkeiten seien wieder $v_{\alpha 1} = 1°/s$ und $v_{\alpha 2} = v_{\alpha 1} + \varepsilon$. Da das System am oberen Umkehrpunkt sehr langsam startet, wird die Beobachtungszeit auf 3,5 s verlängert (Eigenperiode hier 24 s). Damit ergibt sich wieder ein Beobachtungswinkelbereich von etwa 30°. Abb.2.9 zeigt, daß sich das System gänzlich anders verhält: Die Pendel laufen am Anfang nicht linear, sondern nahezu exponentiell auseinander, der Fehler **wächst exponentiell.**

$\delta \sim \varepsilon \cdot e^{\lambda t}$ **exponentielles Fehlerwachstum (GL 2.2)**

Das exponentielle Verhalten ist durch die Existenz einer Verdoppelungszeit T_D deutlich zu erkennen (siehe Abb.2.9). Der Exponent λ wird nach dem russischen Physiker Liapunov **Liapunov-Exponent** genannt. Er beschreibt die "Stärke" des Fehlerwachstums, ist somit ein Maß für die Verletzung der starken Kausalität. Eine detaillierte Beschreibung und praktische Berechnungsmethoden werden in Kapitel 6 dargelegt.

2.5 Konsequenzen für die Vorhersagezeit

Ein Ziel der physikalischen Beschreibung eines Vorganges ist die Vorhersage. Bei einem kausalen Vorgang ist diese prinzipiell möglich. Allerdings können aus praktischen Gründen die Anfangsbedingungen nicht exakt festgestellt werden, es sei eine Abweichung bis maximal ε_{max} zugelassen (Anfangstoleranz). Nun gibt man einen maximalen Fehler δ_{max} vor. Bleibt die Abweichung während des Vorgangs kleiner als δ_{max}, so soll die Vorhersage akzeptiert werden (Abweichungstoleranz). Mit GL 2.1 und GL 2.2 kann nun die maximale Vorhersagezeit t_{vor} bestimmt werden. Dies ist die Zeit, innerhalb der die Abweichung kleiner als die Abweichungstoleranz bleibt. Beim linearen Fehlerwachstum ergibt sich die Vorhersagezeit aus GL 2.1:

$t_{vor} \sim \delta_{max} / \varepsilon_{max}$ **(GL 2.3)**

Will man beim gleichen maximalen Fehler die Vorhersagezeit verlängern, so muß die Anfangstoleranz ε_{max} entsprechend linear verkleinert werden. **Der Aufwand zur Erhöhung der Vorhersagezeit wächst linear.**

Anders ist es bei exponentiellem Fehlerwachstum: Es gibt eine Verdoppelungszeit T_D. Das hat für die Vorhersagezeit "katastrophale" Folgen. Dies sieht man in Abb.2.9. Wenn man T_D verdoppeln will, so muß bei gleichem Maximalfehler auf die nächste darunterliegende Kurve gewechselt werden, d.h. ε_{max} muß halbiert werden. Für eine weitere Verlängerung der Vorhersagezeit um T_D muß die Anfangstoleranz ε_{max} wieder halbiert werden und so fort. ε_{max} muß also exponentiell verkleinert werden, wenn die Vorhersagezeit linear erhöht werden soll. **Der Aufwand zur Erhöhung der Vorhersagezeit wächst exponentiell.** Damit ist es praktisch unmöglich, die Vorhersagezeit über einen gewissen Wert zu steigern.

Betrachten wir als Beispiel die **Wettervorhersage**. Die Modellrechnungen hierfür zeigen deutlich exponentielles Fehlerwachstum. Parameter für die Rechnungen sind Temperatur, Luftdruck, Luftfeuchtigkeit, Luftgeschwindigkeit usw. Fehler liegen natürlicherweise an der Genauigkeit der Messungen. Aber auch die Dichte des Meßnetzes wirkt sich unangenehm aus, man müßte über die gesamte Erde hinweg an jeder Stelle Meßwerte aufnehmen und dies noch dazu in jeder Höhe. Die Verdoppelungszeit bei diesem System liegt in der Größenordnung von Stunden. Nehmen wir fiktiv einen halben Tag an, so bedeutet jeder Tag mehr Vorhersage eine Vervierfachung der erforderlichen Meßstellen. Dies ist unmöglich, wenn man allein bedenkt, daß die Meßstellen in manchen Gebieten sehr schwierig zu installieren sind, z.B. über dem Meer oder in Wüstengebieten.

3. Wege ins Chaos - anharmonische Schwingungen

Das "Bifurkationsszenario", "seltsame Attraktoren" und "Intermittenz" sind die wichtigsten Phänomene beim deterministischen Chaos in der Physik. Diese sind alle am experimentellen Beispiel des Rotationspendel mit Unwucht deutlich nachzuvollziehen. Ausgehend von den Phänomenen wird der Hintergrund in stufenweise zunehmender Tiefe behandelt und nach Erklärungen gesucht. Es werden Fragen erarbeitet, die in späteren Kapiteln weiterverfolgt werden. In fortlaufender, aufeinander aufbauender Weise wird ein Weg zum Lernen aufgezeigt. Es ist darauf hinzuweisen, daß dieser Weg anders verläuft als der übliche Weg über die Behandlung der logistischen Funktion: Es wird vom physikalischen System ausgegangen und erst danach auf ein Iterationssystem eingegangen.

Das Rotationspendel mit Unwucht wurde wohl zum ersten Mal 1983 durch G. Mayer-Kress als Studienobjekt für nichtlineare Effekte vorgeschlagen [62] und zeigt deutlich alle wichtigen Phänomene. Als sogenanntes "Pohlsches Drehpendel" ist es in vielen Laboratorien an Schulen und Universitäten vorhanden. Das System wurde bisher nur vereinzelt auf sein physikalisches Verhalten untersucht (z.B. [02]). Es ergaben sich neue Erkenntnisse, die ebenfalls dargelegt werden.

Als Lehrexperiment ein mechanisches System zu verwenden, liegt nahe, schließlich sind wir intuitiv der Mechanik am nächsten. Der tägliche Umgang und dementsprechend unsere gedankliche Modellstruktur liegt im Bereich der klassischen Mechanik. Das Rotationspendel eignet sich aus vielerlei Gründen für Untersuchungen zum Bifurkationsszenario: Auslenkungen, Geschwindigkeiten und Zeiten liegen in beobachtbaren Skalen. Studenten können das Experiment selbst durchführen und es auch im wörtlichen Sinn "erfassen". Andere Experimente zeigen prinzipiell das gleiche Verhalten, haben aber entscheidende Nachteile: Die schwingende Blattfeder hat eine relativ kleine Amplitude und vor allem eine Zeitskala, die sich schlecht zur unmittelbaren Beobachtung eignet. Das angetriebene mathematische Pendel [59] zeigt das Bifurkationsszenario nur im Übergang von einer komplizierten Drehbewegung über mehr als 360° ins Chaos (Fensterausgang). Die Bifurkationskaskade ist schwer direkt zu beobachten und außerordentlich sensitiv auf Störungen. Ein System, welches die Phänomene ähnlich deutlich zeigt, ist ein Pendel, bei dem die Nichtlinearität durch Magnete verwirklicht ist [80].

3.1 Das Rotationspendel mit Unwucht als einfaches Experiment mit chaotischem Verhalten

Im Jahre 1510 erfand Peter Henlein in Nürnberg die erste funktionierende Taschenuhr. Der große Vorteil dieser Uhr gegenüber den bisher üblichen Pendeluhren war, daß sie in allen Lagen funktionierte, nicht vom ruhigen Standort und Aufstellwinkel abhängig war. Die große Idee war die "Unruh", die Realisierung des Zeitrhythmus durch ein schwingendes Rad, dessen Rückstellmoment durch eine Spiralfeder (eine aufgerollte Schweinsborste) gegeben war. Dieser Oszillator gilt als typischer Vertreter für ein lineares System, für harmonische Schwingungen. Gerade dies macht ihn so praktisch für die Unruh. Aber schon eine kleine Zusatzmasse - eine Unwucht - verändert das System zu einem nichtlinearen System. Hätte Henlein ein nicht ausgewuchtetes Rad benutzt und ungünstige Parameter gewählt, so wäre abhängig von der Amplitude des Unwucht-Rades die "Sekunde" mehr oder weniger lang gewesen und zudem wieder abhängig von der Aufstellungsrichtung.

Um den Einfluß der Unwucht genauer studieren zu können, wird ein Aufbau gewählt, der besser beobachtbar ist als die kleine Uhr, und bei dem gezielt die Parameter variiert werden können. Der Aufbau des Experimentes und Hinweise zur Benutzung sind im Anhang I zu finden, Abb.3.1 zeigt den schematischen Aufbau und die Definition der Parameter.

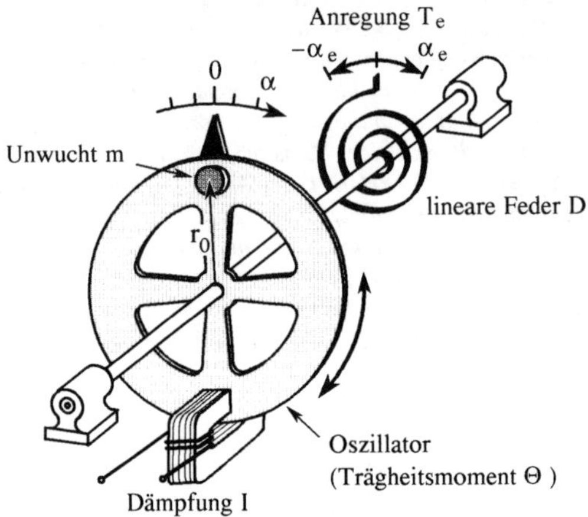

Abb.3.1: Schematischer Aufbau des Rotationspendels mit Unwucht

3.1.1 Der harmonische Oszillator

In diesem Anschnitt wird kurz das klassische Vorwissen wiederholt.

Betrachtet man das Rotationspendel **ohne Zusatzmasse m**, so schwingt es **harmonisch**, d.h. die Schwingungsdauer T ist unabhängig von der Amplitude (Abb.3.2). Dies ist doch eigentlich verwunderlich, schließlich ist der Weg bei größerer Auslenkung entsprechend größer. Auch Galilei hat sich bei seiner bekannten Beobachtung schwingender Kronleuchter darüber gewundert, hat dies aber eben als neues Gesetz gesehen und in praktischer Form beschrieben: "Wenn zwei Freunde abwechselnd die Schwingungen zählen, wobei der eine von ihnen die weiten Ausschläge zählt, und der andere die kurzen, so werden sie herausfinden, daß sie nicht nur zehn, sondern hundert Schwingungen zählen können, ohne bei einer einzigen, und sei es nur teilweise, nicht übereinzustimmen"[29,,S.63]. Hätte er sich einen Freund gesucht und seine Versuchsidee mit Pendeln tatsächlich durchgeführt, dann hätte er dies wohl nicht so geschrieben; die Aussage gilt beim Fadenpendel ja nur für einen kleinen Winkelbereich.

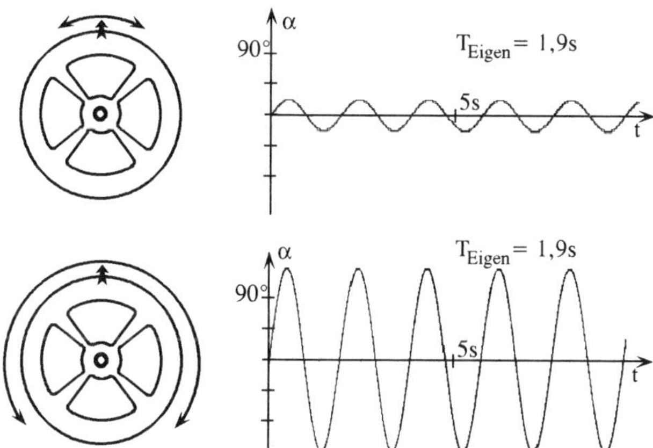

***Abb.3.2:** Schwingungsverhalten des harmonischen Pendels ohne Anregung und mit geringer Dämpfung (keine zusätzliche Wirbelstromdämpfung). Die Periode ist unabhängig von der Amplitude.*

Beim Rotationspendel gilt die Aussage auch für große Winkelbereiche. Eine erste Erklärungshilfe ist, daß bei größeren Amplituden eben auch die Geschwindigkeiten entsprechend größer sind. Daß dieses "entsprechend" aber gerade paßt, sieht man erst bei der Behandlung der Differentialgleichung. Die Schwingmasse (beschrieben durch das Trägheitsmoment Θ) spürt nur das Rückstellmoment der Spiralfeder, und dieses ist proportional zur Auslenkung α (der Proportionalitätsfaktor sei D). Damit ist die Differentialgleichung

$$\Theta \cdot \ddot{\alpha} = -D \cdot \alpha . \qquad \textbf{(GL 3.1)}$$

Die Variable α geht nur linear in die Gleichung ein. Deshalb spricht man von einem **"linearen System"**, eine Lösung ist durch $\alpha = \alpha_0 \cdot \cos(\omega t)$ gegeben. Dabei ist die Kreisfrequenz $\omega = \sqrt{D/\Theta}$ eben allein durch das Trägheitsmoment Θ und die Federkonstante D gegeben. Mit der Kreisfrequenz ist auch die Periode T unabhängig von der Amplitude α_0.

Eine Behandlungshilfe bei dynamischen Vorgängen aufgrund einer konservativen Kraft bildet das **Potential**. Üblicherweise ist dies eine skalare Ortsfunktion, deren negativer Gradient gleich der Kraft ist. Anstatt der Kraft bei einer eindimensionalen Ortsbewegung wird bei der hier vorliegenden Drehbewegung das Drehmoment M betrachtet. Damit läßt sich im übertragenen Sinn das Potential durch $U(\alpha) = -\int M(\alpha) \cdot d\alpha$ definieren. Das ist hier gerade auch die potentielle Energie. Mit dieser Definition ergibt sich für Potential des Rotationspendels aufgrund der Spiralfeder aus $M = -D \cdot \alpha$

$$U(\alpha) = \tfrac{1}{2} \cdot D \cdot \alpha^2 ,$$ also eine Parabel (Abb.3.3). **(GL 3.2)**

Der übertragene Sinn des Begriffes Potential wird in Joos: "Lehrbuch der theoretischen Physik" beschrieben. Durch die Assoziation einer Bewegung an ein "Berg- und Tal-System" ist das Potential für den Lernenden wegen der eigenen Betroffenheit (Balancieren, Skifahren, usw.) intuitiv leicht erfaßbar. Es liegt eine ***natürliche Intuitionshilfe*** *vor, man spürt dieses Steigungssystem an sich selbst.*

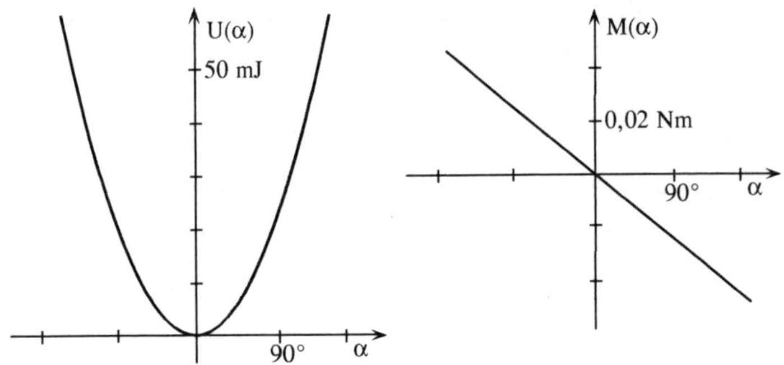

Abb.3.3: *Das Potential U(α) des Rotationspendels ohne Unwucht verläuft parabelförmig. Das entsprechende Moment M(α) ist die negative Ableitung (Steigung) des Potentials.*

Für die Diskussion des Schwingungsverhaltens ist auch das Wechselspiel zwischen den verschiedenen Energieformen interessant. Ausgehend von einem reibungsfreien System ist es beim Rotationspendel einfach durch

$$\tfrac{1}{2} \cdot \Theta \cdot v_\alpha^2 + \tfrac{1}{2} \cdot D \cdot \alpha^2 = E_{gesamt} = \text{konstant}$$ gegeben. **(GL 3.3)**

Dabei ist $v_\alpha = \dot{\alpha}$ die momentane Winkelgeschwindigkeit und E_{gesamt} die Gesamtenergie. Betrachtet man diese Gleichung geometrisch, so stellt sie eine Ellipse dar. Die Variablen sind dabei der Winkel α und die Winkelgeschwindigkeit v_α. Die Zeit kommt dabei zwar nicht explizit vor, doch von einer (α, v_α)-Konstellation beim Zeitnullpunkt aus läuft der Vorgang diese Ellipse entlang, er zeigt die jeweilige Phase der Schwingung und beinhaltet alle bestimmenden Größen (das sind hier gerade Winkel und Winkelgeschwindigkeit) zu jedem Zeitpunkt. Im allgemeinen Fall betrachtet man einen **Orts-Impuls-Raum**, der auch **Phasenraum** genannt wird. Dabei sind "Ort" und "Impuls" als allgemeine Koordinaten zu betrachten. Im vorliegenden Fall ist die Ortskoordinate der Winkel α, die Impulskoordinate der Drehimpuls Θv_α. Nachdem Θ konstant ist, ist jeder Zustand (jede Phase) des Systems schon durch Angabe von Winkel und Winkelgeschwindigkeit eindeutig charakterisiert. Entsprechend soll im folgenden hier auch der Winkel-Winkelgeschwindigkeits-Raum als Phasenraum bezeichnet werden. Die Darstellung der Ellipse im Phasenraum stellt den gesamten Vorgang in kompakter Weise dar (Abb.3.4.a).

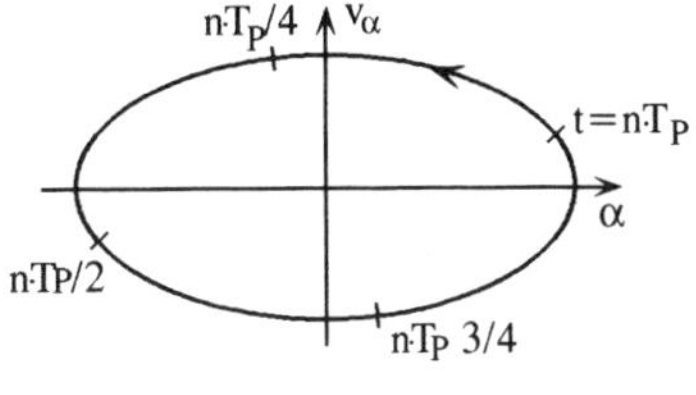

a) Bahn einer ungedämpften, harmonischen Schwingung ohne Anregung im Phasenraum: Zu jedem Zeitpunkt hat das System einen bestimmten Zustand (α, v_α). Nach einer Periode T_p erreicht es wieder den gleichen Punkt.

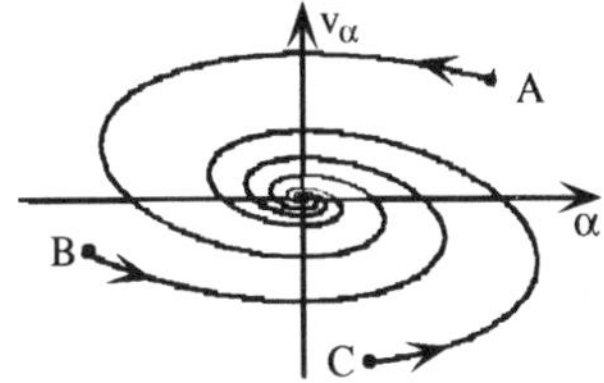

b) Gedämpfte Schwingung ohne Anregung: Die Bahnen laufen ausgehend von verschiedenen Startpunkten A, B oder C in einen Gleichgewichtszustand, den Punktattraktor.

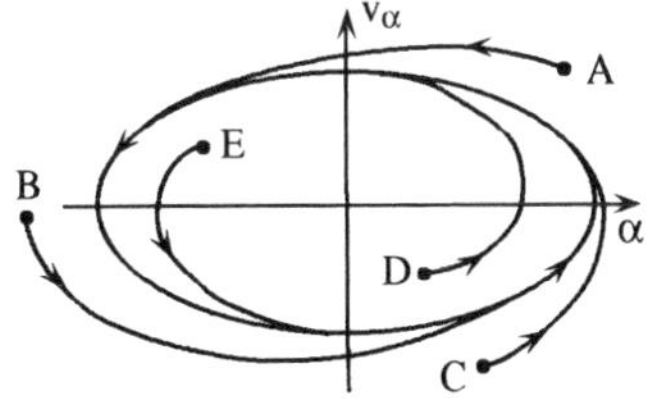

c) Gedämpfte Schwingung mit Anregung: Bahnen verschiedener Startsituationen A bis E nähern sich immer mehr einem Grenzzyklus, dem eindimensionalen Attraktor.

Abb.3.4: *Bahnen des harmonischem Oszillators im Phasenraum*

Betrachtet man einen Vorgang mit Reibung, so gibt es zwei prinzipiell verschiedene Resultate: Existiert keine Anregung, dann laufen alle Phasenbahnen nach einiger Zeit auf einen Punkt zu, dem Endpunkt mit einem gewissen Ort (hier gerade $\alpha = 0$) und der

Geschwindigkeit null - dem **Gleichgewichtspunkt** des Systems. Existiert eine periodische Anregung, so stellt sich nach dem Einschwingen eine periodische Schwingung ein, alle Bahnen laufen auf diesen **Grenzzyklus** zu. Beide Endzustände ziehen die Bahnen des Zustandsraumes an, sie sind "attraktiv" und werden als **Attraktoren** bezeichnet (Abb. 3.4.b und c).

Aus dem Kausalitätsprinzip (siehe Kapitel 2) folgt noch eine wichtige Eigenschaft des Phasenraumes: Ist ein Vorgang einmal gestartet, so darf sich die ihn darstellende Kurve im Phasenraum nicht schneiden. Dies ist leicht einzusehen. Die Kurve im Phasenraum ist ja die Beschreibung des gesamten Vorgangs, die Zeit läuft entlang der Kurve. Nimmt man einen Zustand (einen Zeitpunkt), so weiß man, daß der zeitlich folgende Zustand eben der nächste Punkt auf der Linie ist. Gibt es aber einen Schnittpunkt, so weiß man nicht, in welche Richtung der Vorgang weiterlaufen würde. Dies aber widerspricht dem Determinismus, bei dem ja gerade die nächste Zukunft eines jeden Vorganges eindeutig festgelegt ist.

Hinzuweisen ist noch auf ein Problem beim Umgang mit dem Phasenraum. Man muß immer darauf achten, wieviele bestimmende Größen das Verhalten beschreiben. Dies ist bei einem Ortsfreiheitsgrad gerade dieser Ort und diese Geschwindigkeit. Kommt dabei noch eine Anregung hinzu, so muß der Raum um eine Koordinate erweitert werden, z.B. um die Phase der Anregung. Gibt es mehrere Ortsfreiheitsgrade, z.B. bei einer freien dreidimensionalen Bewegung x, y und z, so hat man jeweils die Geschwindigkeiten in diesen Richtungen als Koordinaten hinzuzunehmen, also insgesamt einen sechsdimensionalen Raum. In dieser Weise erhält man schnell einen nicht vorstellbaren hochdimensionalen Raum. Es bedarf weiterer Hilfen, um wieder zur Anschaulichkeit zurückzukommen. Sie werden in den weiteren Kapiteln beschrieben.

Natürlich können mit dem Rotationspendel auch weitere Eigenschaften harmonischer Schwingungen gezeigt werden, z.B. Resonanzverhalten und Phasenverhalten. Das wird hier als "klassisches" Vorwissen vorausgesetzt. Es wurden nur die für die weitere Behandlung nötigen Begriffe wiederholt.

3.1.2 Verhalten des Rotationspendels mit Unwucht ohne Anregung

Ist das Rotationspendel nicht ausgewuchtet, also eine zusätzliche Masse m im Abstand r_0 von der Drehachse auf dem Schwinger vorhanden, so wirkt ein zusätzliches Drehmoment $M_m = m \cdot g \cdot r_0 \cdot \sin(\alpha)$. Dabei ist $m \cdot g$ die Gewichtskraft von m und $r_0 \cdot \sin(\alpha)$ der wirksame Hebelarm. Die entsprechende Differentialgleichung bekommt durch die Sinusfunktion einen **nichtlinearen** Anteil (a_α steht für $\ddot{\alpha}$):

$$\Theta \cdot a_\alpha = -D \cdot \alpha + m \cdot g \cdot r_0 \cdot \sin(\alpha) + M_{Reibung} \qquad \textbf{(GL 3.4)}$$

Des weiteren ist noch der Term für ein hemmendes Reibungsmoment angegeben, das bei dem realen System sicher vorhanden ist. Das zusätzliche Drehmoment M_m sorgt dafür, daß es mit den analytischen Mitteln der Differential- und Integralrechnung nicht möglich ist, eine Lösungsfunktion $\alpha(t)$ zu finden, die die Differentialgleichung erfüllt.

Deshalb soll das System zuerst statisch betrachtet werden, also $a_\alpha = 0$. Am Experiment sieht man sofort, daß es drei Gleichgewichtslagen gibt: Bei Mittelstellung $\alpha = 0$ und bei einem bestimmten Winkel α_g nach rechts und $-\alpha_g$ nach links. Bei α_g und $-\alpha_g$ sind gerade das von der Feder herrührende Moment und das von der Masse m herrührende Moment im Gleichgewicht:

$$D \cdot \alpha_g = m \cdot g \cdot r_0 \cdot \sin(\alpha_g) \qquad \textbf{(GL 3.5)}$$

Nachdem α_g, m und r_0 leicht meßbar sind, bietet sich GL 3.5 als Bestimmungsgleichung für die Federkonstante D der Spiralfeder an:

$$D = m \cdot g \cdot r_0 \cdot \sin(\alpha_g) \,/\, \alpha_g \qquad \textbf{(GL 3.6)}$$

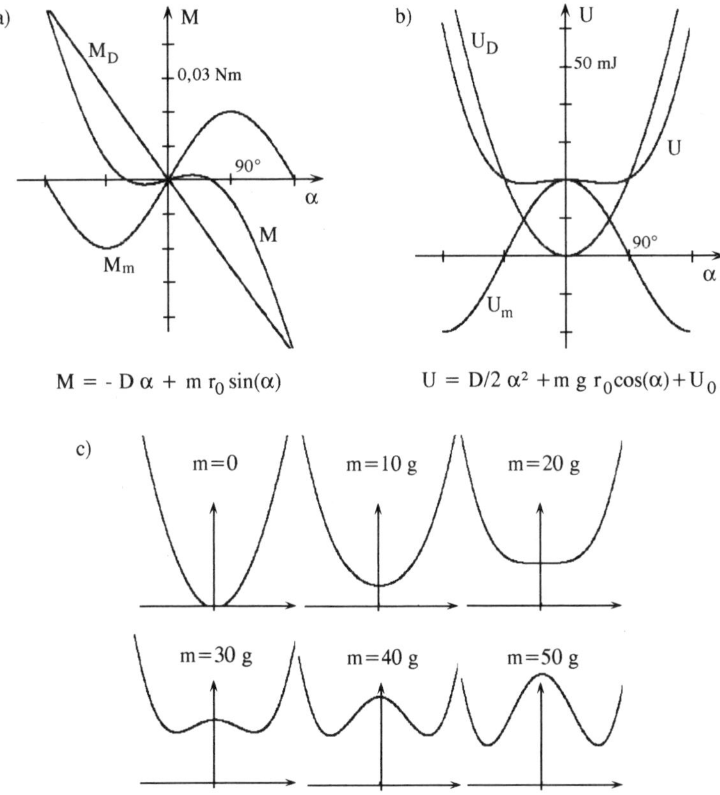

***Abb.3.5:** Drehmoment M und Potential U des Rotationspendels mit Unwucht*
a) M setzt sich aus dem Anteil M_D der Rückstellfeder und dem der Unwucht M_m zusammen.
b) Die entsprechenden Potentialanteile U_D und U_m ergeben sich aus $U = -\int M d\alpha$
c) Potential $U(\alpha)$ für verschiedene Unwuchtmassen m

Die Gleichgewichtslagen $\pm\,\alpha_g$ sind stabil, d.h. bei einer kleinen Auslenkung schwingt das Pendel in Richtung Gleichgewichtslage zurück. Anders ist es mit der Lage $\alpha = 0$. Eine kleine Auslenkung führt weg vom Gleichgewicht, die Lage ist instabil. Dies ist deutlich am Potential des Systems erkennbar, bei $\alpha = 0$ liegt ein relatives Maximum, bei $\pm\,\alpha_g$ dagegen relative Minima vor (Abb.3.5).

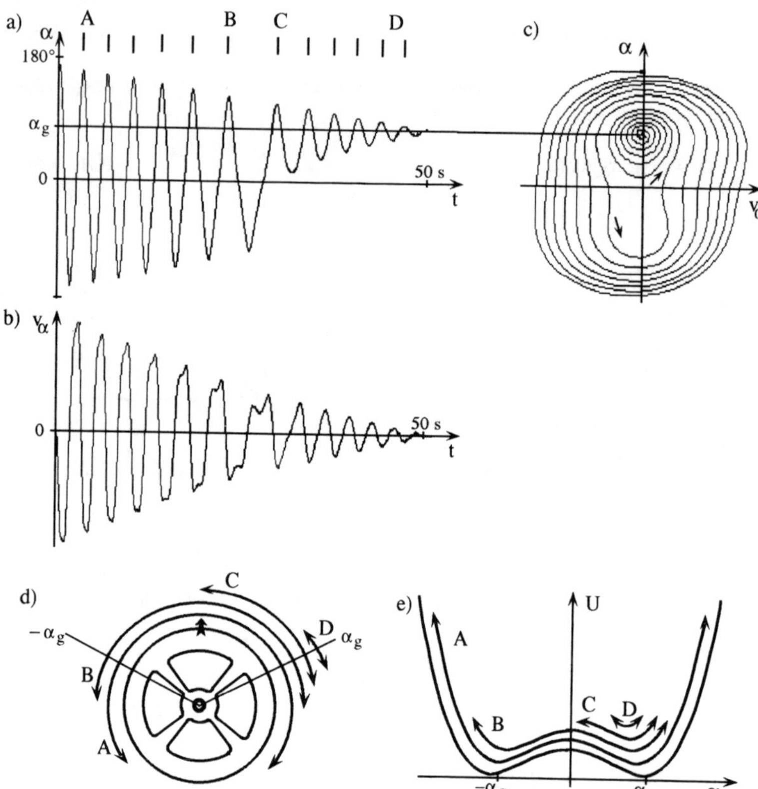

Abb.3.6: *Abhängigkeit der Schwingungsdauer von der Amplitude beim Rotationspendel Die Messung wurde mit dem in Anhang I beschriebenen Pendel durchgeführt. Als Dämpfung wirkt nur die Luftreibung und das Schleifen des Potentiometers zur Winkelaufnahme.*
a) Auslenkung α über die Zeit
b) Aus (a) numerisch berechnete Winkelgeschwindigkeit v_α
c) Phasenraum α über v_α (zur Vergleichbarkeit mit a) wurde α als Ordinate gewählt).
d) Darstellung der Schwingungsbereiche am Pendel
e) Schwingungsbereiche am Potential

Wieder soll zunächst der Zusammenhang zwischen Amplitude und Schwingungsdauer des frei schwingenden Pendels untersucht werden: Hierzu wird das Pendel mit großer Auslenkung α losgelassen ($v_\alpha = 0$). Die Wirbelstromdämpfung und die Anregung sind abgestellt. Durch die vorhandene Restreibung (z.B. Lagerreibung) kommt das Pendel nach etwa 15 Schwingungen im rechten Gleichgewichtspunkt zum Stillstand (Abb.3.6). Jetzt zeigt sich ein völlig anderes Verhalten als beim harmonischen Pendel - **die Eigenperiode ist abhängig von der Amplitude.**

In Abb.3.6 sind deutlich **verschiedene Bereiche** erkennbar:

A-B: Mit fallender Amplitude wird die Eigenperiode länger. Die Form von $\alpha(t)$ ist nicht sinusförmig. Das bestätigt auch die Kurve von $v_\alpha(t)$, die beiden Kurven sind sich nicht ähnlich. Die ''Einbrüche'' bei den Geschwindigkeitsextrema zeigen das Abbremsen am Potentialberg (Abb3.7).

B-C: Die Reibung sorgt dafür, daß das Pendel in der rechten Potentialmulde ''hängenbleibt'', es kann das Potentialmaximum nicht mehr überschreiten.

C-D: Hier zeigt sich deutlich der Zusammenhang zwischen Amplitude und Eigenperiode: Mit fallender Amplitude wird die Eigenperiode kleiner (Abb.3.8).

Bei D: Hier sind Schwingungsform und Geschwindigkeitsform ähnlich und sinusförmig, die Schwingung ist näherungsweise harmonisch, entsprechend die Eigenperiode konstant (Abb.3.8). Das Potential kann bei diesen kleinen Amplituden quadratisch angenähert werden.

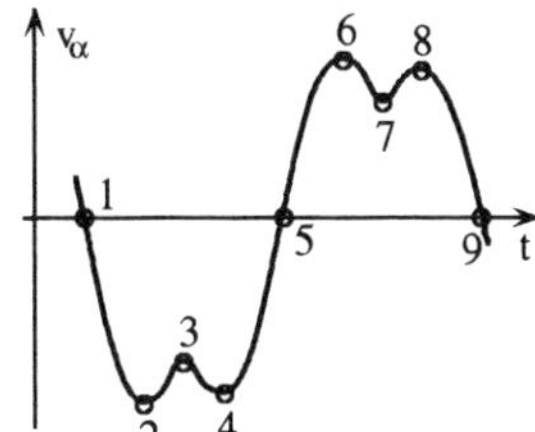

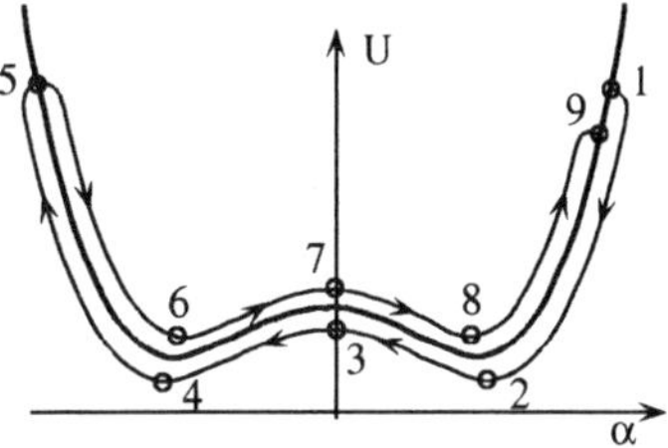

Abb.3.7: Schematische Darstellung einer Schwingung im Bereich zwischen A und B

A	T_p/s
80°	3,7
60°	3,3
50°	3,2
40°	3,0
30°	2,9
20°	2,9

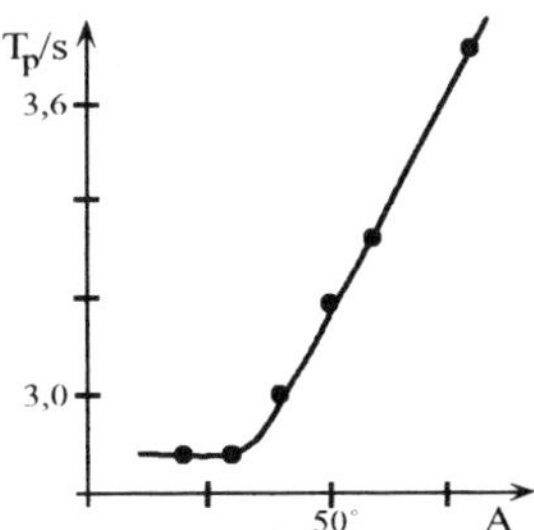

Abb.3.8: Zusammenhang von Eigenperiode T_p und Amplitude A bei Schwingungen in der rechten Potentialmulde (Bereich C-D). Als Amplitude ist der Abstand zwischen Maximum und folgendem Minimum aufgetragen. Im horizontalen Kurventeil ($A \leq 30°$) ist die Potentialkurve näherungsweise eine Parabel. Daraus resultiert das harmonische Verhalten und $T_p = const.$

Die qualitative Diskussion der verschiedenen Kurven bringt nicht nur viele Informationen über das Verhalten des vorliegenden physikalischen Systems, sondern fördert beim Lernenden auch den Gebrauch vorher gelernter physikalischer Zusammenhänge. Die vorangegangene Diskussion wurde deshalb so detailliert dargestellt, weil sie eine mögliche ***qualitative Zusammenhangsdiskussion*** *exemplarisch zeigen soll. Für die Erkenntnis der Effekte des Verhaltens nichtlinearer Systeme sind die Betrachtungen nicht unbedingt nötig, sie bereiten nur das tiefere Verständnis vor. Das beschriebene System wird seit 1988 in einem Versuch des physikalischen Anfängerpraktikums Kurs C an der Universität München behandelt. Erfahrungen mit Studenten haben gezeigt, daß solche Sichtweisen nicht genügend eingeübt sind, aber dankbar aufgenommen werden und das tiefere Verständnis deutlich fördern.*

Die Bahn im Phasenraum (Abb.3.6.c) spiegelt den Verlauf des gesamten Vorganges wieder: Zuerst umläuft sie beide Potentialminima, ab C verläuft sie eiförmig um einen Gleichgewichtspunkt, wird immer kleiner und einer Ellipse ähnlicher (bei D), wie es von einer harmonischen Schwingung zu erwarten ist. Schließlich endet die Bahn im Punkt ($\alpha = \alpha_g; v_\alpha = 0$), dem Punktattraktor. Je nach Anfangsbedingung könnte sie auch im anderen Punktattraktor ($\alpha = -\alpha_g$; $v_\alpha = 0$) enden.

Die Kurvenform in Abb.3.6a zeigt noch eine Auffälligkeit: Die Maxima und Minima zwischen A–B liegen auf Geraden. Daraus kann auf die Art der Reibung geschlossen werden: Die Abnahme ist unabhängig von der Geschwindigkeit, es muß eine konstante Reibungskraft wirken. Diese konstante Kraft erklärt sich daraus, daß nur die Schleifreibung (''trockene Reibung'') des Potentiometers für die Winkelaufnahme wirkt (die Wirbelstromdämpfung ist abgestellt). Der Einfluß der Haftreibung bei den Umkehrpunkten müßte sich in der $v_\alpha(t)$-Kurve zeigen, dort sollte jeweils beim Durchgang durch die Abszisse ($v_\alpha = 0$) ein waagerechtes Kurvenstück vorhanden sein. Nachdem solche Kurvenstücke nicht erkennbar sind, wird davon ausgegangen, daß die Haftreibung keinen berücksichtbaren Effekt zeigt.

3.1.3 Beschreibung des Systems durch die Differentialgleichung

In GL 3.4 ist die Reibung nur allgemein als hemmendes Drehmoment $M_{Reibung}$ berücksichtigt. Dieses Moment muß noch spezifiziert werden. Es ist sowohl ein Anteil durch Schleifreibung $M_{Schleif}$ als auch ein Anteil durch die Wirbelstromdämpfung M_{Wirbel} zu berücksichtigen. Wie vorher schon angeführt, ist die Schleifreibung als konstantes Moment anzusetzen, das gerade so gerichtet ist, daß es immer der Bewegung entgegengerichtet ist. Als Ansatz wird dies durch

$$M_{Schleif} = - k_{d1} \cdot v_\alpha / |v_\alpha| \qquad \textbf{(GL 3.7)}$$

realisiert. Dabei ist k_{d1} eine Konstante, die vom Aufbau her gegeben ist (zur Messung von k_{d1} siehe Anhang I). Ist $v_\alpha = 0$, dann ist $M_{Schleif} = 0$ zu setzen.

Zur Wirkung der Wirbelstromdämpfung betrachte man ein Stück einer leitende Platte, die mit der Geschwindigkeit v durch ein Magnetfeld $B \sim I$ gezogen wird (Abb.3.9). Die Induktionsspannung U_{ind} in diesem Plattenstück ist nach dem Induktionsgesetz proportional zur zeitlichen Änderung des magnetischen Flusses. Diese Änderung tritt beim Eintritt und Austritt in das Magnetfeld auf und ist proportional zu $B \cdot v$ und damit ist

$$U_{ind} \sim B \cdot v.$$

Für die Bremsleistung erhält man damit

$$P_{Brems} \sim U_{ind}^2 \sim B^2 \cdot v^2 \sim I^2 \cdot v^2 .$$

Für die Bremskraft ergibt sich mit der Definition von Leistung und Energie schließlich

$$F_{Brems} = \frac{dE_{Brems}}{dx} = \frac{dE_{Brems}}{dt} \cdot \frac{dt}{dx} \sim I^2 \cdot v^2 \cdot \frac{1}{v} = I^2 \cdot v .$$

Beim Rotationspendel ist die Geschwindigkeit v proportional zur Winkelgeschwindigkeit v_α. Damit läßt sich für das Reibungsmoment der Wirbelstromdämpfung folgender Ansatz machen:

$$M_{Wirbel} = - k_{d2} \cdot v_\alpha \cdot I^2 \qquad \textbf{(GL 3.8)}$$

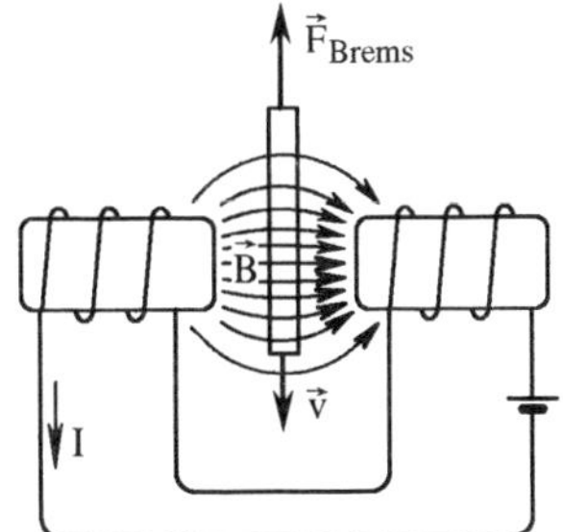

***Abb.3.9:** Zur Bestimmung des Zusammenhanges vom magnetfelderzeugenden Strom I und Bremskraft F_{Brems}*

Startet man das Pendel mit einer bestimmten Startwinkelgeschwindigkeit $v_{\alpha 0}$ an einem bestimmten Startwinkel α_0 so endet die Bewegung durch die Dämpfung im rechten oder linken Gleichgewichtspunkt. Dabei reagiert das System empfindlich auf die Startbedingungen $(\alpha_0, v_{\alpha 0})$, es ist sensitiv. Allerdings ist dies nicht als chaotisches Verhalten zu bezeichnen, die Sensitivität ist nur eine notwendige, keine hinreichende Bedingung. Interessant wird das Verhalten bei äußerer Anregung. Im vorliegenden Versuch wird diese mit einer sinusförmigen Veränderung des Federendes realisiert (Abb.3.1). Dies macht sich für das Rückstellmoment bemerkbar:

$$M_{Rück} = - D \cdot [\alpha - \alpha_e \cdot \sin(\omega_e t)] \qquad \textbf{(GL 3.9)}$$

Damit gilt für das vollständige Drehmoment

$$M = M_{Rück} + M_m + M_{Schleif} + M_{Wirbel}. \qquad \textbf{(GL 3.10)}$$

Nach dem dynamischen Grundgesetz der Drehbewegung ist M gleich dem Trägheitsmoment Θ mal der Winkelbeschleunigung a_α. Jetzt kann die vollständige Differentialgleichung dargestellt werden

$$\Theta \cdot a_\alpha = - D \cdot [\alpha - \alpha_e \cdot \sin(\omega_e \cdot t)] + m \cdot g \cdot r_0 \cdot \sin(\alpha) - k_{d1} \frac{v_\alpha}{|v_\alpha|} - k_{d2} \cdot v_\alpha \cdot I^2 \quad \textbf{(GL 3.11)}$$

Zusammenstellung der Parameter:

α	... momentane Winkelvariable
$v_\alpha = \dot{\alpha}$	... momentane Winkelgeschwindigkeit
$a_\alpha = \ddot{\alpha}$	... momentane Winkelbeschleunigung
t	... Zeit
$D = 16{,}5 \cdot 10^{-3}$ Nm/rad	... Federkonstante der Rückstellfeder
$m = 0{,}024$ kg	... Unwuchtmasse
$r_0 = 0{,}085$ m	... Abstand der Unwucht von der Drehachse
$g = 9{,}81$ m/s²	... Erdbeschleunigung
$\Theta = \Theta_0 + m\, r_0^2 = 1{,}77 \cdot 10^{-3}$ kg m²	... Gesamtträgheitsmoment aus dem Trägheitsmoment Θ_0 des harmonischen Pendels und dem Anteil mr_0^2, der von der Unwucht herrührt
$\alpha_e = 5{,}2° = 0{,}09$ rad	... Amplitude der Anregung
$\omega_e = 2\pi / T_e = 2\pi / (3{,}1$ s$)$	... Kreisfrequenz der Anregung bei der Anregungsperiode T_e
$k_{d1} = 1{,}60 \cdot 10^{-4}$ Nm	... Dämpfungskonstante der konstanten Schleifreibung
$k_{d2} = 2{,}65 \cdot 10^{-3}$ Nm/A²	... Dämpfungskonstante der Wirbelstromdämpfung
I	... Strom durch die wirbelstromerzeugenden Spulen variabler Kontrollparameter

Die angegebenen Werte sind dem Experiment entnommen (siehe Anhang I). Das Unwuchtmoment M_m stellt die Nichtlinearität dar und sorgt dafür, daß eine Lösung $\alpha(t)$ analytisch nicht berechenbar ist. Möglich ist aber eine numerische Lösung, wodurch bei entsprechendem Zugriff zu Apparaturkonstanten eine komplette Simulation des Verhaltens mit Hilfe des Computers erhältlich wird. Für diese Simulation wurde das Programm ROPE-SIM entwickelt, das in Anhang II beschrieben ist.

3.2 Das Bifurkationsszenario als ein Weg ins Chaos

Das Bifurkationsszenario kann in verschiedener Weise beobachtet und analysiert werden. In diesem Abschnitt wird zuerst der Effekt der Bifurkationen und der Übergang zu Chaos im Zeit-Winkel-Diagramm gezeigt und dann in verschiedenen Darstellungsweisen näher diskutiert: dem Feigenbaumdiagramm, dem Phasenraum und dem Frequenzspektrum. Diese Abfolge impliziert zum einen eine Schritt für Schritt tiefere Analyse bzw. höhere Abstraktionsebene, zum anderen spricht sie die Möglichkeit verschiedener Verständnisebenen an.

3.2.1 Darstellung im Winkel-Zeit-Diagramm

Für eine experimentelle Untersuchung sind beim vorliegenden Pendel die Unwucht m sowie die Amplitude α_e und Periode T_e der Anregung veränderbare Parameter. Für die Anregungsperiode wurde $T_e = 3{,}1$ s gewählt, das ist etwas größer als die Eigenperiode für kleine Schwingungen um eine Ruhelage α_g (Abb.3.8). Als Amplitude der Anregung wurde $\alpha_e = 5{,}2°$ fest eingestellt. Für den kontinuierlich änderbaren Parameter eignet sich aus praktischen Gründen der Strom I durch die Spulen der Wirbelstromdämpfung. Im folgenden wird das Systemverhalten in Abhängigkeit von diesem Parameter untersucht, entsprechend wird I als der **Kontrollparameter** bezeichnet.

Beginnt man mit relativ **großem Dämpfungsstrom**, so stellt sich eine **periodische Schwingung um die Ruhelage** α_g ein (Abb.3.10.a). Das Pendel ist dort in Resonanz. Wird also die Dämpfung verkleinert, so ist eine Amplitudenerhöhung zu erwarten. Dies stellt sich zunächst auch ein. Doch bei weiterer Erniedrigung der Dämpfung geschieht etwas Unerwartetes: Die Grundschwingung spaltet sich auf, jeder zweite Schwingungsdurchgang hat einen niedrigeren Ausschlag (Abb.3.10.b). Dieses Verhalten läßt sich plausibel machen: Die Eigenfrequenz des Pendels ist abhängig von der Amplitude (Abb.3.8). Da die Anregungsperiode konstant bleibt, liegt bei größerer Amplitude keine Resonanz vor und die Amplitude wird kleiner. Bei der kleineren Amplitude stimmen Eigenperiode und Anregung wieder zusammen, es herrscht wieder Resonanz. Die Amplitude wächst und der Zyklus beginnt von vorne.

Bei weiterer **Erniedrigung von I** stellt sich ab einem bestimmten Wert die nächste Aufspaltung ein: Die großen Ausschläge spalten sich in zwei unterschiedliche Werte auf und ebenso die vorher kleinen Ausschläge (Abb.3.10.c). Diese Aufspaltungen in je zwei neue Amplituden werden **Bifurkationen** genannt. Nach einer nur kleinen weiteren Änderung des Dämpfungsstroms ist noch eine dritte Bifurkation zu erkennen (Abb.3.10.d).

Dem folgt für noch **kleinere Dämpfung** wieder eine neue Ordnungsform: Es stellt sich auch nach langer Einschwingungszeit kein periodischer Vorgang ein, das System schwingt unregelmäßig (Abb.3.10.e). Der Vorgang ist natürlich immer noch deterministisch (schwach kausal), aber nicht mehr stark kausal. Kleinste Störungen wirken sich stark auf das Ver-halten aus, eine Langzeitvorhersage ist nicht mehr möglich (siehe Kapitel 2). Man spricht von einem **chaotischen Vorgang**, präziser von **deterministischem Chaos**. Das Verhalten bei kleinen Störungen wird in Kapitel 6 genauer beschrieben, dort wird auch genauer auf die Definition von "chaotisch" eingegangen.

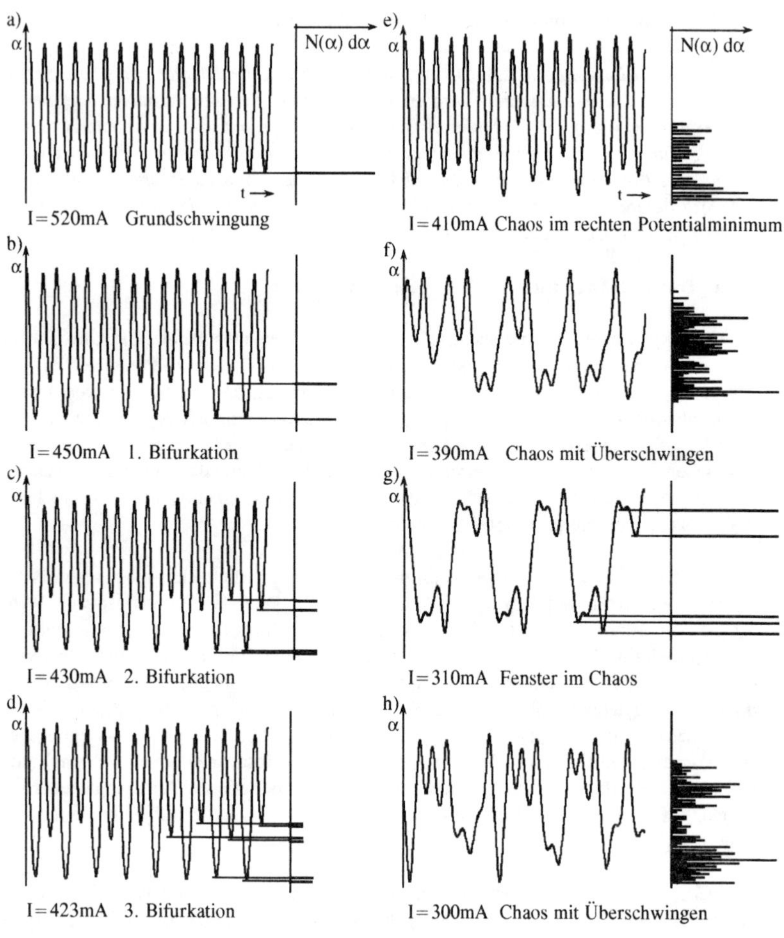

Abb.3.10: *Der "Weg ins Chaos" über das Bifurkationsszenario*
Links ist jeweils die Auslenkung über die Zeit dargestellt. Daneben ist die Häufigkeitsverteilung $N(\alpha)d\alpha$ der unteren Umkehrpunkte aufgetragen (siehe Anfang 3.2.2). Sie dient zur Klassifikation der jeweiligen Schwingungsart. Zur Aufnahme und Darstellung der Diagramme siehe Anhang. Bei Erniedrigung des Kontrollparameters I stellen sich nach der Grundschwingung (a) nach und nach Bifurkationen (b-d) ein, und schließlich verhält sich das Pendel "chaotisch" (e). Bei weiterer Erniedrigung von I schwingt das Pendel über den instabilen Gleichgewichtspunkt hinweg in beiden Potentialminima (f). Bei einem bestimmten Dämpfungsstrom bricht das Chaos ab, und es stellt sich wieder eine stabile Schwingung ein (g). Man nennt das ein Fenster im Chaos; denn erniedrigt man I weiter, so tritt wieder Chaos auf (h). Der Maßstab für α in f), g) und h) ist um die Hälfte verkleinert.

Bisher fand die Schwingung nur um den rechten Gleichgewichtspunkt statt. Zur Ausbildung von Chaos ist also das Vorhandensein des labilen Gleichgewichtspunkt bei $\alpha = 0$ nicht maßgeblich. Bei noch geringerer Dämpfung wird dieser Punkt überwunden, das Pendel kann auch zum linken Potentialminimum **überschwingen**, das chaotische Verhalten bleibt dabei erhalten (Abb.3.10.f).

Bei **noch kleinerem Strom I** bricht plötzlich das Chaos ab und es stellt sich eine periodische Schwingung ein. Sie hat einen relativ komplizierten Verlauf, ist aber stabil gegen Störungen (Abb.3.10.g). Da bei weiterer Erniedrigung von I Chaos wieder einsetzt (Abb.3.10.h), nennt man Kontrollparameterbereiche mit stabilem Schwingungsverhalten auch **Fenster im Chaos.**

Betrachtet man einen längeren Schwingungszug im Chaosbereich, so erhält man eine erste, qualitative Plausibilitätserklärung für das Verhalten: Es sind immer wieder fast identische Schwingungsabläufe zu erkennen (Abb.3.11). Die Schwingungssequenzen sind aber nicht stabil. Offensichtlich genügen kleinste Störungen, um ein völlig anderes Verhalten hervorzurufen, die Sensitivität auf Störungen wirkt sich drastisch aus.

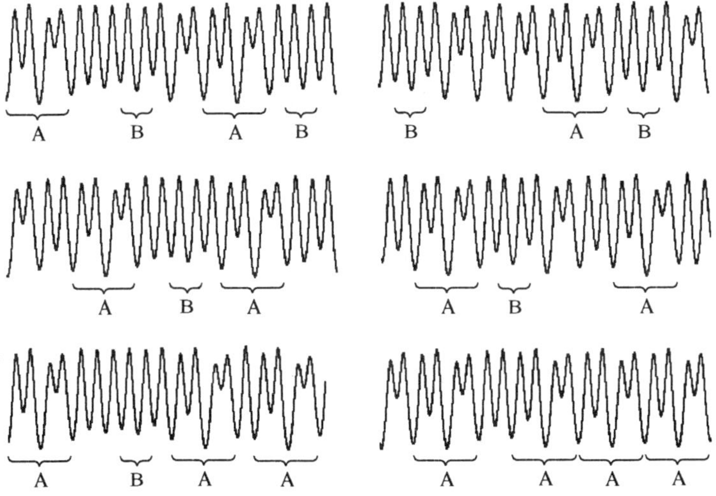

Abb.3.11: *Verhalten des Pendels im Chaosbereich ($I = 410\,mA$)*
Bestimmte Schwingungszüge treten immer wieder auf, sind aber nicht stabil (z.B. die markierten A und B). Aus dem Langzeitverhalten der Schwingung wurden sechs Stücke (je 20 T_e) herausgeschnitten.

3.2.2 Darstellung im Feigenbaum-Diagramm

Der **Weg ins Chaos** über eine **Bifurkationskaskade** wird üblicherweise **Bifurkationsszenario** genannt. Dabei wird ein **Kontrollparameter** (dies ist im vorliegenden Beispiel der Strom I durch die Wirbelstromspulen) kontinuierlich verändert. Bei Erniedrigung von I sind immer mehr Bifurkationen zu erkennen, bis das Verhalten in eine chaotische Bewegung übergeht. Die Abstände zwischen dem Auftreten von Bifurkationen werden jeweils deutlich kürzer. Das Bifurkationsszenario ist eine von mehreren Möglichkeiten des Übergangs von periodischen Vorgängen in chaotische. Es wurde 1977 von S. Großmann und S. Thomae beschrieben und 1978 von M. Feigenbaum detailliert untersucht. Dabei verwendeten sie die "logistische Funktion", ein einfaches Iterationsmodell, welches ebenfalls Bifurkationen zeigt (siehe Kapitel 3.3). Beim Bifurkationsszenario treten typischerweise auch sogenannte **"Fenster"** auf, d.h. das Chaos bricht plötzlich ab, und es stellt sich wieder ein periodischer Vorgang ein. Bei weiterer Veränderung des Kontrollparameters tritt dann wieder Chaos auf.

Feigenbaum schlug vor, das globale Verhalten eines Systems in einem Diagramm, dem sogenannten **"Feigenbaum-Diagramm"** darzustellen: Dazu trägt man über dem Kontrollparameter eine Darstellungsvariable auf. Beim vorliegenden Experiment wurde als Kontrollparameter der Strom I durch die magnetfelderzeugenden Spulen der Wirbelstromdämpfung gewählt. Festzulegen ist noch der Darstellungsparameter, an dem die Aufspaltungen deutlich erkennbar sind. Aus Abb.3.10 erkennbar, bietet sich $\alpha(t)$ an, dort zeigt sich das jeweilig typische Verhalten. Die Aufspaltungen sind besonders deutlich an den unteren Umkehrpunkten, also Winkelminima, sie entsprechen am Pendel den linken Umkehrwinkeln.

Bei der Durchführung des Experiments bzw. der Simulation wird mit Hilfe eines Computerauswertprogrammes (siehe Anhang II) laufend ("on line") eine Kanalanalyse der unteren Umkehrpunkte vorgenommen. Am Bildschirm ist so während des laufenden Programmes erkennbar, wie bei einem solchen Winkel in dem entsprechenden Winkelkanal (Breite $d\alpha$) ein zusätzlicher Punkt entsteht. Nach und nach entsteht so eine Verteilungsstruktur $N(\alpha)d\alpha$.

Da Wahrnehmungen umso deutlicher sind, je mehr Sinne angesprochen werden, wird zur akustischen Unterstützung der Beobachtung vom Computer bei jedem Eintrag in das Verteilungsdiagramm ein Ton erzeugt, dessen Frequenz abhängig vom Kanal, d.h. vom Wert des entsprechenden Winkels ist. So sind die Bifurkationen bzw. das Chaos "hörbar". Der Zusammenhang von Eintrag in $N(\alpha)d\alpha$ und $\alpha(t)$ wird durch eine Markierung im $\alpha(t)$-Diagramm verdeutlicht.

In Abb.3.10 sind diese Verteilungen mit dargestellt. Deutlich werden als Funktion von I immer weitere Bifurkationen als diskrete Linien und eine kontinuierliche Verteilung beim Chaos. Bei einem rein statistischen Vorgang (z.B. Rauschen) würde man eine konstante Verteilung $N(\alpha)d\alpha$ erwarten. Abb.3.10.f zeigt beim Chaos hingegen eine deutliche Struktur: bestimmte Umkehrpunkte kehren häufiger wieder als andere. Dies ist nach den Beobachtungen von immer wiederkehrenden Mustern (Abb.3.11) auch plausibel. Bei deterministischem Chaos handelt es sich eben nicht um "reinen Zufall". **Auch im Bereich chaotischer Bewegung ist bei näherer Analyse Struktur erkennbar.**

Um die Abhängigkeit des Ordnungstypes vom Kontrollparameter kompakt darzustellen, werden die vorkommenden Umkehrpunkte über dem entsprechenden Kontrollparameter aufgetragen, es ergibt sich das Feigenbaum-Diagramm. In Abb.3.12 ist ein Diagramm dargestellt, das einem Experiment mit dem verstimmten Rotationspendel entnommen wurde. Abb.3.13 zeigt zum Vergleich das entsprechende Diagramm einer Computersimulation des gleichen Systems (Programm ROPE-FEI, siehe Anhang II).

Zur Erstellung der Diagramme wurde von relativ starker Dämpfung (I = 550 mA) ausgegangen, die kontinuierlich erniedrigt wurde. Die Aufzeichnung begann erst nachdem eine längere Zeit abgewartet wurde, bis sich das Pendel eingeschwungen hat. Die folgende Beschreibung ist in den Abbildungen von rechts nach links zu verfolgen:

Zuerst tritt das **Bifurkationsszenario** auf: Von der Grundschwingung (a) erscheint die erste (b) und zweite Bifurkation (c). Auffallend sind die rasch kleiner werdenden Abstände zwischen den Aufspaltungen. Bei I ≈ 420 mA tritt zum ersten Mal Chaos auf (d), das Pendel schwingt dabei immer noch in der rechten Potentialmulde, d.h. das Maximum beim labilen Gleichgewichtspunkt ($\alpha = 0$) ist nicht für das Bifurkationsszenario maßgeblich, entscheidend ist nur die Nichtlinearität im Drehmoment. Plötzlich bricht der Chaosbereich ab, und eine stabile Schwingung tritt ein, ein **Fenster** bildet sich aus (e). Die Unterbrechung in der obersten Linie rührt von der Art der Registrierung her, dort wechselt ein lokales Minimum zu einem Sattelpunkt. Im rechten Bereich des Fensters findet zwar eine Verlangsamung der Schwingung statt, aber noch kein Umkehren.

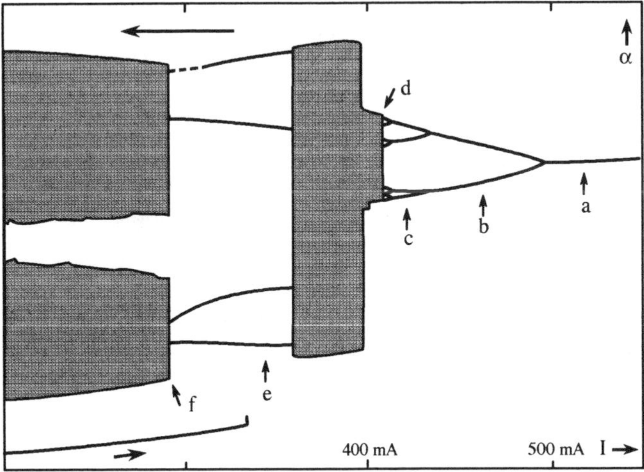

Abb.3.12: *Das Feigenbaum-Diagramm für das Rotationspendel mit Unwucht Kontrollparameter ist der Strom I für die Wirbelstromdämpfung, Darstellungsvariable ist der untere Umkehrpunkt des Winkels. Das Experiment wurde mit dem im Anhang beschriebenen Pendel durchgeführt. I wurde von 550 mA beginnend kontinuierlich verkleinert. Für kleine Dämpfung existiert auch eine periodische Schwingung (untere Linie; siehe Kapitel 5, "Hysterese").*

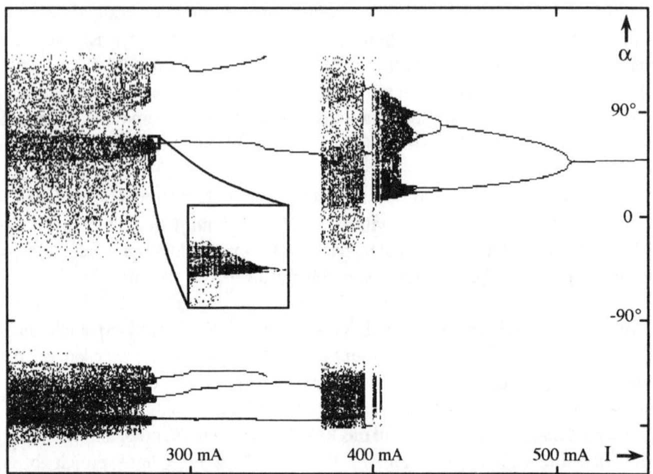

Abb.3.13: *Das entsprechende Diagramm aus einer Computersimulation (mit Programm ROPE-FEI, siehe Anhang II). Die Vergrößerung beim Übergang vom Fenster zum Chaos zeigt wieder ein Bifurkationsszenario.*

Bei weiter verringerter Dämpfung ist das Fenster durchlaufen, **Chaos setzt wieder ein** (f). Bei der Simulation ist hier **wieder ein Bifurkationsszenario** beim "Einfädeln" der einzelnen Äste zum Chaos erkennbar (beim Experiment konnte die erste Aufspaltung beobachtet werden). Dieses Wiederauftreten des Bifurkationsszenarios ist typisch für deterministisches Chaos. Es wird als **Selbstähnlichkeit** bezeichnet, d.h. bei Vergrößerung eines Teiles des Musters erscheint wieder ein ähnliches Muster. Wegen der beschränkten Auflösung am Experiment ist es nicht möglich, Vergrößerungen vorzunehmen, aber bei der Simulation ist dies deutlich zu sehen. Wieder ist das Bifurkationsszenario, salopp oft als "Feigenbaum" bezeichnet, zu sehen (Abb.3.13). Diese Selbstähnlichkeit ist eine der interessantesten Phänomene der Chaos-Untersuchungen, sie wird an anderen Stellen wieder zu beobachten sein.

Das behandelte Pendel zeigt auch die von Feigenbaum beschriebene Universalität bei den Bifurkationsabständen. Darauf wird in Kap. 3.3.1 eingegangen, da vorher die logistische Funktion behandelt sein soll.

3.2.3 Darstellung im Phasenraum

Wie beim harmonischen Oszillator, so kann natürlich auch beim Rotationspendel mit Unwucht die Oszillation im Phasenraum dargestellt werden (Abb.3.14). Für die Grundschwingung ergibt sich eine geschlossene Linie, die aber eher einem Ei als einer Ellipse ähnelt. Die Abweichung von der Ellipsenform gibt einen Hinweis darauf, daß keine vollständig harmonische Schwingung vorliegt. Nach der Formulierungsweise mit Attraktoren stellt sich also ein Grenzzyklus ein, ein eindimensionaler Attraktor (siehe Abb3.14.a und vergleiche Abb.3.4).

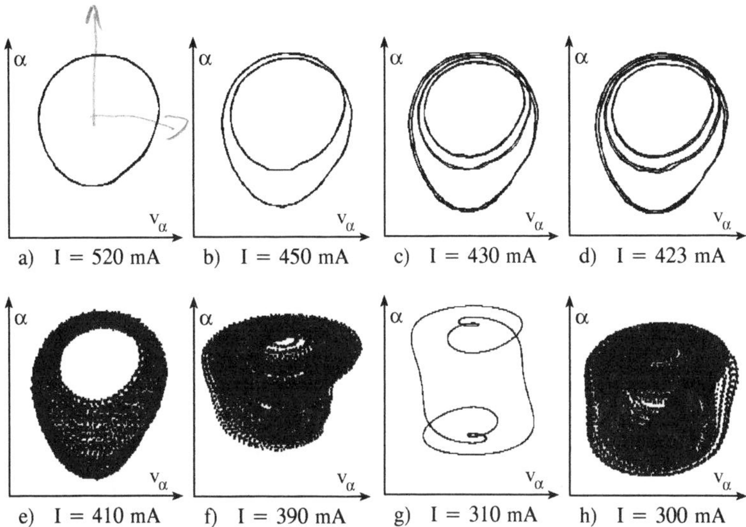

Abb.3.14: *Oszillationen des verstimmten Rotationspendels im Phasenraum v_α - α Die Kurven wurden aus den gemessenen $\alpha(t)$ und daraus numerisch berechneten $v_\alpha(t)$ gewonnen und direkt am Computer während des laufenden Experiments dargestellt. Zur besseren Vergleichbarkeit mit den $\alpha(t)$-Kurven in Abb.3.10 ist α als Ordinate gewählt. Die α-Achsen in f), g) und h) sind mit kleinerem Maßstab dargestellt.*

Beim Durchlauf des Kontrollparameter I zeigen sich die Bifurkationen nach und nach als Schleifen, die sich immer wieder aufspalten (b-d). Diese Schleifen überschneiden sich, was bei einem deterministischen System aber verboten ist, die Kausalität scheint verletzt. Doch man muß in Betracht ziehen, daß eine äußere Anregung vorliegt. Die beiden Zustände bei einer Überschneidung unterscheiden sich in der momentanen Phasenlage der Anregungsschwingung. Der komplette Raum zur Darstellung der Schwingung ist damit dreidimensional, die Anregungsphase muß berücksichtigt werden. Diese Phase ist zyklisch, sie beginnt nach jeder Anregungsperiode wieder von vorne. Deshalb liegt es nahe, die Phasenkoordinate darzustellen, indem man diese zunächst senkrecht zur Ebene α-v_α anträgt und sie später zu einem Kreis zusammenbiegt (Abb.3.15.b). Damit sind Überschneidungen nicht mehr vorhanden. Die Kurve ist parametrisiert mit der Anregungsphase und somit auch mit der Zeit.

Die Kurve im zweidimensionalen v_α-α-Diagramm ist die Projektion aller Phasenlagen, das Aufeinanderlegen aller "Blätter". Die Kurvenform ist eiförmig (gestrichelte Linien auf den

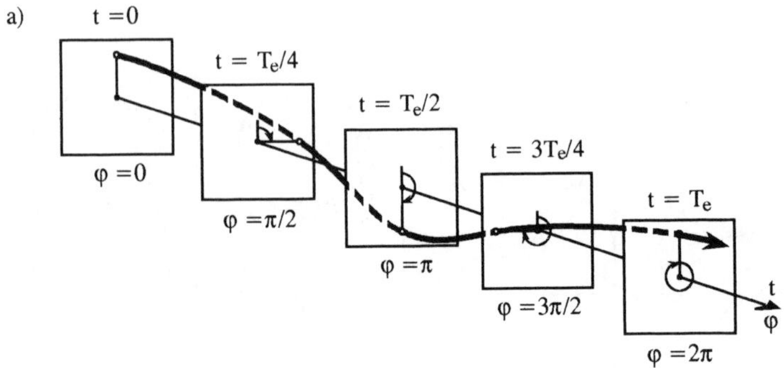

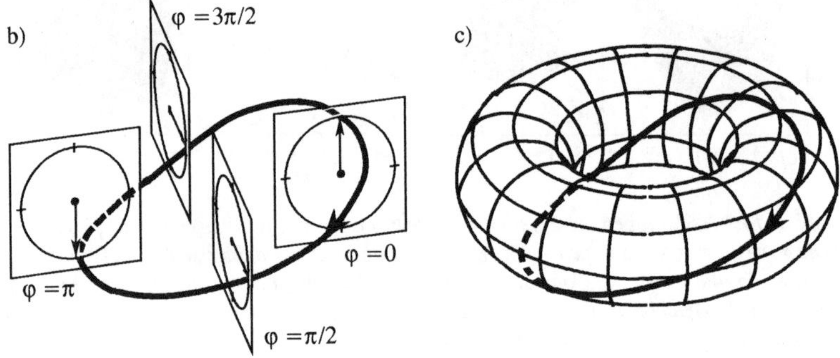

Abb.3.15: Berücksichtigung der Anregungsphase für die Bahndarstellung im Phasenraum Dargestellt ist eine Grundschwingung.

a) Einführung der Anregungsphase φ als dritte Koordinate, φ ist mit der Zeit t verknüpft.

b) Wegen der Periodizität von φ kann die Phasenkoordinate zum Kreis zusammengebogen werden. So ergibt sich eine geschlossene Bahnkurve.

c) Diese Kurve liegt bei der Grundschwingung auf einem Torus.

einzelnen Blättern in Abb.3.15.b). Entsprechend kann die dreidimensionale Linie der Grundschwingung als eine Kurve interpretiert werden, die auf einem einfachen Torus liegt, dessen Schnittfläche eiförmig ist (Abb.3.15.c). In Abb.3.16 sind die Bahnen der verschiedenen Schwingungstypen im dreidimensionalen Zustandsraum dargestellt. Die geschlossenen Kurven in a - e sind Grenzzyklen, also eindimensionale Attraktoren. Einschwingvorgänge laufen also als dreidimensionale Kurven auf solch einen Grenzzyklus zu und nähern sich diesem immer weiter an. Die Kurven für die Bifurkationen schließen sich erst nach 2,4, bzw.

8 Anregungsperioden. Die Kurven für einen chaotischen Vorgang schließen sich nicht, sie scheinen irregulär im Phasenraum zu verlaufen. Erinnert man sich an die Andeutung von Struktur bei der Häufigkeitsverteilung der unteren Umkehrpunkte (Abb.3.10), so drängt sich die Frage auf, ob auch bei dieser verworrenen Kurve eine Form von Ordnung zu erkennen ist. Diese Frage wird in Kapitel 3.4 eingehend behandelt.

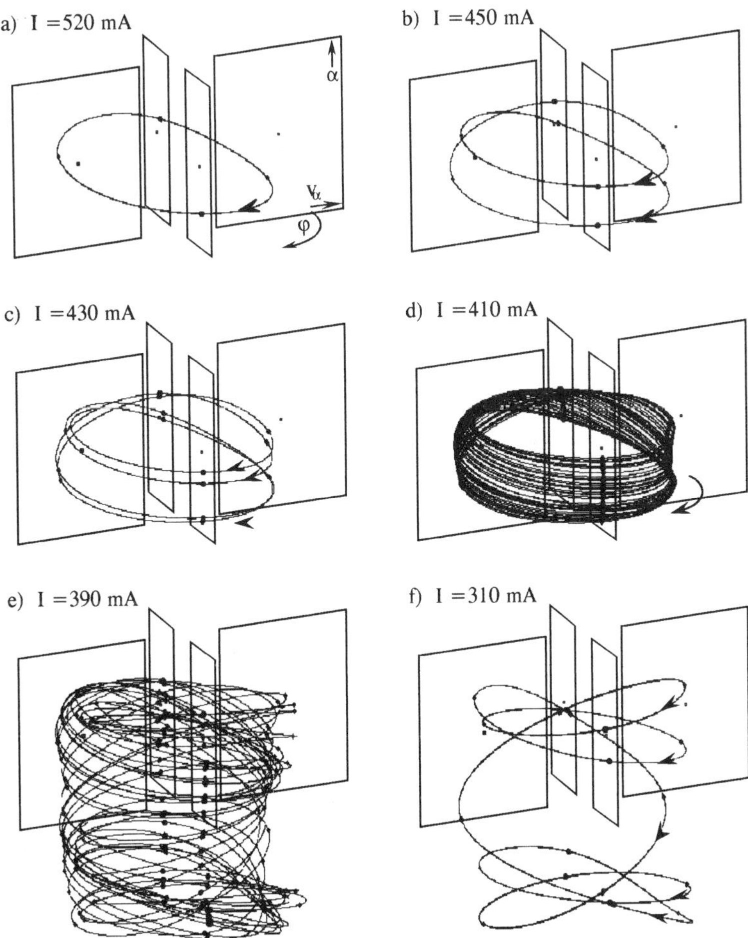

Abb.3.16: *Dreidimensionale Darstellung der Oszillationen für typische Bahnen Die Bilder wurden mit der Computersimulation ROPE-SIM (Anhang II) erzeugt.*

3.2.4 Darstellung im Frequenzspektrum

Die Behandlung des Frequenzspektrums setzt Kenntnisse über die Fourieranalyse voraus. Diese theoretischen Vorkenntnisse sind durch Vorlesungen aus der Mathematik und des Vorstudiums der Physik von Studenten der Physik zu erwarten. Allerdings zeigt sich, daß den meisten Studenten Erfahrungen mit Anwendungen und damit die Einsicht in den Nutzen dieser Methode fehlt. Das vorliegende Thema bietet eine gute Chance, an praktischen Beispielen die bekannte Methode einzuüben und sie somit weiter zu durchdringen. Im Lehrplan des Gymnasiums ist die Fourierzerlegung nicht enthalten, wohl aber das Superpositionsprinzip für Schwingungen. Das Hinzufügen der Fourieranalyse würde den Stoffumfang nur noch weiter ausweiten und ist sicher nur für spezielle Vertiefungskurse zur Demonstration des praktischen Wechsels zu abstrakteren Beschreibungsweisen sinnvoll. Dabei zeigt die Erfahrung, daß dieser Wechsel in erster Linie praktisch ist, daß er die Diskussion erleichtert (siehe Kap. 5). Es ist nicht nötig, den theoretischen Hintergrund zu erhellen und die Berechnungsweise zu behandeln, sofern man sich auf diskrete Fourierspektren beschränkt. Eine kurze, gut verständliche Darstellung des Hintergrundes findet sich z.B. in [12,p.43ff].

Ziel des folgenden Kapitels ist es, zu zeigen, daß die Oszillationsformen mit Hilfe des Frequenzspektrums identifiziert und charakterisiert werden können. Außerdem soll gezeigt werden, welche Auswirkungen die einzelnen Fourier-Komponenten auf die Kurvenform der Schwingung haben. Im Gegensatz zur üblichen Darstellung des Leistungsspektrum, also des Quadrates der einzelnen Frequenzkomponenten, wird hier die Amplitude der einzelnen Komponenten, getrennt nach Sinus- und Kosinusanteilen, aufgetragen. Dies gibt anschließend leicht die Möglichkeit, ihre Wirkung mittels der Schwingungsaddition detailliert zu diskutieren.

Angeregt durch immer wieder auftretende Periodenverdopplungen im Feigenbaumdiagramm, drängt sich die Frage nach den auftretenden Frequenzen bei den verschiedenen Schwingungsformen auf. Dazu betrachtet man das **Frequenzspektrum**, das aus der **Fourieranalyse** gewonnen werden kann. Der Hintergrund für das Frequenzspektrum liegt darin, daß eine periodische Funktion f(t) in eine Reihe zerlegbar ist, die aus Sinus- und Kosinusgliedern besteht:

$$f(t) = \sum \left[A_n \cdot \cos(n \cdot \omega_0 \cdot t) + B_n \cdot \sin(n \cdot \omega_0 \cdot t)\right] \qquad \textbf{(GL 3.12)}$$

Hierbei ist $\omega_0 = 2 \cdot \pi / T_0$ die kleinste vorhandene Kreisfrequenz, entsprechend T_0 die größte auftretende Periode. Die Koeffizienten A_n und B_n berechnen sich aus den Fourierintegralen:

$$A_n = \frac{1}{2 \cdot \pi} \int_0^{T_0} f(t) \cdot \cos(n \cdot \omega_0 \cdot t) \cdot dt \qquad \textbf{(GL 3.13)}$$

$$B_n = \frac{1}{2 \cdot \pi} \int_0^{T_0} f(t) \cdot \sin(n \cdot \omega_0 \cdot t) \cdot dt \qquad \textbf{(GL 3.14)}$$

Diese Integrale können als Näherungssumme aus den Meßwerten vom Computer berechnet und dargestellt werden. In Abb.3.17 sind die so berechneten Spektren für verschiedene Schwingungsarten beim Drehpendel mit Unwucht dargestellt. Wie aus GL 3.13 und GL 3.14 ersichtlich ist, muß eine Grundperiode T_0 gewählt werden. Dies ist in den Programmen ROPE-SIM und ROPE-EXP interaktiv einstellbar. Zur besseren Vergleichbarkeit und Erhöhung der Genauigkeit wurde als Grundperiode 16 Anregungsperioden T_e gewählt.

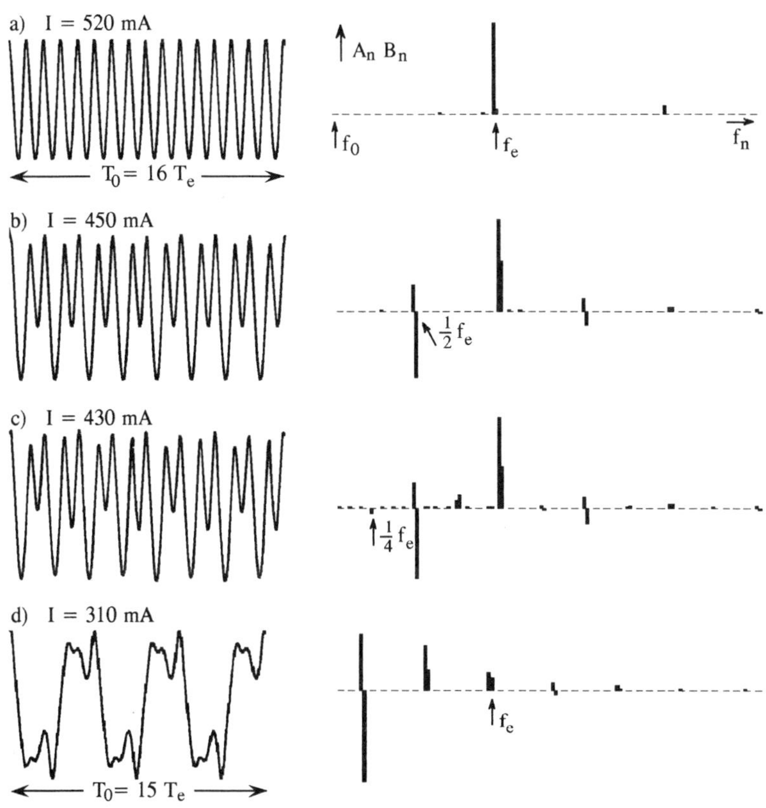

***Abb.3.17:** Frequenzspektren für periodische Schwingungen beim Bifurkationsszenario Die Kurven sind dem Experiment entnommen (Parameter siehe 3.1.3) und mit ROPE-EXP dargestellt und analysiert. In den Frequenzspektren sind für jede Frequenz f_n(Vielfache der Grundschwingung $f_0 = 1/T_0$) sowohl die Kosinus-Anteile A_n (jeweils linker Balken) als auch die Sinus-Anteile B_n (jeweils rechter Balken) dargestellt.*

Die Grundschwingung f_e bei hoher Dämpfung zeigt eine Linie bei $16\ f_0$, also der Anregungsfrequenz (Abb.3.17.a und b), aber auch die Oberfrequenz bei $32\ f_0$. Diese Oberfrequenz zeigt an, daß keine rein harmonische Schwingung vorliegt. Wie zu erwarten, zeigt sich die 1. Bifurkation als eine Komponente mit der halben Frequenz $8f_0$ und zugehörige Oberschwingung bei $24 \cdot f_0$. Analog sind weitere Subharmonische für die 2. Bifurkation bei entsprechend niedriger Dämpfung ersichtlich.

Schließlich gilt es einen chaotischen Schwingungszustand zu analysieren. Hier ist aber keine Periode vorhanden, wie sie zur Bildung der Fourierintegrale nötig wäre. Die Integration müßte bis ins Unendliche gehen. Um trotzdem einen Eindruck über das Frequenzspektrum zu bekommen, schafft man sich "künstlich" eine Periode. Man wählt einen Ausschnitt aus dem Zeit-Orts-Verlauf, bei dem der Anfangs- und der Endwert gleich sind und berechnet hierzu die Koeffizienten. Wählt man einen relativ langen Zyklus (z.B. $29 \cdot T_e$) und dies für verschiedene Ausschnitte aus dem gleichen Chaosbereich, so sind deutlich Unterschiede zu den rein periodischen Fällen erkennbar (Abb.3.18): Es treten alle Frequenzen auf, es handelt sich um ein **kontinuierliches Spektrum**. Allerdings sind nicht alle Frequenzen mit der gleichen Amplitude vorhanden. Deutlich ragen die Anregungsfrequenz und rationale Teiler heraus. Auch die anderen Frequenzen scheinen von einer Struktur bestimmt; die Spektren verschiedener Zyklen ähneln sich. Wie schon bei der Häufigkeitsverteilung der unteren Umkehrpunkte beobachtet (siehe 3.2.2), ist auch im Frequenzspektrum eine gewisse Ordnung beim deterministischen Chaos erkennbar.

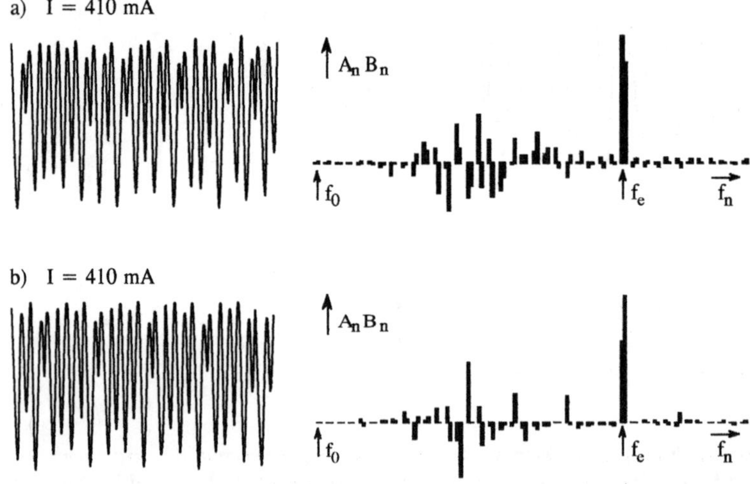

Abb.3.18: *Fourieranalyse von Schwingungszyklen im Chaosbereich (Beschreibung siehe Text).*

Um die Form einer Oszillation aus einem **Fenster** des Feigenbaum-Diagrammes zu untersuchen, muß als Integrationsperiode ein Vielfaches von fünf gewählt werden. Die Periode einer solchen Schwingung ist gerade $5 \cdot T_e$; in Abb.3.17.d wurde $15 \cdot T_e$ gewählt, also drei Perioden der Schwingung. Man erkennt, daß es sich um einen Wechsel vom rechten zum linken Potentialminimum handelt; die größten Anteile erscheinen bei $3f_0$. Diese Grundschwingung ist von Zwischenschwingungen in der rechten bzw. linken Potentialmulde begleitet. Dies ist der Anteil der Anregungsfrequenz, also die Linien bei $15f_0$ (vergleiche auch die Darstellung im Phasenraum, Abb.3.14.g).

Um die Bedeutung der einzelnen Komponenten detaillierter studieren zu können, bedient man sich der Umkehrung der Fourierzerlegung, der **Fouriersynthese**. Nachdem das Spektrum gemessen ist, kann man die Kurven betrachten, die sich aus einem Teil des Spektrums ergeben. Dazu wird das Programm SUPE-POS benutzt, Schritt für Schritt wird eine Schwingung aus einzelnen Komponenten zusammengesetzt (siehe Anhang II). Natürlich können alle zuvor beschriebenen Schwingungsformen in solcher Weise detailliert behandelt werden, Abb.3.19 und 3.20 zeigen zwei Beispiele.

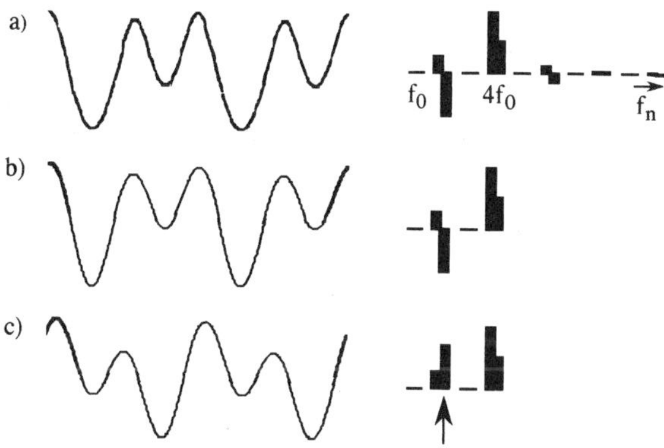

***Abb.3.19:** Beispiel einer detaillierte Untersuchung zur Schwingungsform*

a) Zwei gemessene Schwingungszüge der 1. Bifurkation zeigen in den Fourierkoeffizienten (Kosinus- und Sinus-Anteil), die Grundfrequenz (hier $4f_0$), die Subharmonische ($2f_0$) und Oberschwingungen.

b) Addiert man harmonische Schwingungen mit Amplituden, die der Fourieranalyse entnommen sind, so kann die Schwingung rekonstruiert werden. Hier wurden nur die 2. und 4. Koeffizienten berücksichtigt, die typische Form ist schon vorhanden. (Die Oberschwingungen machen sich nur durch Veränderung der Spitzen bemerkbar).

c) Um die Wirkung der Vorzeichen der Einzelkomponenten zu untersuchen, wird eine Amplitude mit umgekehrtem Vorzeichen angesetzt. Die Bifurkation bleibt dabei erhalten, nur die Verschiebung ist jetzt symmetrisch. Das ist auch plausibel, denn die Vorzeichen und Verteilung der Komponenten auf Sinus bzw. Kosinusanteil bedeutet eine Phasenverschiebung.

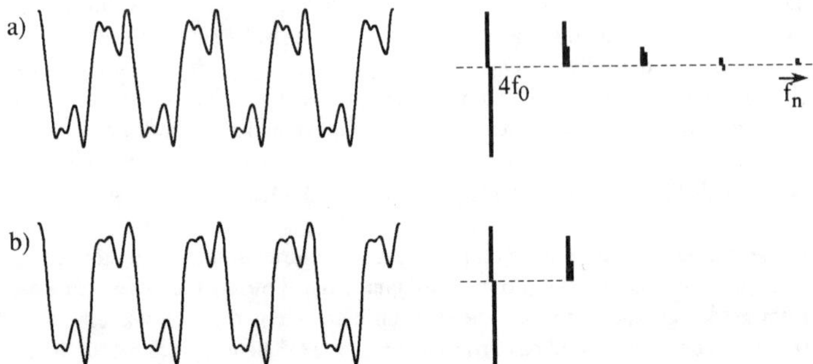

Abb.3.20: *Die Wirkung eines Filters*

a) Der Schwingungstyp aus dem Fenster (I=310 mA) und die berechneten Fourierkoeffizienten

b) Die Rekonstruktion mit nur den ersten drei Frequenzen zeigt das Fehlen der kleinen Zwischenspitzen. Die Wirkung entspricht der eines Tiefpasses, nur die niedrigen Frequenzen werden berücksichtigt.

Zusammenfassend ist festzustellen, daß das Fourier-Spektrum sowohl zur detaillierten Analyse periodischer Bahnen als auch zur Unterscheidung von periodischen und chaotischen Vorgängen (ähnlich wie bei der Häufigkeitsverteilung der unteren Umkehrpunkte) verwendet werden kann. Weitergehende Untersuchungen zeigen, daß das Spektrum auch zur Quantifizierung von Chaos nutzbar ist [68,p.49ff].

3.3 Die logistische Funktion zeigt ähnliches Verhalten

Anhand der logistischen Funktion wird das Bifurkationsszenario für Iterationsabbildungen dargestellt und die Universalität erklärt. Die Parallelität der Feigenbaum-Diagramme von Iterationsfunktionen und des physikalischen Systems Rotationspendel mit Unwucht zeigt, daß auch das physikalische System die Universalitätsbedingungen erfüllt. Um die Frage nach dem Zusammenhang von physikalischem System und Iterationsmathematik zu untersuchen wird die Rückabbildung eingeführt. Es zeigt sich, daß die Rückabbildung des Rotationspendels nur in grober Näherung der eindimensionalen Iteration ähnelt. Sie zeigt nicht nur zusätzliche Seitenäste sondern auch Substrukturen. Damit wird klar, daß eine Modellierung durch eine eindimensionale Iterationsabbildung nicht möglich ist.

Bisher wurde mit dem Rotationspendel ein physikalisches System betrachtet, welches sich kontinuierlich entwickelt, an dem die Darstellungsvariable, z.B. der momentane Winkel, kontinuierlich größer oder kleiner wird. Beim Experiment konnte diese Kontinuität betrachtet werden. Bei der Simulation mußte sie angenähert werden, ein Zeitschritt wurde vorgegeben, um Schritt für Schritt Veränderungen zu berechnen. Die Kontinuität wurde aufgebrochen, da eine mathematisch-analytische Lösung nicht möglich ist. Zur Analyse des Systems erwies sich eine Registrierung der unteren Umkehrpunkte als sehr vorteilhaft, das Verhalten dazwischen war nicht mehr interessant.

Nun soll diese **Diskretisierung** auch für die Erzeugung von Daten verwendet werden, allerdings zuerst an einem System, welches auf den ersten Blick keinerlei Bezug zu Pendelschwingungen erkennen läßt. Es soll eine einfache mathematische Abbildung untersucht werden, die **logistische Funktion** oder auch **Verhulst-Dynamik** genannt wird:

$$X_{neu} = c \cdot X_{alt} \cdot (1-X_{alt}) \qquad \textbf{(GL 3.15)}$$

X ... Darstellungsvariable c ... Kontrollparameter

Die Abbildung ist eine Iteration, d.h. der neue Wert X_{neu} ergibt sich auf einer Funktion, die vom alten Wert X_{alt} und einem Kontrollparameter c abhängt. Dieser neue Wert wird jetzt wieder in die Funktion als alter Wert eingesetzt, es ergibt sich wieder ein neuer Wert und so fort. Der Name **Verhulst-Dynamik** soll an den Biologen Verhulst erinnern, der diese Funktion als Modell zur Beschreibung von Tierpopulationen aufstellte: Ausgehend von einer Zahl von Tieren in einer Generation (N_{alt}) werden in der nächsten Generation je nach Fertilität der Tiere $c \cdot N_{alt}$ geboren werden (c ist der Reproduktionsfaktor). Allerdings würde sich in dieser Weise die Population exponentiell entwickeln und eine "Überbevölkerung" schnell erreicht werden. Deshalb wird im Modell der Faktor (N_{max}-N_{alt}) eingeführt, der das Wachstum dämpft (N_{max} sei die maximale Anzahl von Tieren, für die Nahrung und Platz vorhanden wäre). Dieser Faktor ist umso kleiner, je größer die momentane Population ist. Um das Verhalten allgemein studieren zu können, wird die Gleichung auf $N_{max} = 1$ normiert, damit ergibt sich GL 3.15.

Von Interesse ist nun die Entwicklung der Variablen X:

- Welcher Grenzwert stellt sich nach vielen Generationen ein?
- Wie hängt dieser Grenzwert vom Kontrollparameter c ab?
- Ist es von Bedeutung, mit welchem Wert X man die Iteration startet?

3.3.1 Das Feigenbaum-Diagramm und die Universalität

Die Iteration der logistischen Funktion ist mit dem Taschenrechner einfach durchzuführen, und es ergeben sich Zahlenreihen, die sich in drei grundsätzlich verschiedene Arten sortieren lassen:

- konvergente Folgen, die sich einem Wert annähern
- konvergente Folgen, die zwischen mehreren Werten alternieren
- kein stabiler Endwert wird erreicht

Durch systematisches Probieren kommt man schnell zu zwei Grundaussagen:

- Wenn $c < 1$ ist, konvergiert die Folge gegen 0.
- Es ist offensichtlich gleichgültig, mit welchem Wert für X begonnen wird.

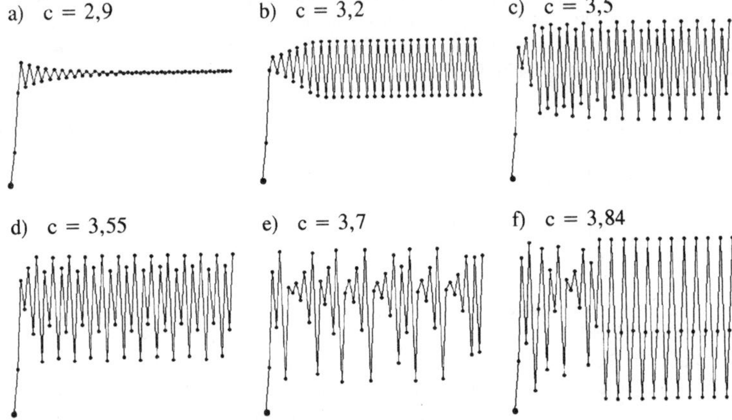

Abb.3.21: *Iterationssequenzen für die logistische Funktion* $X_{neu} = c \cdot X_{alt} \cdot (1 - X_{alt})$
Nach rechts ist die Zeit, also der jeweils nächste Iterationsschritt, aufgetragen; nach oben die Variable X (zur Verdeutlichung sind Hilfslinien eingezeichnet; die Berechnungen wurden mit dem Programm ITER durchgeführt). Auch hier ergibt sich das Bifurkationsszenario: Bei kleinen Werten von c wird genau ein Wert X erreicht, dann setzt die 1. Bifurkation ein, X wechselt zwischen zwei Werten. Nach weiteren Bifurkationen ergibt sich Chaos, welches bei bestimmten Werten des Kontrollparameters durch Fenster unterbrochen ist.

Nach wenigen Beispiele läßt sich schon vermuten, daß auch hier, wie beim Experiment in 3.2, ein Bifurkationsszenario vorliegt. Dabei ist der Kontrollparameter für das Auftreten der Bifurkation und des Chaos durch c gegeben. In Abb.3.21 ist eine Serie von Iterationen graphisch dargestellt. Abb.3.22 zeigt das Feigenbaum-Diagramm, als Abszisse ist der Kontrollparameter c, als Ordinate sind die jeweils vorkommenden Werte X aufgetragen.

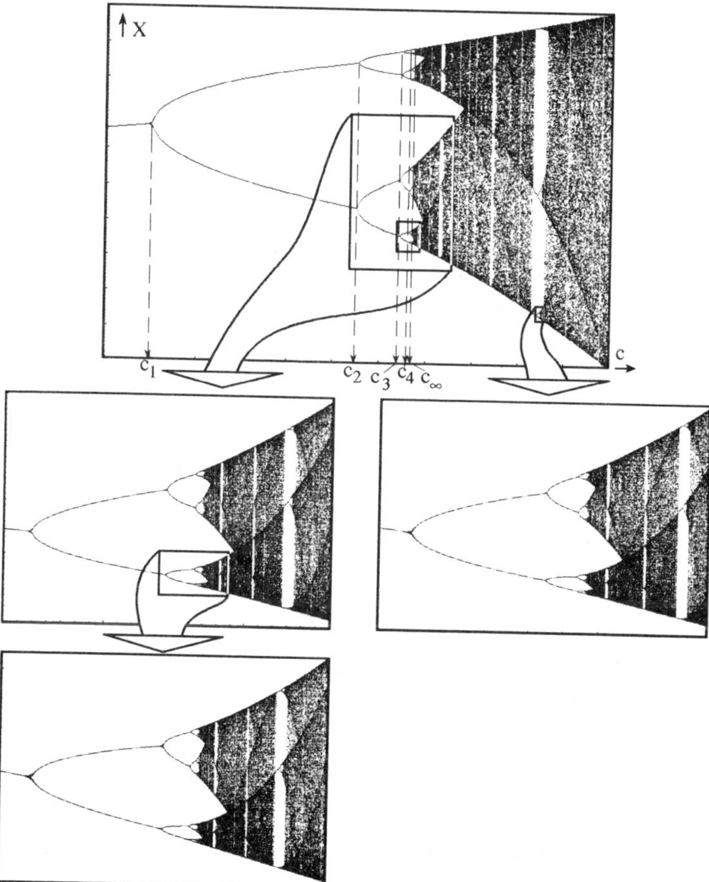

Abb.3.22: *Das Feigenbaum-Diagramm der logistischen Funktion*
Als Abszisse ist der Kontrollparameter c (2,9 - 4,0), als Ordinate die Darstellungsvariable X (0 - 1) aufgetragen. Es wurde jeweils erst ab der 200. Iteration gezeichnet, um ein "Einschwingen" zu ermöglichen (Programm ITER im Anhang). Die Selbstähnlichkeit ist durch die Vergrößerungen zu erkennen.

Ähnlich wie beim Rotationspendel (vergleiche Abb.3.12) stellt sich zuerst eine **Bifurkationskaskade** ein. Dann tritt ab einem bestimmten Kontrollparameter **Chaos** auf, welches durch "**Fenster**", also konvergenten Folgen, unterbrochen wird.

Von den Eigenschaften des Feigenbaum-Diagrammes werden im folgenden nur diejenigen aufgeführt, die im Vergleich zu den am Experiment gewonnenen relevant sind. Eine nähere Diskussion findet sich z.B. in [32],[23] und [37].

Das Feigenbaum-Diagramm der logistischen Funktion zeigt deutlich die **Selbstähnlichkeit**, d.h. Vergrößerungen eines Teiles sind dem Gesamtbild ähnlich. Dies hat Konsequenzen für die geometrischen Zusammenhänge, die sich vor allem an den Werten c für neu auftretende Bifurkationen zeigen (Abb.3.22):

- Aufeinanderfolgende Abstände von je zwei Aufspaltungspunkten haben stets gleiches Verhältnis:

$$\frac{c_{i-1} - c_i}{c_i - c_{i+1}} = \delta = 4{,}6692\ldots \qquad \textbf{(GL 3.16)}$$

- Hieraus ergibt sich, daß die Verzweigungspunkte eine konvergente Folge darstellen, deren Grenzwert c_∞ ist:

$$c_i = c_\infty - \text{konst} \cdot \delta^{-i} \qquad c_\infty = 3{,}5699\ldots \qquad \textbf{(GL 3.17)}$$

Bisher wurde nur die logistische Funktion als Iterationsfunktion betrachtet. Die Frage nach Feigenbaum-Diagrammen für andere Funktionen liegt nahe. Hier tritt nun eine verblüffende Parallelität auf:

Die Diagramme, die von einer Funktion f(X) gebildet wird, sind sich ähnlich, wenn f(X) ein quadratisches Maximum hat. Weiter sind an die Funktion keine Anforderungen gestellt. Zeigt sich die Ähnlichkeit nicht als linear transformierbar (Umskalierung), dann zeigt sie sich linear transformierbar ab einer Vergrößerung von Teilen. Die Ähnlichkeit besteht damit sogar in der Weise, daß die Gleichungen GL 3.16 und GL 3.17 gelten. Diese Tatsache wurde von Mitchell Feigenbaum auch streng mathematisch nachgewiesen [26], und deshalb wird die Konstante δ als Feigenbaum-Konstante bezeichnet. Diese Konstante gilt für alle f(X) mit quadratischem Maximum und wird deshalb als **universell** bezeichnet. In Abb.3.23 sind die Diagramme für weitere Iterationsfunktionen dargestellt. Dabei wurden Ausschnitte gewählt, die bei geeigneter Maßstabswahl die Ähnlichkeit sogar als Identität ersichtlich machen.

Für das vorher behandelte physikalische System des Rotationspendels mit Unwucht wurde ebenfalls ein Feigenbaum-Diagramm aufgenommen (Abb.3.12 bzw. 3.13). Das Diagramm ist prinzipiell in ganz anderer Weise ermittelt worden: Aus einem relativ kompliziertem physikalischen Vorgang wurden in Abhängigkeit vom Kontrollparameter I die unteren Umkehrpunkte aufgenommen. Obwohl das Diagramm nicht durch eine Iteration gewonnen

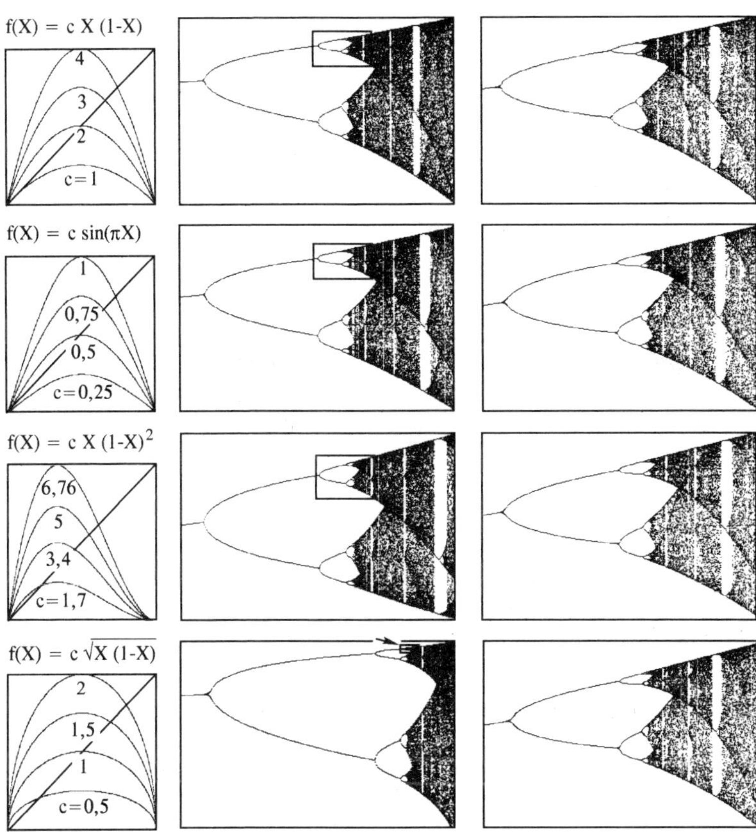

Abb.3.23: *Iterationen mit verschiedenen Funktionen f(X)*
Die Abbildungsfunktionen haben alle ein Maximum, das durch eine quadratische Funktion angenähert werden kann (jeweils links). In der Mitte ist jeweils das Feigenbaumdiagramm dargestellt. An den Ausschnittsvergrößerungen (rechte Bilder)erkennt man, daß ab einer gewissen Vergrößerung für alle Diagramme das universelle Abstandsgesetz GL 3.16 gilt.

wurde, ergibt sich auch hier das typische Verhalten des Bifurkationsszenarios: Mit geeignetem Maßstab dargestellt, erscheint das gleiche Diagramm wie bei den Iterationsdarstellungen (Abb.3.24). Diese Identität ist eine unerwartete Überraschung und fordert zu weiteren Betrachtungen auf. Wenn die Resultate des physikalischen Systems einer Iteration so ähnlich sind, so sollte es doch auch eine Funktion geben, die den physikalischen Vorgang beschreibt. Diese Funktion gibt dann den jeweils nächsten Umkehrpunkt aus dem vorhergehenden an. Ob solch eine Funktion existiert, soll in den nächsten Unterkapiteln untersucht werden. Geklärt wird sie erst in Kapitel 4.

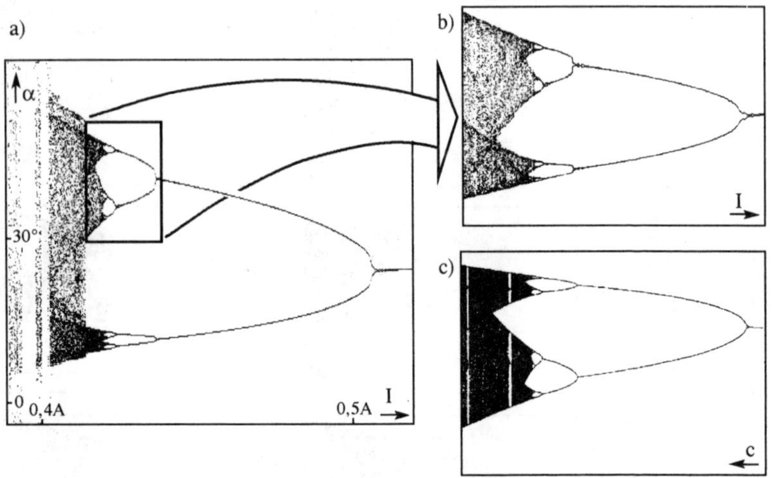

Abb.3.24: Das Feigenbaum-Diagramm des Rotationspendels mit Unwucht (a)
Die Vergrößerung (b) zeigt im Vergleich mit einem Ausschnitt des entsprechenden Diagrammes der logistischen Funktion (um 180° gedreht), daß das physikalische System dem universellen Abstandsgesetz folgt.

3.3.2 Die Rückabbildung als kompakte Iterationsmethode

Mit Hilfe der Iterationsfunktion f(x) läßt sich die Iteration auch graphisch durchführen. Dazu trägt man zuerst f(x) über x auf (Abb.3.25). Für die logistische Funktion $f(x) = cx(1-x)$ ist dies eine nach unten geöffnete Parabel mit dem Maximum (1/2,c/4).

Geht man von einem Startwert x_0 auf der Abszisse aus, so findet man den ersten Iterationswert x_1 über der Kurve f(x) (durchgezogene Hilfslinie). Um den nächsten Iterationswert zu bekommen, muß x_1 als Ausgangswert auf der Abszisse gewählt werden. Das kann auf verschiedenste Weise erreicht werden, praktisch ist es, dazu die Gerade $x = f(x)$ zu verwenden. Das bedeutet, daß x_1 über diese Gerade auf die Abszisse übertragen wird (gestrichelte Hilfslinie). Nun fängt das Verfahren wieder von vorne an: Über f(x) zur Ordinate zu x_2 und dann über $x = f(x)$ zurück zur Abszisse (Abb.3.25.a). Der "Umweg" über die Ordinate bzw. die Abszisse kann auch weggelassen werden. Man startet wieder bei x_0, geht auf die Kurve, von dort auf $x = f(x)$ und nun direkt auf die Kurve. So erhält man eine Punktfolge $(x_0, x_1), (x_1, x_2), (x_2, x_3) \ldots$ auf der Kurve (Abb.3.25.b). Mit dieser Methode findet sich schnell das Grenzverhalten der Folge als Punktemenge auf der Kurve. Der Startpunkt x_0 ist dabei für viele Iterationsfunktionen nicht maßgeblich. In Abb.3.26 sind die Iterationen für die logistische Funktion bei verschiedenen Kontrollparametern c dargestellt.

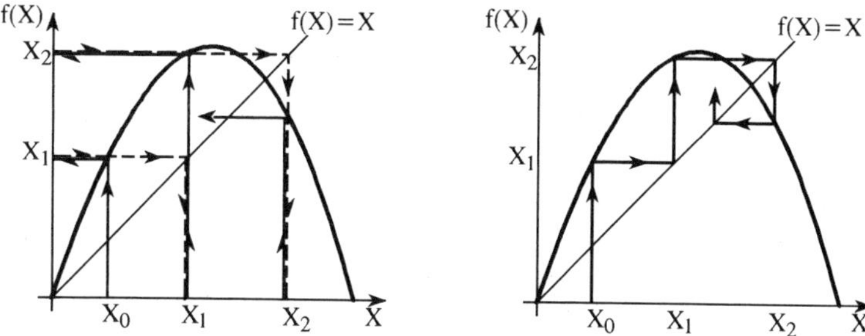

Abb.3.25: *Iteration auf graphische Weise für die logistische Funktion*

a) Ausgehend von einem Startwert x_0 findet sich $x_1 = f(x_0)$. Bevor der nächste Wert x_2 gefunden wird, muß x_1 über die Gerade $x = f(x)$ auf die Abszisse gebracht werden.

b) Die Iteration kann auch direkt über die Gerade $x = f(x)$ durchgeführt werden, man erhält eine Punkteserie auf der Abszisse $(x_0, x_1, x_2, \ldots)$, der Ordinate $(x_1, x_2, \ldots)$ und der Kurve $((x_0, x_1), (x_1, x_2), \ldots)$.

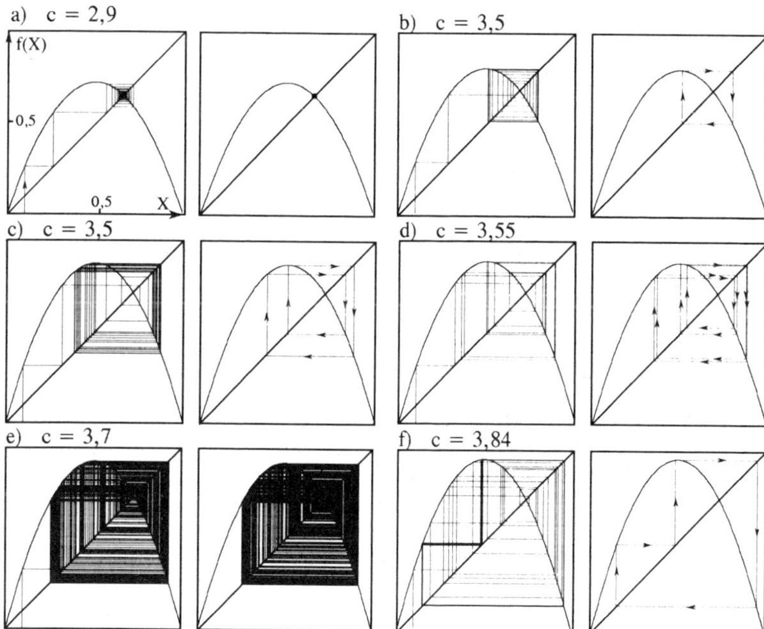

Abb.3.26: *Graphische Iteration für die logistische Funktion bei verschiedenen Kontrollparametern c (erhalten mit dem Programm ITER)*

Ausgegangen wird immer von $x_0 = 0,1$ (links: mit Einschwingvorgang; rechts: nach Einschwingvorgang).

Zur Verdeutlichung der Methode wurde das Computerprogramm ITER erstellt (Anhang II). Es zeigt Schritt für Schritt, wie die Iteration von einem Punkt zum nächsten fortschreitet. Das Programm erlaubt auch das Einzeichnen der direkten zweiten f(f(x)) bzw. vierten f(f(f(f(x)))) Iterationsfunktion. Dieses ist eine Hilfe zur Diskussion der einzelnen stabilen bzw. instabilen Grenzwerte. In [42] bzw. [37] wird dies detailliert und leicht verständlich dargestellt.

Um Konvergenz in einem Punkt x_s zu erhalten, ist die Steigung der Abbildungsfunktion an der Winkelhalbierenden bedeutsam. Dort gilt $x_s = f(x_s)$, also eine notwendige Bedingung für Konvergenz. Allerdings muß der Betrag der Steigung der Funktion dort kleiner als 1 sein. Die Kurve muß also relativ flach geneigt sein, dann ist der jeweils folgende Iterationswert näher an x_s als der vorhergehende. Ist die Kurve steiler (Betrag der Steigung größer als 1), dann geschieht gerade das Gegenteil, die Iteration läuft vom Schnittpunkt x_s weg, sie divergiert (Abb.3.27).

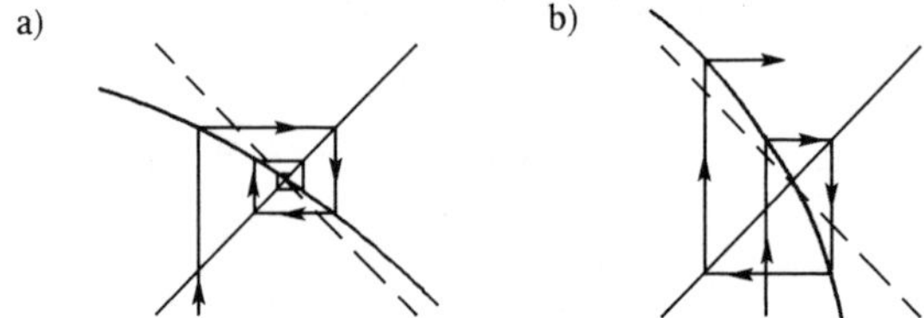

Abb.3.27: *Je nach Steigung von f am Schnittpunkt der Iterationsfunktion f mit der Winkelhalbierenden ergibt sich Konvergenz (a: Der Steigungbetrag ist kleiner 1 (flache Kurve). Jeder Iterationswert kommt näher zu x_s) oder Divergenz(b: Der Steigungsbetrag ist größer 1 (steile Kurve), jeder Iterationswert entfernt sich vom Schnittpunkt). Zum Vergleich ist jeweils gestrichelt eine Gerade mit der Steigung -1 eingezeichnet.*

3.3.3 Die Rückabbildung als Hilfe für Strukturerkennung

In 3.3.1 wurde gezeigt, daß das Verhalten des Rotationspendels mit Unwucht starke Ähnlichkeit mit Iterationssystemen hat. Die Frage nach einer entsprechenden Iterationsfunktion war die Folge. Aus einem Experiment bzw. einer Computersimulation erhält man eine Folge von Werten, z.B. den aufeinanderfolgenden unteren Umkehrpunkten der Schwingung oder den Winkeln bei einer bestimmten Anregungsphase. Diese Werte lassen sich nun zur Konstruktion einer Iterationsfunktion verwenden: Man führt die graphische Iteration "rückwärts" durch, d.h. man trägt in ein Diagramm den Wert eines Umkehrpunktes über den Vorwert, den vorigen Umkehrpunkt auf. In dieser Weise interpretiert man einfach die experimentelle Folge als Iterationsfolge. Da man auf den Vorwert zurückgreift, nennt man dieses Diagramm auch **Rückabbildung**. Als gebräuchlicher Fachterminus hat sich der englische Ausdruck **"Return-Map"** auch im deutschen Sprachgebrauch durchgesetzt. In Abb.3.28 ist eine Rückabbildung für das nichtlineare Rotationspendel dargestellt. Dabei wurde die Dämpfung so gewählt, daß sich eine chaotische Schwingung ergab. Die Return-Map zeigt einen funktionalen Zusammenhang zwischen den aufeinanderfolgenden Minima. Der funktionale Zusammenhang ist die Folge des Determinismus, dem das System unterworfen ist. Die Rückabbildung zeigt jetzt Zusammenhänge, die vorher beim Verlauf $\alpha(t)$ nicht zu erkennen waren. Obwohl sie weniger Information enthält (benutzt werden aus dem kontinuierlichen $\alpha(t)$-Verlauf nur einzelne Punkte) gibt sie neue Informationen über das Verhalten des Systems.

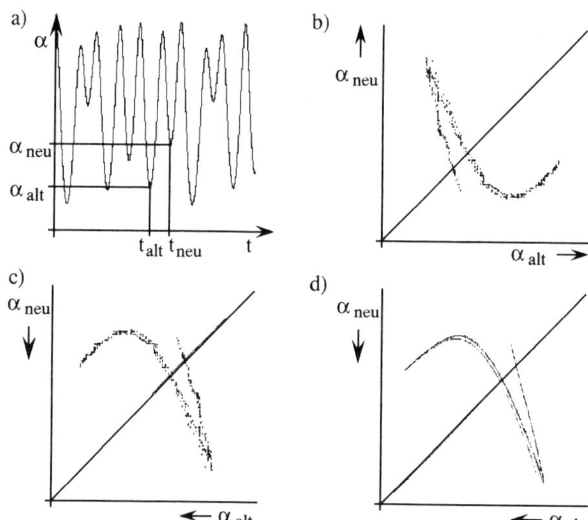

Abb.3.28: *Die Rückabbildung für das Rotationspendel mit Unwucht*

a) *Winkelverlauf $\alpha(t)$ einer chaotischen Schwingung. Betrachtet werden die unteren Umkehrpunkte ($I = 410\,mA$).*

b) *Rückabbildung: Trägt man α_{neu} über α_{alt} auf, so zeigt sich ein funktionaler Zusammenhang.*

c) *Analoge Darstellung wie b) mit gedrehten Achsen. Die entstehende Kurve ähnelt der logistischen Funktion.*

d) *Aus der Simulation ergibt sich die gleiche Kurve wie in der Rückabbildung des Experiments, wegen der höheren Genauigkeit mit höherer Auflösung.*

Hier tritt die Analysemethode der "wertvolleren Informationserkenntnis aus Datenreduktion" deutlich hervor. Diese Methode ist nicht nur ein "Analyse-Trick" für diesen Fall, sondern wird sich im weiteren immer wieder als hilfreich erweisen.

Auch beim **physikalischen System** stellt sich ein Zusammenhang zwischen aufeinanderfolgenden Umkehrpunkten heraus. Es wird deutlich, daß der Ablauf nicht zufällig verläuft - **im Chaos zeigt sich Struktur**. Ähnlich wie bei der logistischen Funktion ergibt sich ein bogenförmiger Verlauf der Kurve, allerdings auf dem Kopf stehend. Um einen Vergleich zu erleichtern, werden die Achsen in umgekehrter Richtung aufgetragen (Abb.3.28). Im folgenden soll die Rückabbildung für das Rotationspendel immer in dieser Weise dargestellt werden.

Die bogenförmige Kurve erfüllt die Bedingung für ein Feigenbaumszenario, nämlich daß das Maximum quadratisch genähert werden kann. Auch die Steigung beim Schnitt mit der Winkelhalbierenden und die niedriger liegenden Maxima in Abhängigkeit vom Kontrollparameter I entsprechen den Anforderungen für das Bifurkationsszenario und ähneln der Abbildungsfunktion der logistischen Gleichung (vergleiche oben und Abb.3.30). Deutliche Unterschiede zu Iterationsfunktionen sind bei der Rückabbildung des Rotationspendels zusätzliche Äste. Es ist ein nach oben abgespreizter Ast vorhanden sowie ein zweiter Bogen, der eng unter dem Hauptbogen verläuft. Betrachtet man die Kurve genauer, so zeigt sich eine Linie, die zweimal zusammengeklappt ist, in Abb.3.29 ist sie verdeutlicht.

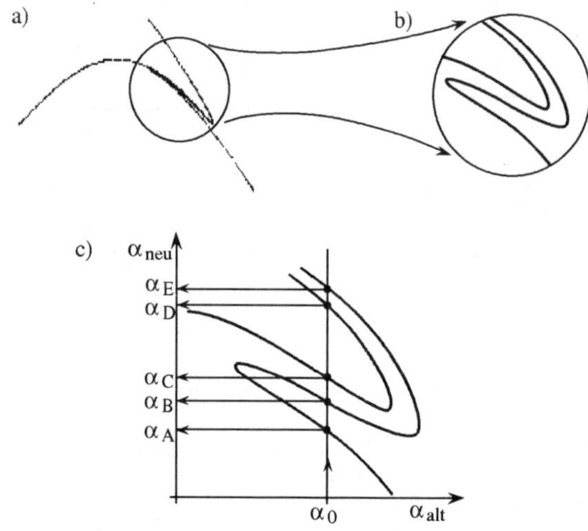

Abb.3.29: *Deutlichere Untersuchung der Rückabbildung für $I = 520\,mA$*
a) Die Vergrößerung zeigt, daß eine Substruktur vorliegt (schematisch).
b) Die Zuordnung ist nicht eindeutig, für einen Abszissenwert α_0 kommen mehrere Ordinatenwerte α_A, α_B, α_C, α_D oder α_E in Betracht.

Die Zuordnung von der Abszisse zur Ordinate ist nicht eindeutig; ein bestimmter α_{alt}-Wert kann auf verschiedene α_{neu}-Werte abgebildet werden. Diese Mehrdeutigkeit beruht darauf, daß das Rotationspendel nicht nur durch das zugrundeliegende Wirkungspotential bestimmt ist, sondern auch durch die Anregungsphase. Die Anregung läuft ohne Rückkopplung zum Pendel als unabhängiger Freiheitsgrad. Damit hängt der jeweilige Umkehrpunkt nicht nur vom vorherigen Umkehrpunkt, sondern auch von der gerade vorliegende Anregungsphase ab. Diese Tatsache zerstört die Hoffnung, daß eine Funktion gefunden werden kann, die das Verhalten des physikalischen Systems in einfacher und praktischer Weise beschreiben kann: Es gibt nicht eine einzige mathematische Zuweisung, mit der man von einem Umkehrpunkt ausgehend sofort den nächsten Umkehrpunkt vorhersagen kann. Die Existenz solch einer Funktion wäre praktisch, man hätte dadurch eine schnelle Möglichkeit, das Verhalten des relativ komplizierten Systems zu beschreiben. Andererseits zeigt das Rotationspendel sehr gut das Bifurkationsszenario, wie es für Iterationsabbildungen typisch ist. In Kapitel 4 wird dieses Problem noch weiter vertieft. Vorher soll aber nochmals das Phänomen des Zusammenfaltens betrachtet werden. Es wird sich im nächsten Kapitel zeigen, daß auch aus einer anderen Betrachtungsrichtung heraus Faltungen erkennbar werden.

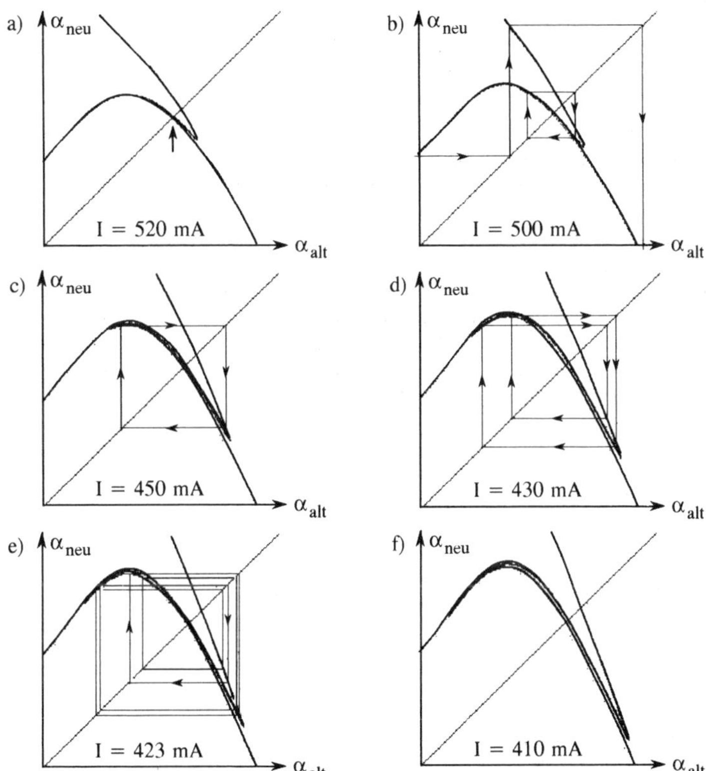

Abb.3.30: *Rückabbildungen für das Rotationspendel mit Unwucht*
Aufgetragen sind die Winkel α_{neu} *über* α_{alt} *jeweils bei der Anregungsphase* $\pi/2$. *Die Werte sind einer Computersimulation (Programm ROPE-SIM) entnommen. Dazu wurden viele Einschwingvorgänge aufgezeichnet, in dieser Weise ergaben sich die Abbildungskurven. Die Punktfolge der periodischen Vorgänge ist durch die Hilfslinien erkennbar (zur Übersichtlichkeit nicht in f). In b) existieren nebeneinander zwei stabile Schwingungsformen, eine Bifurkation (Rechteck) und die des Fensters (nur zum Teil eingezeichnet).*

3.4. Der seltsame Attraktor im Poincaré-Schnitt

Zur Untersuchung des chaotischen Verhaltens wird der Poincaré-Schnitt eingeführt. Im Vergleich zum Grenzzyklus-Attraktor bei periodischen Vorgängen wird für chaotische Schwingungen der seltsame Attraktor definiert und für verschiedene Kontrollparameterwerte des Rotationspendels näher untersucht. Dabei wird der Zusammenhang mit Mischvorgängen (Bäcker-Transformation) und der Selbstähnlichkeit verdeutlicht.

3.4.1 Der Poincaré-Schnitt

Abb.3.15 und 3.16 zeigen die Bahnen verschiedener Schwingungstypen. Es sind bei periodischen Vorgängen geschlossene Linien, eindimensionale Attraktoren. Ein Einschwingvorgang nähert sich solch einer Kurve, wird von ihr angezogen.

Bei der chaotischen Schwingung schließt sich die Kurve nie, es herrscht ein sich immer weiter verstrickendes Knäuel. Solch einem Knäuel ist in drei Dimensionen keine Ordnung anzusehen. Um mögliche Strukturen zu erkennen, muß eine Datenreduktion durchgeführt werden. Die Idee für diese Reduktion stammt von Henri Poincaré und ist genauso einfach wie wirkungsvoll: Man ''schneidet durch den Phasenraum'', d.h. man legt eine Ebene in das mehrdimensionale Gebilde und registriert alle Durchstoßpunkte der Bahn. Diese Methode wird nach Poincaré als **Poincaré-Schnitt** bezeichnet (Abb.3.31).

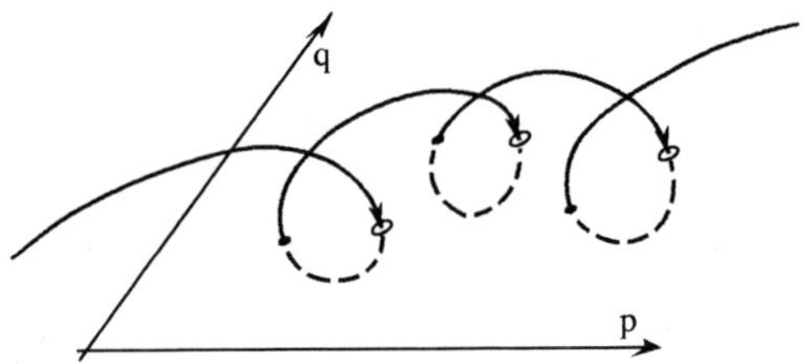

Abb.3.31: *Datenreduktion durch den Poincaré-Schnitt*
Anstatt der gesamten Bahn im Phasenraum werden nur die Durchstoßpunkte durch eine günstig gewählte Ebene (hier p-q) registriert.

Im vorliegenden Beispiel (Rotationspendel mit Unwucht) einer erzwungenen Schwingung liegt es nahe, diesen Schnitt bei einer festen Anregungsphase φ_0 vorzunehmen. Das bedeutet, daß der Vorgang stroboskopisch synchronisiert mit der Anregung betrachtet wird, so daß ein ganz bestimmtes ''Blatt'' betrachtet wird (z. B. $\varphi_0 = \pi/2$ in Abb.3.15). Es ist einfach zu erkennen, daß bei einem periodischen Vorgang auf diesem Blatt nur einige einzelne Punkte vorhanden sein dürfen, je nachdem, nach wievielen Anregungsperioden sich die Kurve schließt (Abb.3.32 a bis d, und g).

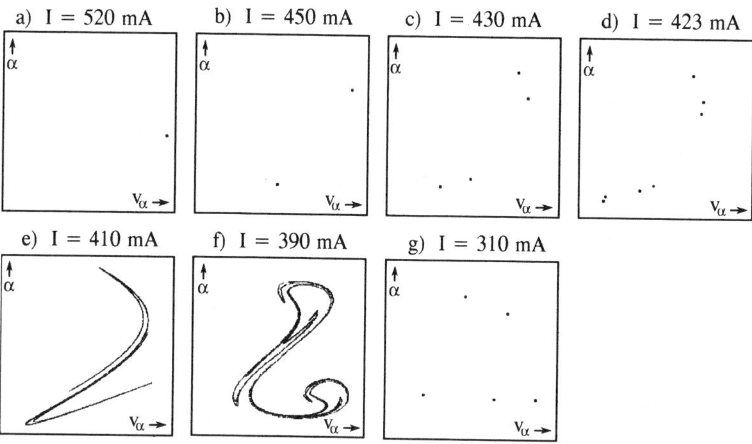

Abb.3.32: *Poincaré-Schnitte für Bahnen beim verstimmten Rotationspendel Die Bilder sind der Simulation entnommen, Schnittbedingung ist die Anregungsphase $\varphi_0=\pi$. Es wurden jeweils über 100 Anregungsperioden zum Einschwingen abgewartet und dann die weiteren Durchstoßpunkte registriert. In f) und g) wurden kleinere Maßstäbe benutzt.*

3.4.2 Der seltsame Attraktor als Abbild der Ordnung im chaotischen Regime

Im Gegensatz zum periodischen Vorgang gibt es für einen chaotischen Schwingungsverlauf keine geschlossene Linie im Phasenraum, also auch keinen Attraktor im klassischen Sinn. Betrachtet man aber den Poincaré-Schnitt für einen chaotischen Vorgang, so ist auffallend, daß die Punkte nicht zufällig verteilt sind, sondern daß eine Struktur zu erkennen ist (Abb.3.32 e) und f)). Diese Struktur ist je nach Kontrollparameter mehr oder weniger kompliziert. **Wieder zeigt sich also eine Ordnung**, die auch im scheinbar chaotisch verlaufenden Vorgang zu finden ist. Diese Ordnung ist erst durch den Poincaré-Schnitt deutlich geworden und ähnelt in Abb.3.32.e) einer Linie. In Abb.3.32.f) erkennt man viele ineinander liegenden Linien, die wie ein Wirbel beim Verrühren von Milch in Kaffee ineinander verschlungen sind.

Aus der Linienstruktur für e) und f) läßt sich schließen, daß eine Trajektorie im kompletten (dreidimensionalen) Phasenraum auf einer Struktur verläuft, die einer mehrfach gefalteten Fläche entspricht. Sie erfüllt fast alle Anforderungen eines Attraktors: Wird ein Vorgang gestartet, d.h. zu einer Anregungsphase φ_0 an einem bestimmten Winkel α_0 mit einer Winkelgeschwindigkeit $v_{\alpha 0}$ losgelassen, so nähert sich die ihn darstellende Kurve im Phasenraum diesem Gebilde immer weiter an. Zum Unterschied zum klassischen eindimensionalen Attraktor des periodischen Vorgangs wird die entstehende Struktur **seltsamer Attraktor** genannt. Nachdem dreidimensionale Attraktoren sehr unübersichtlich sein können, werden in der weiteren Behandlung meist Poincaré-Schnitte durch die Attraktoren dargestellt. Zur Sprachverkürzung werden diese Schnitte auch als Attraktoren bezeichnet.

3.4.3 Eigenschaften des seltsamen Attraktors

Diese neue Art von Attraktor hat in der Tat einige seltsame Eigenschaften. Um sie näher untersuchen zu können, soll zuerst die "Attraktivität" geprüft werden: Bisher wurde nur eine einzelne Bahn im Phasenraum betrachtet, die, an irgendeinem Punkt $(\varphi_0, \alpha_0, v_{\alpha 0})$ gestartet, nach dem Einschwingvorgang den Attraktor markierte. Jetzt sollen viele Startsituationen parallel betrachtet werden, die sich in den Startparametern nur geringfügig unterscheiden. Dies ist im Experiment natürlich sehr schwierig zu realisieren, deshalb wird es in der Computersimulation durchgeführt. Das zugehörige Programm ROPE-ATT ist in Anhang II beschrieben.

Bei einem periodischen Vorgang nähern sich alle Parallelsimulationen immer mehr dem Attraktor an, sie konvergieren gegen den Grenzzyklus (Abb.3.33).

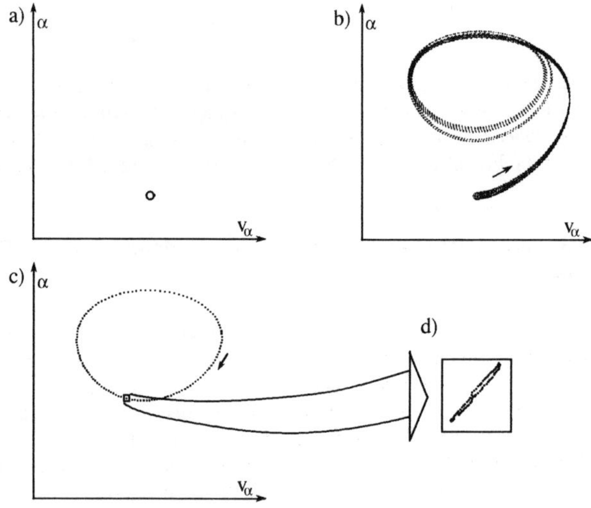

Abb.3.33: *Einschwingvorgang bei einem periodischen Vorgang*
Gezeichnet werden die Bahnen von 100 parallel gerechneten Vorgängen (Computersimulation mit ROPE-ATT; zeitlicher Abstand der Punkte $dt = 0{,}025\,s$; $T_e = 3{,}1\,s$; $I = 800\,mA$*).*
a) Startsituation: 100 eng benachbarte Startsituationen, die alle die gleiche Anregungsphase $\varphi_0 = 0$ *haben. Die Startwerte* $(\alpha_0, v_{\alpha 0})$ *sind so gewählt, daß sie alle auf einem Kreis liegen.*
b) Die Bahnen bleiben benachbart und nähern sich dem Attraktor.
c) Der Attraktor erscheint als geschlossene Linie, praktisch verlaufen alle Bahnen auf dieser Linie, dem Grenzzyklus.
d) Situation nach vier Anregungsperioden (Vergrößerung aus c): Die Bahnen sind so nahe zueinander gerückt, daß sie erst bei starker Vergrößerung (3000 - fach in α*- Richtung und 400 - fach in* v_α*- Richtung) unterscheidbar sind.*

Anders ist die Situation bei Vorgängen, die im chaotischen Regime ablaufen: Die Startorte im Phasenraum liegen wieder auf einem Kreis im Phasenraum (S in Abb.3.34.a). Dieser Kreis verformt sich zuerst in eine Linie (Abb.3.34.b) die immer länger gezogen wird. Die Bahnen nähern sich dem seltsamen Attraktor, der einen starken Mischvorgang durchführt: Zuerst werden Punkte auseinandergezogen (zwischen A und B in Abb.3.34.b) und dann deren Verbindungslinie wieder zusammengeklappt (ab C).

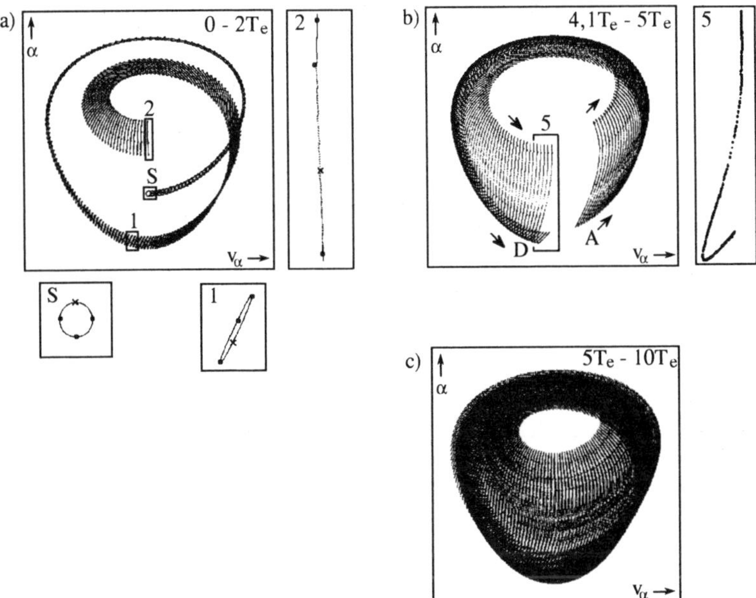

Abb.3.34: *Einschwingvorgang im chaotischen Regime dargestellt im Phasenraum für $I = 410\,mA$*

a) 400 Simulationen starten auf einem Kreis im Phasenraum (S), von denen wieder 4 Situationen markiert sind. Nach einer Anregungsperiode T_e hat sich der Kreis zu einer schmalen Ellipse verformt (1). Nach 2 T_e ist der ursprüngliche Kreis zu einer langen Linie deformiert (2). Die kleinen Bilder zeigen jeweils den Zustand in 6 - facher Vergrößerung.

b) Die weitere Entwicklung zeigt die Mischung: Zwischen A-B zieht sich das Band in die Länge, um dann ab C wieder zusammengeklappt zu werden (Ausschnitt 5 ist 2,4 - fach vergrößert).

c) Das Gesamtbild erinnert an eine bauchige Blumenvase. Die Bahnen werden immer mehr durcheinander gemischt.

Die Bäcker-Transformation als Beschreibungsmodell

Der Vorgang des "Mischens" kann mit der **Bäcker- oder Hufeisen-Transformation** beschrieben werden. Es ist wie beim Mischen eines Teiges. Zuerst wird dieser ausgerollt zu einer dünnen Schicht. Dann wird der Teig wieder zusammengefaltet und danach wieder ausgewalzt, wieder zusammengeklappt und so fort. Der Bäcker erreicht damit in sehr effektiver Weise das Mischen der Backzutaten, beim Blätterteig ist diese Mischmethode anschließend auch noch feststellbar (Abb.3.35). Der Begriff Hufeisen-Transformation kommt vom amerikanischen Mathematiker Smale, der sich beim Falten eher an ein Hufeisen erinnert fühlte. Er entwickelte diese geometrische Deutung in den sechziger Jahren.

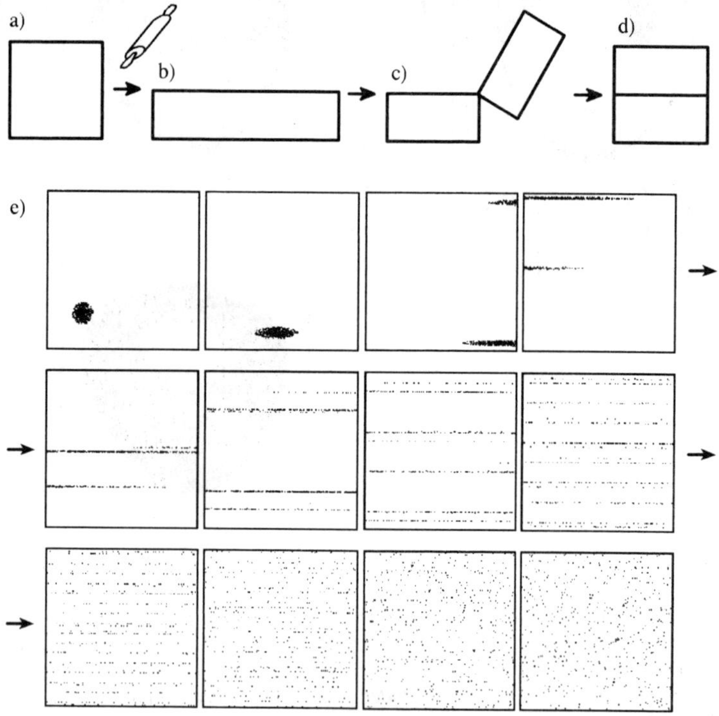

Abb.3.35: *Bäcker- oder Hufeisen-Transformation von Smale*
Ein Teil des Phasenraumes (a) wird in eine Richtung verkleinert, in die andere vergrößert (Teig ausrollen) (b), dann in der Mitte geteilt und zusammengefaltet (c) und schließlich ist es wieder in der alten Form (d). Die Mischung zeigt sich in der Bildersequenz von e) (durchgeführt mit dem Programm BACK-TRAF): Im ersten Bild sind 500 Punkte markiert (Rosinen im Teig) und jedes weitere Bild zeigt das Ergebnis einer Streckung mit Faltung. Nach 11 Schritten sind die Rosinen vollständig im Teig verteilt.

"Mischen" beim Rotationspendel mit Unwucht

Für das Verhalten des Rotationspendels ist dieses Mischen im Phasenraum bildlich nachvollziehbar, wenn man die Phasenraumbahn am Bildschirm verfolgt. Ohne daß die Anregungsphase unterschieden wird, also die Abfolge im zweidimensionalen Phasenraum betrachtet, scheinen sich die Bahnen auf einem Gebilde zu bewegen, das der Oberfläche einer Blumenvase ähnelt. Man hat einen dreidimensionalen Eindruck (vergleiche Abb.3.34.c). In Farbe erkennt man auch das Mischen; drei verschiedenfarbig markierte Bahnen durchziehen die Strukur. Dieses Gebilde spiegelt aber nicht den richtigen Attraktor wieder, es fehlt noch die 3. Dimension, die Anregungsphase. Abb.3.36 macht dies dadurch ersichtlich, daß Schnitte bei verschiedenen Anregungsphasen dargestellt sind. Jetzt erkennt man ein geschlossenes Band, welches breiter wird. Ein Teil davon wird eingeklappt, und damit die Anfangslänge wiederhergestellt.

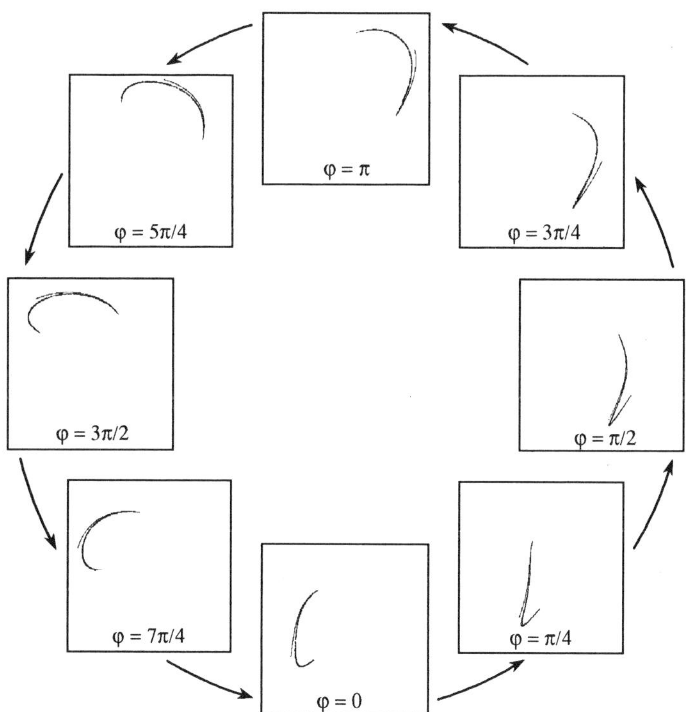

Abb.3.36: *Poincaré-Schnitte (jeweils Abszisse* v_α *und Ordinate* α *durch den seltsamen Attraktor für I=410 mA bei verschiedenen Anregungsphasen* φ*. Am Computer läuft der Vorgang wie ein Film ab. Deutlich ist das Strecken und Falten zu beobachten.*

Als stehendes Bild und gar noch in schwarz-weiß ist die Darstellung nur schlecht interpretierbar. Als ablaufender Film am Monitor entsteht sehr anschaulich der dreidimensionale Eindruck, er zeigt die volle Dynamik. Dieser Ablauf ist nicht nur in seiner physikalischen Form attraktiv, sondern auch als Computeranimation.

Die Frage ist jetzt noch, welche geometrische Figur der seltsame Attraktor darstellt. Dem Eindruck nach scheint es eine Fläche zu sein, auf der sich die Bahnen bewegen. Würde eine Bahn auf dieser Fläche laufen, so würde sie diese nach und nach ganz "ausmalen" und dabei wäre es unvermeidlich, daß es zu Überschneidungen kommt. Das verbietet aber der Determinismus, also kann der seltsame Attraktor keine Fläche sein. Es muß noch etwas anderes sein - "noch seltsamer".

Selbstähnlichkeit bei seltsamen Attraktoren

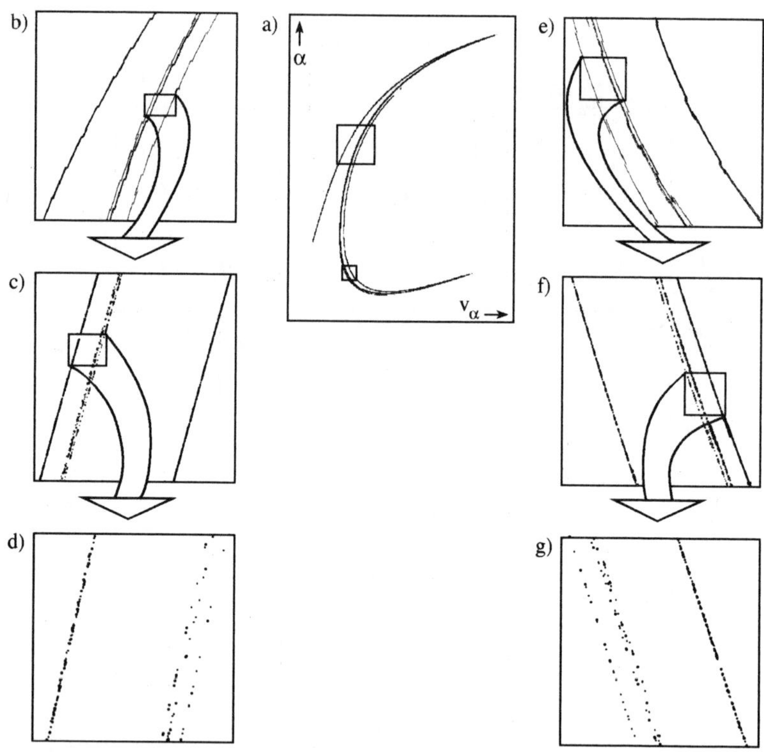

***Abb.3.37:** Der Poincaré-Schnitt ($\varphi_0 = 0$) durch den seltsamen Attraktor des Rotationspendels (Kontrollparameter $I = 410\,mA$) zeigt Selbstähnlichkeit.*
Bei Vergrößerungen (b-d: oberer Ausschnitt, e-g: unterer Ausschnitt) tauchen immer wieder die gleichen Linienabfolgen (Linie-Doppellinie-Linie) auf.

Um dies zu vermitteln, soll ein Poincaré-Schnitt bei einer bestimmten Anregungsphase aufgenommen werden. Vergrößert man einen Teil davon, so erkennt man, daß die einzelnen Linien aus mehreren dünneren Linien bestehen. Bei weiterer Vergrößerung werden wieder neue Linien erkennbar und so fort. Der seltsame Attraktor besteht also aus vielen dicht ineinander liegenden Flächen, **Substrukturen** sind erkennbar. Auffallend ist, daß bei richtiger Wahl des Vergrößerungsmaßstabes das vergrößerte Bild immer wieder dem Vorbild ähnlich sieht - die Struktur ist **selbstähnlich** oder **fraktal** (Abb.3.37). Diese Selbstähnlichkeit ist schon beim Feigenbaum-Diagramm aufgefallen. Offensichtlich sind Vergrößerungen ein wirksames "Werkzeug" zur Untersuchung von nichtlinearen Vorgängen. Jetzt wird klar, daß das Adjektiv "seltsam" berechtigt ist. Dieses Gebilde ist von sehr eigentümlicher Art, der Blätterteig setzt sich in immer feinerer Weise fort. Man kann dabei weder von einer zweidimensionalen Fläche, noch von einem dreidimensionalen Körper sprechen, das Gebilde liegt dazwischen. Dementsprechend muß für die geometrische Dimension eine **gebrochen rationale** Zahl eingeführt werden. Diese **fraktale Dimension** wird ein Maß für den Grad der Fraktalität sein und ist in 3.8 näher beschrieben. Dort wird auch nochmals auf den selbstähnlichen Charakter eingegangen.

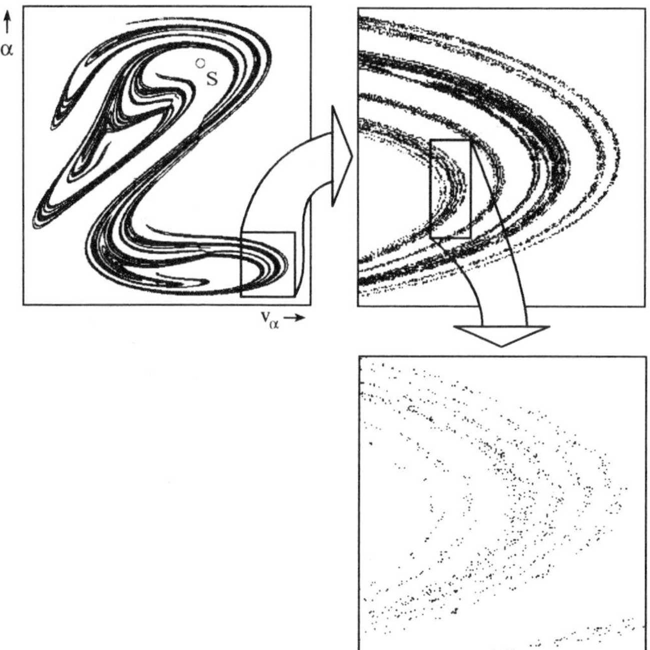

Abb.3.38: *Der seltsame Attraktor für den Kontrollparameterwert I = 200 mA (Chaosbereich, in dem Überschwingen möglich ist; Anregungsphase für Schnitt $\varphi_0=0$) 400 Parallelsimulationen starteten eng benachbart bei S und wurden 1500 Anregungsperioden lang registriert, dies entspricht 600.000 Punkten. Auch hier zeigt sich bei Vergrößerung Selbstähnlichkeit.*

Je nach Kontrollparameter I erscheint der seltsame Attraktor in verschiedener Form (vergleiche Abb. 3.37 und Abb. 3.38). Abb. 3.38 erinnert an das Verrühren eines Farbtropfens in einer Flüssigkeit. Der Arzt und Chaosforscher O. Rössler, der solche seltsamen Attraktoren untersuchte und nach dem ein besonders einfacher seltsamer Attraktor benannt ist, vergleicht diese Mischungsart mit einer Bonbon-Maschine, wenn zwei verschiedenfarbige Bonbonmassen im zähflüssigen Zustand vermengt werden (Abb. 3.39).

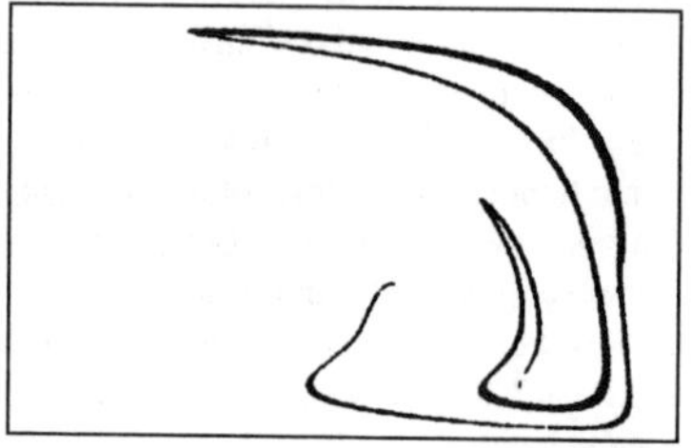
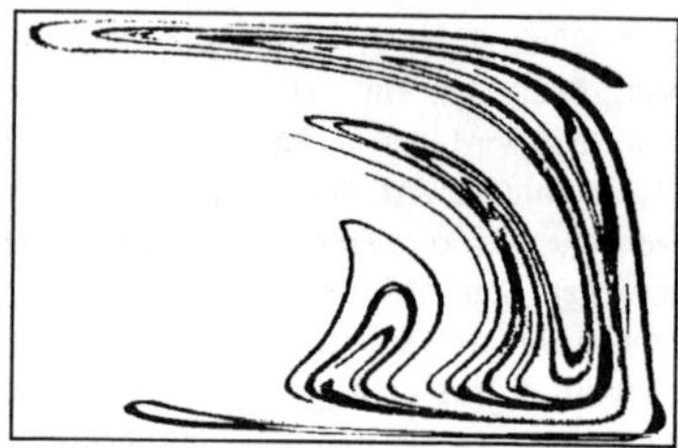

Abb.3.39: *Vermischen von zwei Farben (nach [66] in [16,S.55])*
Anfangs sind nur wenige Verschlingungen vorhanden, nach mehrmaligem Umrühren zeigt sich die Streifenstruktur.

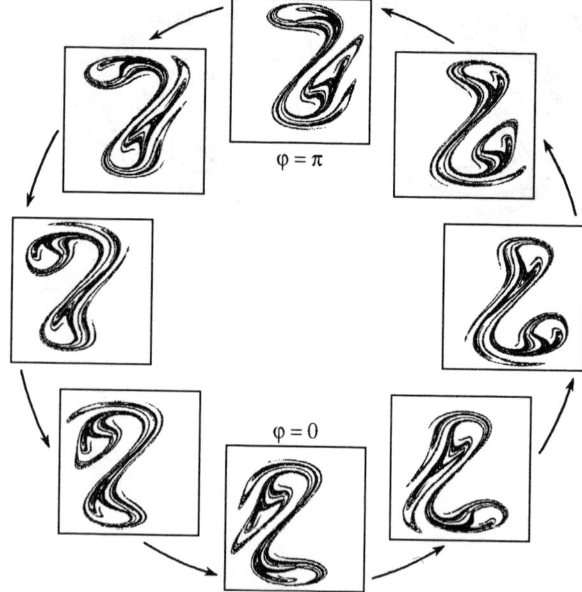

Abb.3.40: *Der seltsame Attraktor bei $I = 200\,mA$ für acht verschiedene Anregungsphasen gibt einen Eindruck von der "Wirbeldynamik". Am Computerbildschirm können solche Einzelbilder schnell hintereinander abgespielt werden, es entsteht ein Filmeindruck. Dabei muß man berücksichtigen, daß die Bilder nicht perspektivisch dargestellt sind. Man muß sich vorstellen, man fährt mit der Kamera den Kreis der Anregungsphase ab und sieht so gerade das Bild zu der entsprechenden Anregungsphase φ_0.*

Berechnet man die Poincaré-Schnitte für viele Anregungsphasen und speichert sie im Computer oder überspielt sie auf Video, so kann man sie hintereinander ablaufen lassen und bekommt eine eindrucksvolle dynamische Darstellung des Vorganges, es erinnert stark an eine Wirbelbewegung. Ein entsprechendes Programm ROPE-CIN für die Erstellung und Darstellung dieser Dynamik ist im Anhang II beschrieben, einige Einzelbilder werden in Abb.3.40 gezeigt.

3.4.4 Der seltsame Attraktor zur Beschreibung von deterministischem Chaos

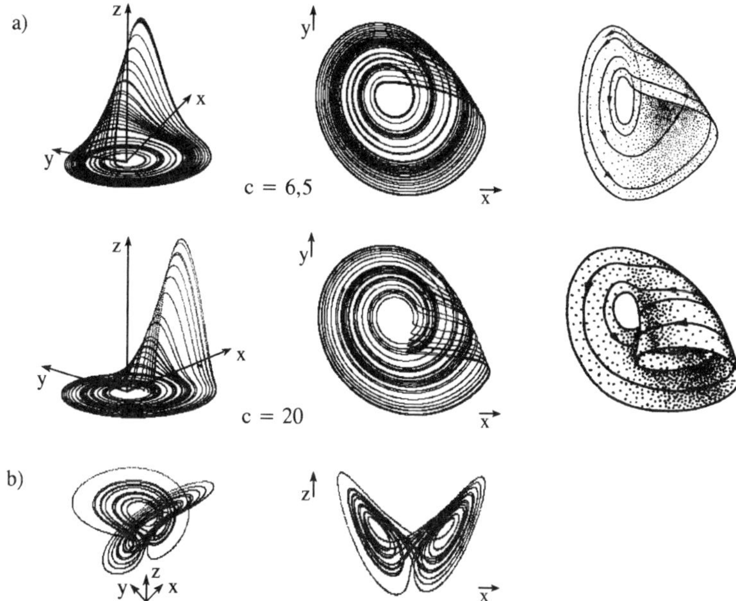

Abb.3.41: *Beispiele seltsamer Attraktoren*

*a) Der **Rössler-Attraktor** basiert auf drei Differentialgleichungen, die auf dem dreidimensionalen Raum* R^3 *definiert sind:* $x' = -(y+z)$; $y' = x + y/5$; $z' = 1/5 + z(x-c)$
Je nach Größe des Kontrollparameters c ergeben sich verschiedene Attraktoren. Links ist der dreidimensionale Verlauf, in der Mitte die Projektion auf die x-y-Ebene dargestellt. (Programm ROES-ATT, Anhang II) Sie scheinen auf zusammengefalteten Blättern zu verlaufen (schematische Darstellung rechts aus [01,p.94ff]).

*b) Der **Lorenz-Attraktor** stellt den Verlauf eines einfachen Wettermodells in drei Variablen dar.* $x' = -k(x-y)$; $y' = -xz + rx - y$; $z' = xy - bz$
Links der dreidimensionale Attraktor, rechts die zweidimensionale Projektion auf die x-z-Ebene. (verwendetes Programm L-W-RAD aus [10]; k = 4, r = 40, b = 1).

Das Ziel der Chaosforschung besteht hauptsächlich darin, systemübergreifend geltende Aussagen und Phänomene zu finden und Beschreibungs- sowie Kategorisierungsmethoden zu entwickeln. Eine universell vorkommende Eigenschaft wurde durch das Bifurkationsszenario in 3.1.2 beschrieben, jetzt ist durch den **seltsamen Attraktor ein zweites Szenario** dargelegt, das anzeigt, ob ein System sich in einem Zustand des deterministischen Chaos befindet oder nicht, und das Aussagen über die Art des Chaos zuläßt. Die maßgeblichen Arbeiten auf dem Gebiet der seltsamen Attraktoren wurden von David Ruelle, F. Takens und S. Newhouse 1971 und 1978 durchgeführt [74]. Die Bedeutung dieser Ruelle-Takens-Newhouse-Theorie liegt vor allem darin, daß sie einen weiteren Weg ins Chaos beschreibt. Die Theorie widerlegt eine ältere Theorie von Landau über die Bildung von Turbulenzen. Landau meinte, daß zur Ausbildung von Turbulenz unendlich viele Frequenzaufspaltungen nötig seien. Ruelle, Takens und Newhouse hingegen zeigten, daß schon wenige Bifurkationen genügen, um Chaos zu erhalten. Auf weitere Details zur Theorie soll hier verzichtet werden, sie sind z.B. in [07,S.161ff] zu finden. In Abbildung 3.41 sind zwei bekannte Beispiele für seltsame Attraktoren dargestellt (keine Poincaré-Schnitte).

3.5. Intermittenz als weiterer Weg ins Chaos

Bisher wurden zwei typische Szenarien beschrieben, die den Weg vom periodischen ins chaotische Regime begleiten. Für beide hat sich das Rotationspendel mit Unwucht als Demonstrations- und Studienexperiment als sehr hilfreich gezeigt. Auch der dritte Weg über die Intermittenz ist an diesem System beobachtbar.

Schwingungszyklen im chaotischen Regime

Beim Verhalten des Rotationspendels im chaotischen Schwingungsbereich fällt immer wieder auf, daß sich bestimmte Zyklen wiederholen. Manchmal hat man sogar den Eindruck, daß sich ein periodischer Vorgang einstellt, aber nach einigen Perioden bricht dieser wieder ab, und andere Zyklen stellen sich ein. Man kann das mit einer Folge von Tönen vergleichen: Die verschiedenen Zyklen (A,B,C...) stellen verschiedene Töne dar, besser verschiedene Klänge, die sich wiederholen, abbrechen und später wieder auftauchen. So ergibt sich eine Melodie, bei der zwar der zufällige Charakter deutlich wird, die sich aber deutlich von statistischem Rauschen unterscheidet (Abb.3.42).

Abb.3.42: *Das Verhalten des Rotationspendels mit Unwucht im chaotischen Regime (aus [55]). Die experimentell gewonnene Kurve stellt die Auslenkung α über die Zeit dar. Typischerweise treten immer wieder gleichartige Schwingungstypen auf.*

Der Grund für den Wechsel zwischen den Schwingungstypen liegt in der Sensitivität: Kleinste Störungen führen schnell (exponentiell) zu Veränderungen. Man erkennt, daß eine Fülle von Schwingungstypen bei den gewählten Parametern (chaotisches Regime) möglich ist, von denen wegen der hohen Sensitivität einmal der eine, einmal der andere auftritt. Die immer wiederkehrenden Zyklen haben einen Einfluß auf die Verteilung der unteren Umkehrpunkte der Schwingungsbewegung. Diese Verteilung wurde zur Aufnahme des Feigenbaum-Diagrammes benutzt. Dafür war allerdings nur wichtig, ob ein Winkelwert als unterer Umkehrpunkt vorkommt oder nicht, die Struktur der Verteilung spielte keine Rolle. Trotzdem erkennt man im Feigenbaum-Diagramm, daß auch das chaotischen Regime mit Linien durchzogen ist, bestimmte Werte kommen häufiger vor (siehe Abb.3.13).

Noch deutlicher wird dies, wenn man im Diagramm neben dem Kontrollparameter und dem Darstellungsparameter noch die Häufigkeit als dritte Dimension aufträgt (Abb.3.43). Da das dreidimensionale Feigenbaum-Diagramm mit der Iterationsmodellierung berechnet wurde, konnte nicht der untere Umkehrpunkt als Darstellungsvariable gewählt werden. α_0 ist nach Definition der Modellierung der Winkelausschlag bei der Anregungsphase $\varphi_0 = \pi/2$. Das Verhalten ist aber prinzipiell das gleiche. Die Häufungen sind bei der Bifurkationskaskade systematisch, die Höhen halbieren sich bei jeder Bifurkation. Auch bei der Unterbrechung des chaotischem Regimes (periodische Fenster) zeigen sich scharfe, hohe Häufungen, es werden immer wieder die gleichen Werte berührt. Aber auch in den chaotischen Bereichen werden Häufungen sichtbar, sie durchziehen das Diagramm wie Mauern. Das ist ein Hinweis dafür, daß bestimmte Schwingungstypen immer wieder auftreten.

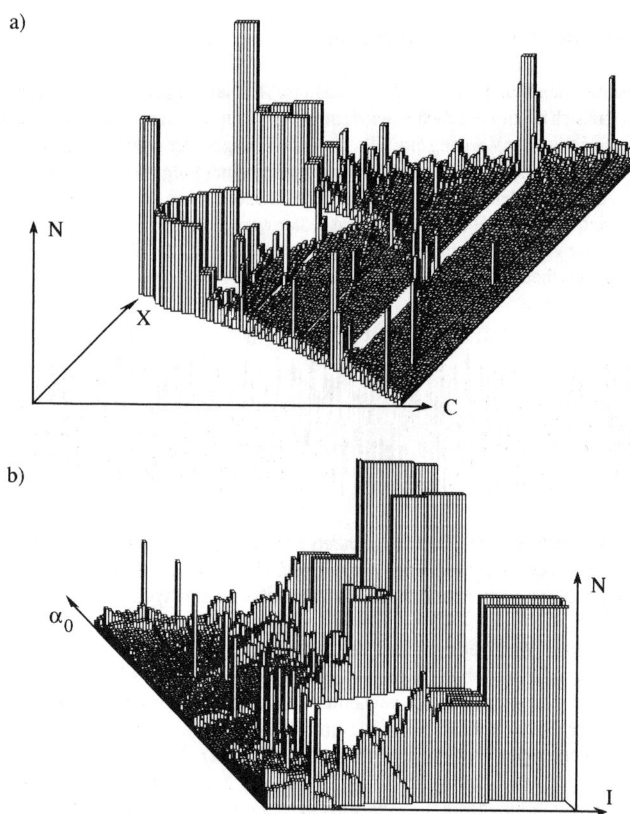

Abb.3.43: *Das dreidimensionale Feigenbaum-Diagramm*
Aufgetragen ist jeweils nach rechts der Kontrollparameter (C bzw. I), schräg nach hinten die Darstellungsvariable und nach oben die Häufigkeit des Auftretens der Variablen. Der chaotische Bereich ist mit "Hügelketten" durchzogen. Dies weist auf das Vorkommen von instabilen periodischen Zyklen hin.
a) Ausschnitt für die logistische Funktion: $3{,}4 \leq C \leq 4{,}0$ (XDarstellungsvariable, Abb.3.22).
b) Ausschnitt für das Rotationspendel mit Unwucht: $0{,}41 \leq I \leq 0.43$. Die Berechnung erfolgte mit der Iterations-Modellierung (Darstellungsvariable α_0 ist der Winkel bei der Phase $\varphi_0 = \pi/2$; vergleiche Abb.4.19).

Intermittenz beim Übergang aus einem periodischen Fenster zu Chaos

Eine Möglichkeit des Übergangs ist schon bekannt, nämlich diejenige über ein Bifurkations-Szenario. Sie ist z.B. bei I ≈ 280 mA feststellbar und kommt bei Erniedrigung des Kontrollparameters I vor (Vergrößerung in Abb.3.13) Diese Bifurkationskaskade läuft in der gleichen Richtung ab wie die große Bifurkationskaskade bei höherem Dämpfungsstrom. Das gleiche Verhalten zeigt das Feigenbaum-Diagramm der logistischen Funktion (Abb.3.22.C) oder andere Iterationsabbildungen, für die die Universalität gilt (Abb.3.23).

Anders ist es beim Übergang in die andere Richtung. Läuft man beim Rotationspendel von links nach rechts aus dem Fenster ins Chaos (Erhöhung von I), so scheint der Übergang abrupt zu erfolgen (entsprechend beim Diagramm für die logistische Funktion von rechts nach links). Zumindest vermutet man das bei Betrachtung des Feigenbaum-Diagrammes in Abb.3.13, dort ist kein Bifurkations-Szenario zu erkennen.

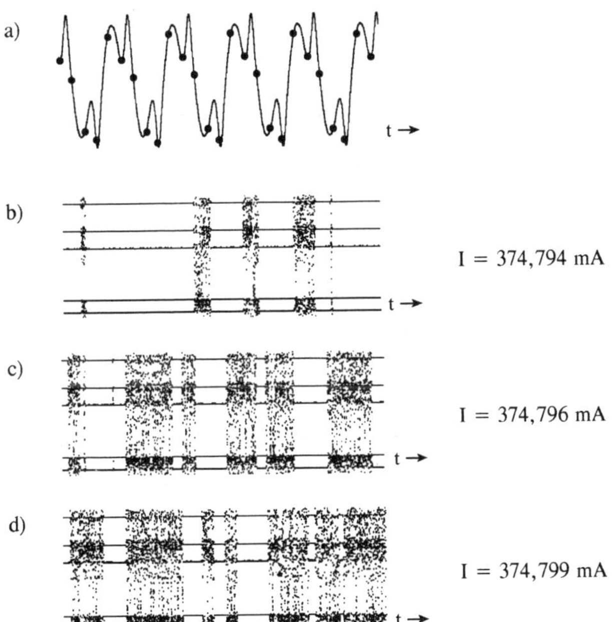

Abb.3.44: *Intermittenz beim Rotationspendel*
a) Schwingungsform des periodischen Vorganges
b)-c) Zur Beobachtung über lange Zeit wird stroboskopisch der momentane Winkel α nur bei der Anregungsphase $\varphi_0 = 0$ dargestellt (entsprechend Punkte in a). So entstehen bei stark komprimierter Zeitskala fünf Linien. Diese Linien sind immer wieder durch chaotisches Verhalten unterbrochen (intermittiert). Das Verhältnis zwischen unregelmäßigem und regelmäßigem Verhalten hängt vom Kontrollparameter I ab (Aufnahmezeit jeweils 8000 T_e).

Doch auch hier deutet sich das Chaos vorher an, schon während des periodischen Vorganges: Für Kontrollparameter, die beim dortigen Übergang liegen, zeigt sich, daß die periodische Schwingung zwar noch weitgehend vorhanden ist, daß sie aber immer wieder durch Unregelmäßigkeiten unterbrochen wird. Die Schwingung verläuft zeitweise periodisch, zeitweise chaotisch (Abb. 3.44).

Es ist sogar eine Abhängigkeit vom Kontrollparameter I festzustellen. Dazu vergleiche man die drei Simulationsreihen in Abb. 3.44, die sich nur geringfügig im Wert des Kontrollparameters I unterscheiden. In (c) ist etwa genausoviel Chaos wie Ordnung vorhanden, während bei (b), also bei kleinerem Kontrollparameter, mehr Ordnung und bei (d), dort ist der Kontrollparameter höher, mehr Chaos feststellbar ist.

Dieses Verhalten ist, wie das Bifurkations-Szenario, typisch für den Übergang von Ordnung zu Chaos und wird als **Intermittenz** (lat.: intermittere "dazwischenlegen") bezeichnet. Damit zeigt sich neben dem Bifurkations-Szenario und dem fraktalen Charakter des seltsamen Attraktors ein drittes typisches Szenario für deterministisches Chaos.

Der Weg über die Intermittenz wurde 1979 von P. Manneville und Y. Pomeau zum ersten Mal am Beispiel des Lorenzschen Wettermodells gefunden [58]. Sie untersuchten das Szenario quantitativ und fanden Zusammenhänge, die universell für viele Klassen von nichtlinearen Systemen gelten. Ähnlich dem Feigenbaum-Szenario gibt es ein weiteres Skalierungsgesetz. 1980 konnte Intermittenz bei der Rayleigh-Bénard-Konvektion experimentell nachgewiesen werden [08].

Ein didaktisch gut geeignetes System stellt ein spezielles Wasserrad dar. Es handelt sich um ein senkrecht stehendes Rad, bei dem am Rand Auffangbehälter drehbar befestigt sind. In einem kleinen Bereich werden die Behälter beregnet. Durch kleine Öffnungen verliert jeder Behälter wieder die Flüssigkeit. Je nach Stärke von Zu- und Abfluß stellen sich verschiedene Drehvorgänge ein. Dieses Experiment entspricht dem Lorenz-System, da es auf die gleichen Differentialgleichungen zurückgeführt werden kann. Hier kann in einem eindrucksvollen Experiment die Intermittenz direkt beobachtet werden. Eine ausführliche Bearbeitung ist z.B. in [10] durchgeführt.
Ein weiteres Beispiel, bei dem das Intermittenz-Szenario deutlich wird, ist das angetriebene Pendel. Als Kontrollparameter eignet sich dabei das Antriebsdrehmoment [59].

4. Iterations-Modellierung des physikalischen Systems

Ziel dieses Kapitels ist es, das Verhalten des Experimentes weiter zu analysieren und schließlich Iterationsfunktionen zu finden, die dieses Verhalten beschreiben. Damit soll die Lücke zwischen "einfacher" mathematischer Iteration einerseits und "kompliziertem" physikalischen System andererseits geschlossen werden. Die Beschreibung des physikalischen Systems durch Iterationsfunktionen hat den praktischen Nutzen, daß damit ein komplexes Verhalten mit unterschiedlichsten Einflüssen auf eine relativ einfache und kompakte Weise dargestellt wird. Es wird aufgezeigt, wie man durch die Analyse des physikalischen Systems praktisch zu einer Modellierung kommt. Dabei wird darauf geachtet, daß die einzelnen Schritte auch plausibel gemacht werden. Das bekannte Hénon-System wird als relativ einfaches Vergleichssystem verwendet. Die Notwendigkeit für ein zweidimensionales Iterationssystem soll verdeutlicht werden.

In 3.3 zeigte sich eine verblüffende Parallelität des physikalischen Systems Rotationspendel zum Iterationssystem der logistischen Funktion. Die Parallelität bestand im Verhalten bezüglich des Bifurkations-Szenarios. Deutlich wird aber auch der Unterschied in der Rückabbildung; diese zeigt beim physikalischen System Details, die in der logistischen Funktion nicht vorhanden sind - es existieren Seitenäste (siehe Abb.3.28). Die Behandlung des seltsamen Attraktors führte zu Bildern, die ebenfalls solche gefalteten Seitenäste zeigen (vgl. Abb.3.32.e und Abb.3.30).

Der maßgebliche Unterschied zwischen der logistischen Funktion und dem physikalischen System Rotationspendel besteht in der Anzahl der Variablen. Die logistische Funktion basiert auf nur einer Variablen x. Beim Rotationspendel sind aber mit dem Winkel α, der Winkelgeschwindigkeit v_α und der Anregungsphase φ_0 drei Variable vorhanden. Diese drei Variablen sind alle zur Beschreibung des momentanen Zustandes notwendig und auch hinreichend. Entsprechend ist der Zustandsraum dreidimensional, das Aussehen ist in Abb.3.16 deutlich gemacht worden. Um überhaupt chaotisches Verhalten bei deterministischen Systemen beobachten zu können, sind mindestens drei freie Variablen nötig. Diese Bedingung sei hier nur erwähnt, in Kapitel 7.1 wird eine genauere Begründung gegeben.

Die Einführung des Poincaré-Schnittes hat die Möglichkeit gegeben, nur zwei Dimensionen des Systems zu betrachten. Zum Beispiel Winkel und Winkelgeschwindigkeit bei einer ganz bestimmten Anregungsphase φ_0. Somit hat man eine Punktmenge in zwei Dimensionen. Diese Punktmenge ist im periodischen Fall ein Punktattraktor (das können auch mehrere Punkte sein), im chaotischen Fall der seltsame Attraktor. Auch hier kann man sich eine Iteration vorstellen, im Gegensatz zur eindimensionalen Rückabbildung aber in zwei Dimensionen: Der Punkt $(\alpha_n, v_{\alpha n})$ ist bestimmt durch den Punkt $(\alpha_a, v_{\alpha a})$, der die Situation eine Anregungsperiode vorher beschrieb. Der Index a bedeutet "alt" der Index n "neu".

Die Frage nach einer Iterationsabbildung stellt sich jetzt in folgender Weise: Falls eine mathematische Iteration als Modell für das Verhalten eines physikalischen Systems möglich ist, dann muß es zwei Iterationsfunktionen geben: Die eine f_α, die den jeweils neuen Winkel gibt, und eine zweite $f_{v\alpha}$, für die neue Winkelgeschwindigkeit.

$$\alpha_n = f_\alpha(\alpha_a, v_{\alpha a}) \qquad \textbf{(GL 4.1)}$$

$$v_{\alpha n} = f_{v\alpha}(\alpha_a, v_{\alpha a}) \qquad \textbf{(GL 4.2)}$$

Bevor diese Funktionen gesucht werden, soll ähnlich wie beim Vergleich mit der logistischen Funktion eine Iterationsfunktion in zwei Dimensionen behandelt werden, die Hénon-Abbildung.

4.1 Das Hénon-Iterationssystem

Eine der ersten zweidimensionalen Iterationssysteme wurde 1976 von M. Hénon [39] vorgestellt. Zur Iterationsabbildung schlug er folgende Funktionen vor:

$$x_n = f_x(x_a, y_a) = 1 - a \cdot x_a{}^2 + y_a \qquad \textbf{(GL 4.3)}$$

$$y_n = f_y(x_a, y_a) = b \cdot x_a \qquad \textbf{(GL 4.4)}$$

Die Verknüpfung der beiden Variablen (f_x enthält y und f_y enthält x) ist linear. Die Nichtlinearität besteht aus dem Term $-a \cdot x^2$ in f_x, a ist der bestimmende Parameter. Der zweite Parameter b wird kleiner als eins gewählt und kann als Maß für die Kontraktion betrachtet werden.

Der seltsame Attraktor der Hénon-Iteration

Abhängig vom Startpunkt (x_0, y_0) und den Parametern a und b ergeben sich verschiedene Strukturen. Zuerst soll a = 1,4 und b = 0,3 gewählt werden, das sind die Werte der Originalarbeit von Hénon [39]. Als Struktur ergibt sich ein Bogenmuster, welches Selbstähnlichkeit zeigt (Abb.4.1). Diese Selbstähnlichkeit ist typisch für einen seltsamen Attraktor (vgl. auch 3.4.3, z.B. Abb.3.37).

Auch für andere Parameter ergibt sich ein seltsamer Attraktor, in Abb.4.2 z.B. für a = 1,2; b = 0,3.

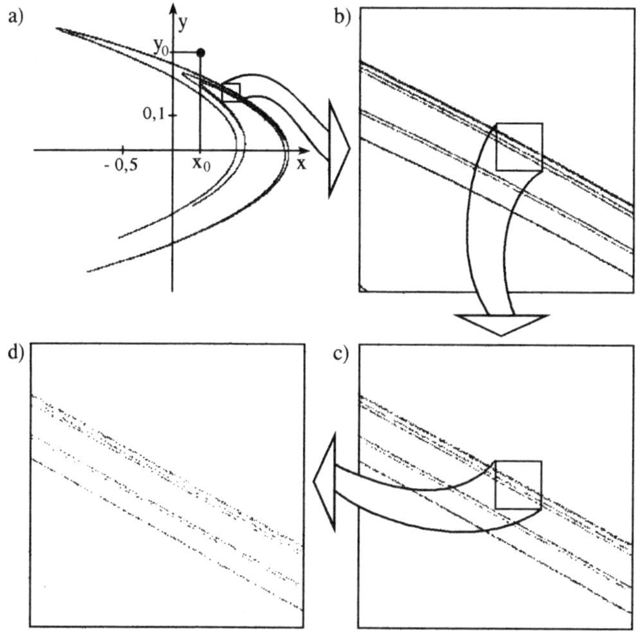

Abb.4.1: *Der Hénon-Attraktor mit $a = 1,4$ und $b = 0,3$*

a) Der vollständige Attraktor, die Iteration wurde bei $x_0 = y_0 = 0,3$ gestartet. Dargestellt sind etwa 10 000 Iterationen. (Programm HENON; Anhang II).

b) Die Vergrößerung eines Teils des Attraktors zeigt eine streifenförmige Substruktur.

c)-d) Weitere Vergrößerungen verdeutlichen die Selbstähnlichkeit. Aus jeweils drei Streifen werden sechs Streifen.

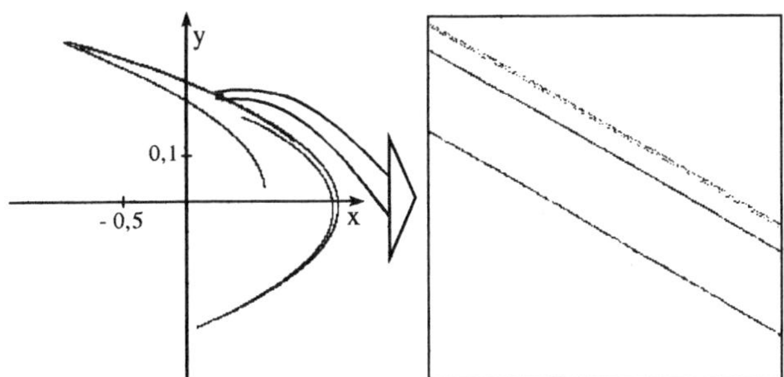

Abb.4.2: *Der Hénon-Attraktor für $a = 1,2$ und $b = 0,3$*

Wieder erscheinen bei Vergrößerung Substrukturen, diesmal aber mit weniger Struktur.

Der Attraktor entsteht durch Faltung

Ähnlich wie bei den Attraktoren des Rotationspendels mit Unwucht sind Faltungen zu erkennen (vgl. 3.4.3). Allerdings handelt es sich nicht um ein kontinuierliches System, dementsprechend kann die Faltung nur als schrittweise Transformation eines Teiles der x-y-Ebene auf sich selbst beobachtet werden. Um diese Transformation zu verdeutlichen, wird wieder von einer Ellipse in der x-y-Ebene ausgegangen, die nach der ersten Transformation eine sichelförmige Gestalt erhält (Abb.4.3).

Wieder ist das Auseinanderziehen und Zusammenklappen zu erahnen. Aus dieser Sichel wird bei der zweiten Transformation schon die Grundform des Hénon-Attraktors deutlich. Schritt für Schritt kommen weitere Faltungen zustande, die Punkte der Ellipse werden verwischt. Mit einem Computerprogramm hat man die Möglichkeit, die Anfangsellipse in vier verschieden gefärbten Teilen darzustellen. Schritt für Schritt sieht man so die Verzerrung und Vermischung (Programm HENON, Anhang II).

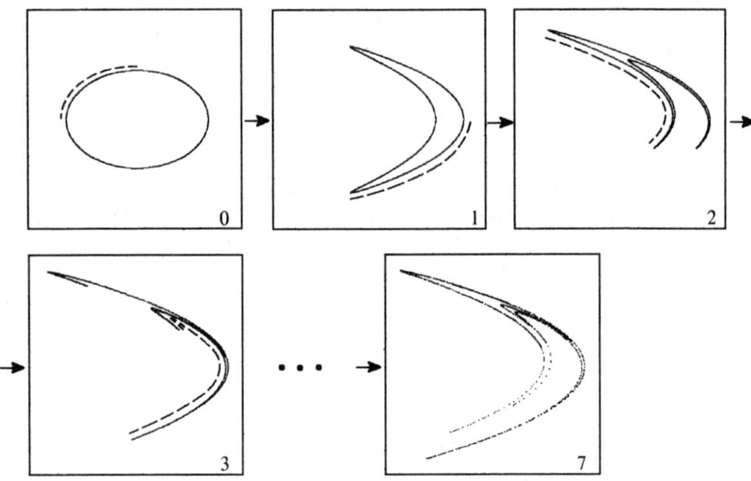

Abb.4.3: *Darstellung der Entwicklung des Hénon-Attraktors*
Ausgegangen wird von 800 Startpunkten, die auf einer Ellipse angeordnet sind (0). Die gestrichelte Linie markiert einen Teil davon (Am Monitor sind vier Teile verschieden gefärbt). Nach dem ersten Iterationsschritt entsteht eine Sichel (1). Nach dem zweiten Schritt erkennt man das "Einfalten". Das markierte Stück ist auseinandergezogen. Bei der nächsten Faltung wird es mitgefaltet (3). Nach dem 7. Schritt sind die Punkte durcheinandergemischt, die Blätter der Transformation liegen dicht aneinander (keine Markierung möglich). Auf dem Monitor erscheint das Bild bunt gepunktet.

Die Transformation ist bei der Darstellung am Monitor durch die Verwendung von Farbmarkierung sehr eindrucksvoll zu erkennen. Dies ermöglicht auch die detaillierte Diskussion der Transformation. Weiter kann die Transformation auch theoretisch vertieft werden, z.B. durch die Berechnung der Jacobi-Determinante und deren Bedeutung als Maß für die Flächenkontraktion (siehe z.B. [39,p.343] und [75,p.108]). Weitere Arbeiten durch Behandlung anderer Iterationsfunktionen bieten sich ebenfalls an.

Abb.4.4: *Schematische Darstellung der Streckung und Faltung beim Hénon-Attraktor*

Das Bifurkations-Szenario bei der Hénon-Iteration

Der Parameter a in GL 4.3 kann als Kontrollparameter interpretiert werden. Wird er verkleinert, so ergibt sich für den Attraktor zuerst eine einfachere Form, und ab einem bestimmten Wert teilt sich der Attraktor. Bei noch kleinerem a geht er über in einen Punktattraktor mit 4 Punkten, dann erscheinen zwei Punkte und schließlich nur noch ein einziger (Abb.4.5). Dies erinnert wieder an das **Bifurkations-Szenario**.

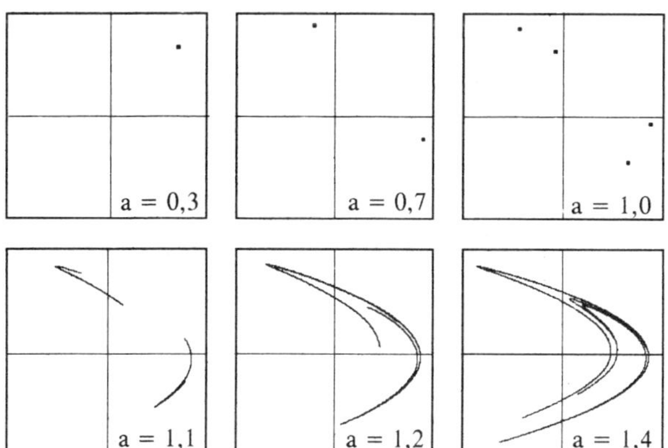

Abb.4.5: *Das Bifurkations-Szenario bei der Hénon-Iteration in Abhängigkeit vom Kontrollparameter a (b = 0,3)*

Wählt man eine der Variablen als Darstellungsvariable und ändert a als Kontrollparameter kontinuierlich, so erhält man ein **Feigenbaum-Szenario** (Abb.4.6, Berechnung mit Programm ITER, siehe Anhang II).

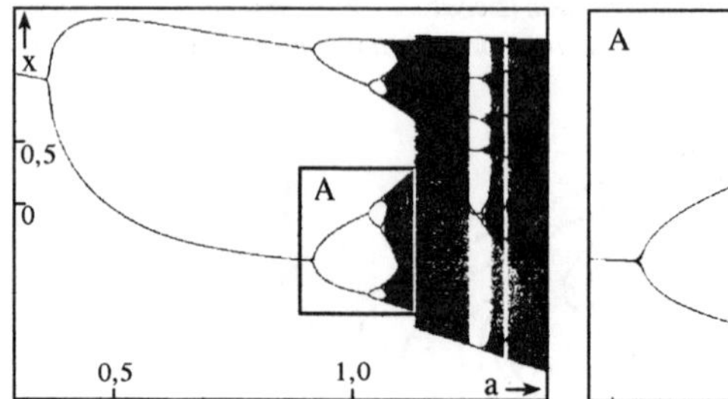

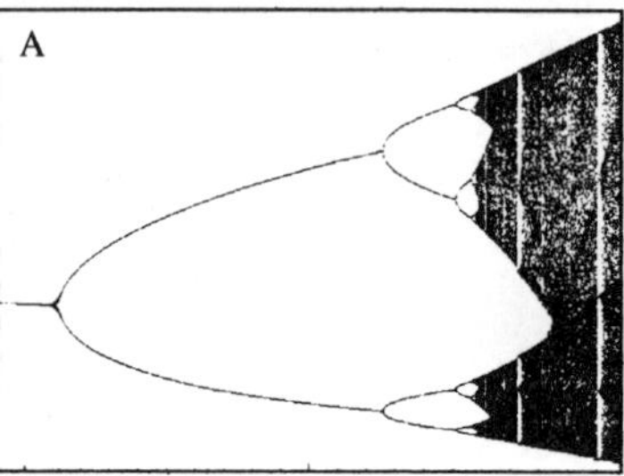

Abb.4.6: *Feigenbaum-Diagramm des Hénon-Iterationssystems*
Dargestellt ist die Variable x in Abhängigkeit des Kontrollparameters a (b = 0,3). Auch bei dieser zweidimensionalen Iteration ist das Bifurkations-Szenario nach Feigenbaum vorhanden. Dies wird bei der Vergrößerung des unteren Astes (A) ersichtlich, es ist bis auf eine lineare Transformation identisch mit dem entsprechenden Diagramm der logistischen Funktion (Abb.3.23).

Auch die für das Feigenbaum-Szenario typische Universalität zeigt sich. Dabei sind wie in 3.3 die ersten Bifurkationen nicht berücksichtigt, die Vergrößerung eines Astes zeigt die Ähnlichkeit mit dem Szenario der logistischen Funktion (Abb.4.6 rechts). Das Szenario ist auch für den Parameter y zu erwarten, ist es doch bis auf den Faktor b proportional zu x und eilt jeweils nur um einen Iterationsschritt hinterher.

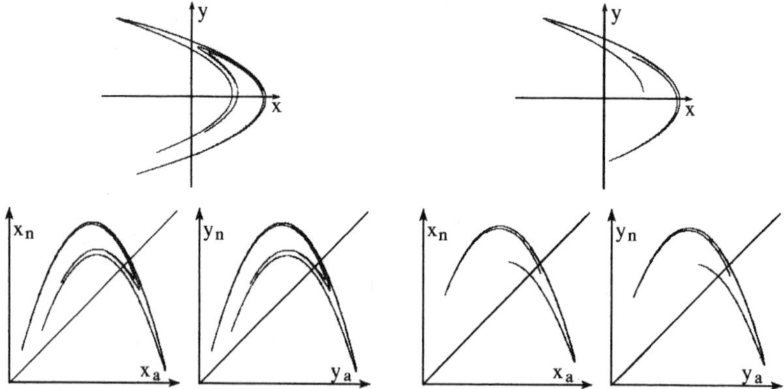

Abb.4.7: *Die Rückabbildungen $x_n(x_a)$ und $y_n(y_a)$ (jeweils die beiden unteren Bilder) bei der Hénon-Iteration sind bis auf Skalierung identisch (zwei Beispiele: links a = 1,4; b = 0,3; rechts a = 1,2; b = 0,3). Bis auf Drehung, Spiegelung und Skalierung sind sie auch mit dem jeweiligen Attraktor (jeweils oberes Bild) identisch .*

Die gleiche Form zeigt sich auch in der **Rückabbildung**. Trägt man $x_n(x_a)$ bzw. $y_n(y_a)$ auf, so erkennt man das quadratische Maximum und den ähnlichen fraktalen Charakter wie beim seltsamen Attraktor (Abb.4.7). Bis auf Drehung, Spiegelung und Vergrößerung sind sowohl der Attraktor als auch die beiden Rückabbildungen identisch. Das quadratische Maximum erfüllt die Bedingung für das universelle Verhalten des Bifurkations-Szenarios.

Allerdings treten auch hier, wie schon bei der Rückabbildung des physikalischen Systems (Kap. 3.3.2, Abb.3.30), Überschneidungen auf. Das bedeutet eine scheinbare Verletzung der Eindeutigkeit. Diese Verletzung gilt aber nur, wenn jede Rückabbildung einzeln betrachtet wird. Hier liegt aber eine Verknüpfung vor, d.h. die Eindeutigkeit wird jeweils von der anderen Variable festgelegt. Dazu wäre es nötig, die vektorielle Rückabbildung $(x_n,y_n) = f(x_a,y_a)$ zu betrachten. Das ist aber die Abbildung eines zweidimensionalen Raumes in einen zweidimensionalen Raum und zeichnerisch nicht darstellbar. Doch die Abbildung ist gerade die Iterationsvorschrift durch GL 4.3 und GL 4.4, und diese sind eindeutig.

4.2 Iterationsfunktionen für das Rotationspendel mit Unwucht

Ziel des Kapitels ist es, Iterationsfunktionen zu finden, die das Verhalten des Rotationspendels mit Unwucht jeweils zu einer vorgegebenen Anregungsphase φ_0 beschreiben. Es soll also nicht der kontinuierliche Verlauf des Pendels, sondern nur das punktuelle Verhalten im Sinne eines Poincaré-Schnittes mathematisch modelliert werden. Das Bifurkations-Szenario war deutlich für die Schwingung des Pendels in einer Potentialmulde (ohne Überschwingen) erkennbar. Deshalb werden im folgenden Iterationsfunktionen gesucht, die für diesen Winkelbereich gelten. Bei den üblichen Parametern für Trägheitsmoment, Unwuchtmasse, Anregungsperiode usw. (siehe 3.1.3) wird somit der Bereich für den Kontrollparameter I, dem Strom durch die Wirbelstromspulen, auf Werte größer 410 mA eingeschränkt.

Die Aufgabe besteht jetzt darin, ein Funktionenpaar f_α und $f_{v\alpha}$ zu finden, welches von einem Winkel α_a und einer Winkelgeschwindigkeit $v_{\alpha a}$ ausgehend, die Situation $\alpha_n, v_{\alpha n}$ nach einer Anregungsperiode beschreibt:

$$\alpha_n = f_\alpha(\alpha_a, v_{\alpha a}) \qquad \textbf{(GL 4.5)}$$

$$v_{\alpha n} = f_{v\alpha}(\alpha_a, v_{\alpha a}) \qquad \textbf{(GL 4.6)}$$

Ohne Einschränkung der Allgemeinheit wird als Anregungsphase $\varphi_0 = \pi/2$ gewählt, das entspricht nach der Differentialgleichung GL 3.11 gerade dem Maximalausschlag der Anregung.

Intuitiver Ansatz für die Iterationsfunktion

Vergleicht man zwei Attraktoren des Hénon-Systems und des Pendels für jeweils ein Beispiel aus dem chaotischen Regime, so glaubt man sich schon fast am Ziel. Die Kurven zeigen prinzipiell sehr ähnliche Form. Eine Spiegelung des Hénon-Attraktors an der x-Achse ($y \to -y$) schon vorweggenommen, liegt der Unterschied nur noch am Seitenast. Beim

Hénon-System ist er nach innen, beim Pendel nach außen abgespreizt (Abb.4.8). Diese Ähnlichkeit legt nahe, vom Hénon-System auszugehen, und dieses solange zu verändern, bis der Attraktor dem physikalischen Systems angenähert ist.

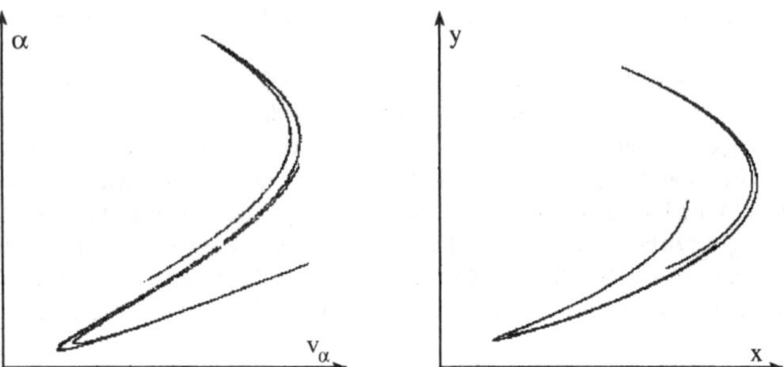

Abb.4.8: *Vergleich eines Attraktors des Rotationspendels mit Unwucht (links; I = 410 mA, $\varphi_0 = \pi/2$; berechnet mit ROPE-ATT) und des Hénon-Attraktors (rechts; a = 1,2; b = 0,3; er wurde an der x-Achse gespiegelt): Die Kurven unterscheiden sich nur noch am Seitenast, beim physikalischen System ist er nach außen, beim Hénon-System nach innen abgespreizt.*

Die Hénon-Funktionen waren (GL 4.3 und GL 4.4)

$$x_n = f_x(x_a, y_a) = 1 - a \cdot x_a^2 + y_a \qquad\qquad y_n = f_y(x_a, y_a) = b \cdot x_a$$

Der Unterschied zeigt sich in der Vertikalen, deshalb wird als erster Versuch in f_x ein Faktor c bei y_n eingeführt. Weiter wird auch bei f_y ein linearer Term dy_n hinzugeführt. Damit erhält man:

$$x_n = f_x(x_a, y_a) = 1 - a \cdot x_a^2 + c \cdot y_a \qquad \textbf{(GL 4.7)}$$

$$y_n = f_y(x_a, y_a) = b \cdot x_a + d \cdot y_a \qquad \textbf{(GL 4.8)}$$

Jetzt können durch Probieren die Parameter a, b, c und d so verändert werden, bis ein Attraktor gefunden wird, der dem des Rotationspendels entspricht.

Diese Methode des Suchens über Versuch und Irrtum ist sicher nicht sehr elegant. Sie ist aber realistisch, da eine Lösung schon nahezuliegen scheint. Sie ist auch typisch für die Situation, in der vorläufig keine weiteren Hilfen vorhanden sind. Dazu ist natürlich eine Eigenbeschäftigung des Studenten notwendig, er führt die Suche interaktiv (Dialogverkehr zwischen Benutzer und Computer) am Computer durch.

Eine Möglichkeit, dem seltsamen Attraktor des Rotationspendels nahezukommen, zeigt Abb.4.9. Alle Charakteristika sind jetzt vorhanden: die Bogenform, bei der der obere Ast kürzer ist als der untere; die Seitenäste nach außen und nach innen und auch weitere Faltungen, die eng am Hauptbogen liegen. Ein Unterschied liegt noch im Wertebereich für x und y. Doch dies läßt sich durch lineare Koordinatentransformation noch angleichen.

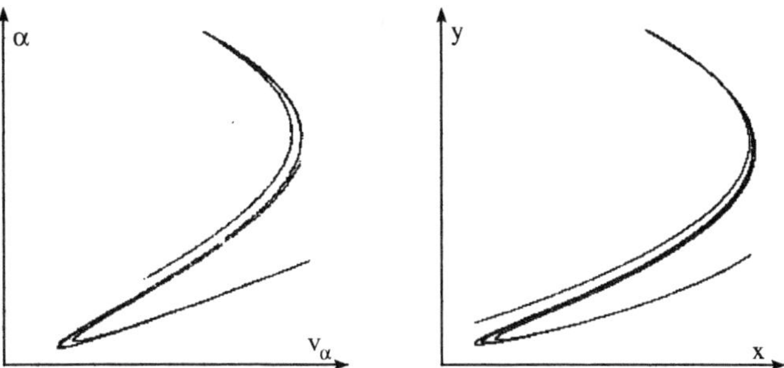

Abb.4.9: *Der seltsame Attraktor nach Iteration mit den Funktionen (rechts)*

$$x_n = -1.87 \cdot x_a^2 + 1 + 0.65 \cdot y_a \qquad y_n = -0.30 \cdot x_a - 0.15 \cdot y_a.$$

Er ähnelt sehr gut dem Attraktor des realen Systems (links).

Die Iterationsfunktionen wurden durch Vergleichen und Probieren gefunden und sollen das vorgegebene physikalische System modellieren. Dieses Modell muß sich natürlich auch in anderer Weise bewähren, es muß die Qualität geprüft werden. Dazu können z.B. die Rückabbildungen $x_n(x_a)$ und $y_n(y_a)$ herangezogen werden, sie müssen den Diagrammen $v_{\alpha n}(v_{\alpha a})$ und $\alpha_n(\alpha_a)$ entsprechen. Es zeigt sich eine Übereinstimmung in $y_n(y_a)$ und $\alpha_n(\alpha_a)$, aber verschiedene Bilder in $x_n(x_a)$ und $v_{\alpha n}(v_{\alpha a})$ (Abb.4.10).

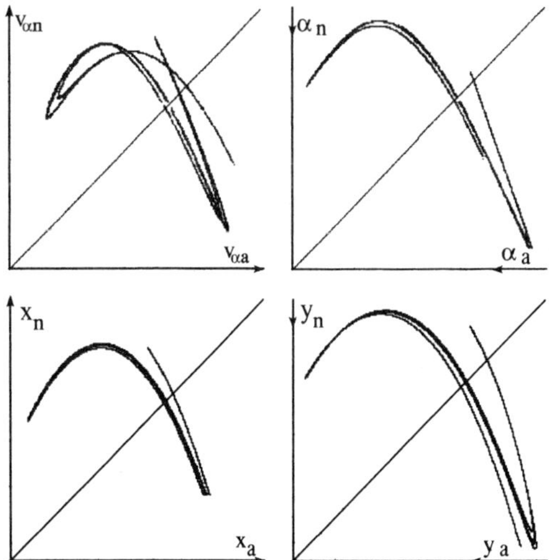

Abb.4.10: *Vergleich der Rückabbildungen vom Rotationspendel mit Unwucht (oben, aus der Simulation bei I = 410 mA gewonnen) und dem Iterationssystem, wie in Abb.4.9 beschrieben (unten). $\alpha_n(\alpha_a)$ und $y_n(y_a)$ stimmen qualitativ überein, $v_{\alpha n}(v_{\alpha a})$ und $x_n(x_a)$ sind unterschiedlich, die mathematische Modellierung ist nicht gut genug.*

Die Modellierung mit den Funktionen GL 4.7 und GL 4.8 entspricht also nicht dem Verhalten des Pendels. Die einfache, intuitive Lösungsmethode durch Probieren hat nicht das erwartete Ergebnis gebracht. Sicher wäre es eine Möglichkeit, die Gleichungen zu erweitern, indem man z.B. auch die quadratischen Glieder für y und die gemischten Glieder xy berücksichtigt. Doch dann wären insgesamt acht Parameter zu variieren, um eine Annäherung zu finden. Außerdem ist damit wieder nicht gesichert, daß ein identischer Attraktor auch das zeitliche Verhalten des Systems beschreibt.

Die oben beschriebene Methode zum Auffinden der Iterationsfunktionen über Versuch und Irrtum ist trotz (und wegen) des schlechten Resultats dargelegt. Dem Lernenden wird vorgeführt, daß es außerordentlich wichtig ist, ein mathematisches Modell auch zu kontrollieren.

Aus dem Systemverhalten gewonnener Ansatz für die Iterationsfunktionen

Der nächste Ansatz soll vom physikalischen System ausgehen. Die Iterationsgleichungen stellen eine Abhängigkeit zwischen zwei definierten Zeitpunkten dar, sie geben für jede Möglichkeit ($\alpha_a, v_{\alpha a}$) ein neues Wertepaar. Am Experiment könnte man jetzt alle Möglichkeiten für α_a und $v_{\alpha a}$ jeweils bei φ_0 starten und genau eine Periode lang laufen lassen. Dann mißt man die Endsituation ($\alpha_n, v_{\alpha n}$). Aus all diesen Messungen ergeben sich dann die gesuchten Zusammenhänge. Experimentell wäre dies natürlich außerordentlich mühsam, aber mit Hilfe der Computersimulation ist dies ohne große Mühe zu bewerkstelligen. Nachdem die Funktionen von zwei Variablen α und v_α abhängig sind, wählt man eine davon jeweils als Parameter, der schrittweise geändert wird. So erhält man je eine Kurvenschar, die die gesuchten Zusammenhänge darstellt. Nach dieser Methode aufgenommene Kurven sind in Abb.4.11 für den Kontrollparameter I = 410 mA dargestellt.

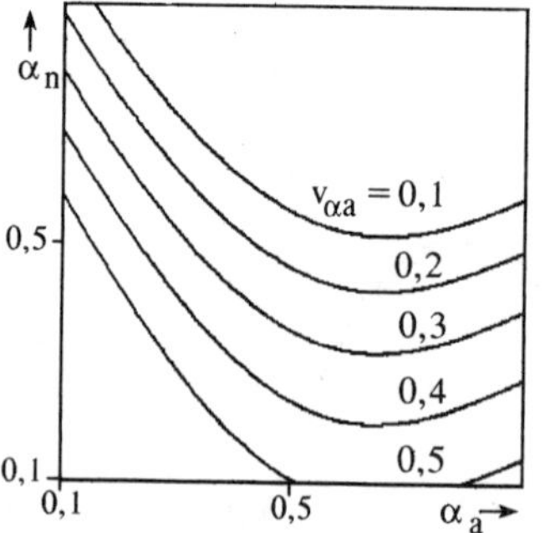

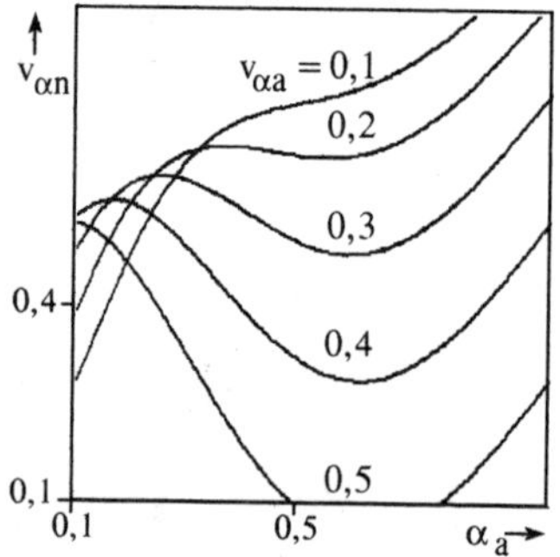

Abb.4.11: *Abhängigkeit zwischen den Startpunkten ($\alpha_a, v_{\alpha a}$) bei $\varphi_0 = \pi/2$ und den Zielpunkten ($\alpha_n, v_{\alpha n}$) nach genau einer Anregungsperiode. Die Kurven wurden aus der Computersimulation gewonnen (I = 410 mA) und entsprechen so den gesuchten Abbildungsfunktionen $f_\alpha(\alpha_a, v_{\alpha a})$ und $f_{v\alpha}(\alpha_a, v_{\alpha a})$.*

Die Kurven zeigen den Zusammenhang $f_\alpha(\alpha_a)$ und $f_{v\alpha}(\alpha_a)$, die Veränderung zwischen den Kurven den Einfluß von $v_{\alpha a}$. Die Aufgabe reduziert sich jetzt auf die mathematische Formulierung dieser empirisch gefundenen Zusammenhänge.

Die Schar $f_\alpha(\alpha_a, v_{\alpha a})$ (Abb.4.11 links) ähnelt einer Schar näherungsweise äquidistant verlaufender Parabeln:

$$f_\alpha(\alpha_a, v_{\alpha a}) = a \cdot (\alpha_a - b)^2 + c + d \cdot v_{\alpha a} \qquad \textbf{(GL 4.9)}$$

Über die Lage und Werte bei den Minima lassen sich b, c und d bestimmen, die Öffnung a der Parabel ergibt sich aus einem zusätzlichen Wertepaar. So ergeben sich für I = 410 mA als Parameter a = 1,5; b = 0,72; c = 0,65 und d = -1,1.

Die Kurvenschar der Simulation und die durch GL 4.9 gegebenen stimmen nicht vollständig, aber doch ausreichend gut überein (Abb.4.12). Dies ist prinzipiell der gleiche Ansatz wie beim intuitiven Ansatz in GL4.7.

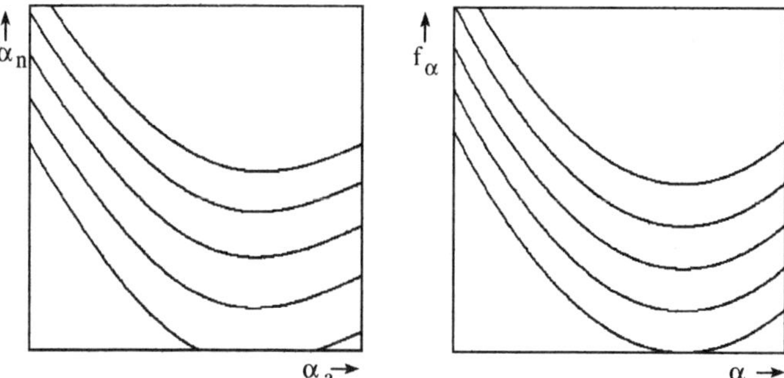

***Abb.4.12:** Vergleich der Iterationsfunktionenschar nach GL4.9 (a = 1,5; b = 0,72; c = 0,65; d = - 1,1; rechts) mit der entsprechenden Kurvenschar, die aus der Simulation gewonnen wurde (links).*

Anders ist es bei den Kurven $f_{v\alpha}(\alpha_a, v_{\alpha a})$: der lineare Ansatz von GL 4.8 ist sicher nicht zutreffend. Die Kurven haben je ein Maximum und ein Minimum, wobei die Minima alle etwa beim gleichen α_a-Wert liegen. Als Gleichung kommt eine rationale Funktion dritten Grades in Betracht. Allerdings sind die Minima breiter als die Maxima, und dies ist nicht mit einer Funktion dritten Grades zu erreichen, es muß eine Funktion höheren Grades gewählt werden.

Um eine aufwendige Analyse der Kurvenschar zu umgehen, wird wieder interaktiv die Angleichung vorgenommen. Dabei erweist sich folgende Funktion als gute Annäherung:

$$f_{v\alpha}(\alpha_a, v_{\alpha a}) = A \cdot (\alpha_a - B)^2 + C + D \cdot v_{\alpha a} + E \cdot (\alpha_n - F)^3 \qquad \textbf{(GL 4.10)}$$

Man beachte, daß im kubischen Glied das Ergebnis $\alpha_n = f_\alpha(\alpha_a, v_{\alpha a})$ verwendet wird, d.h. $f_{v\alpha}$ ist vom sechsten Grad in α und vom dritten Grad in v_α.

Die iterative Suche nach GL 4.10 ist auch mühevoll und zeitraubend, somit für eine selbständige Arbeit durch Studenten sicher nur eingeschränkt geeignet. Sie ist aber schneller zu erreichen als über analytische Methoden durch den Ansatz von hochgradigen Polynomen und der Parametersuche über Extrema und Wertepaare. Eine Alternative wäre vielleicht, algebraisch orientierte Programme wie "Mathematica" zu nutzen.

Für die Werte für A,B,C,D,E und F ergeben sich durch iterativen Angleich:

$A = 1{,}51 \quad B = 0{,}6 \quad C = 0{,}65 \quad D = -1{,}01 \quad E = -2 \quad F = 0{,}3$

Jetzt stimmen nicht nur die Attraktoren, sondern auch beide Rückabbildungen überein, die Modellierung ist sicher besser als die durch Versuch und Irrtum gefundene (Abb.4.14).

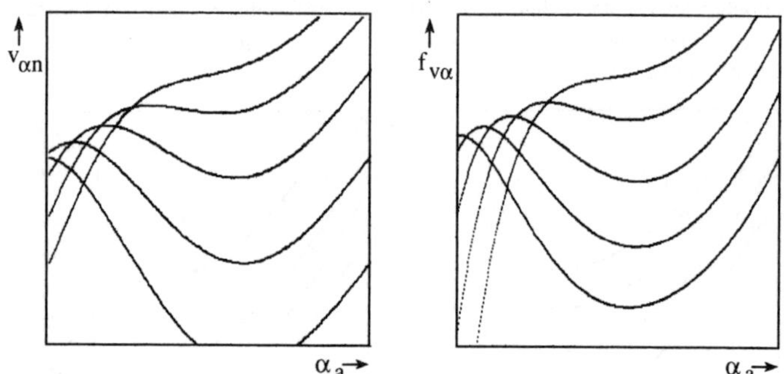

Abb.4.13: *Vergleich der Iterationsfunktionenschar nach GL 4.10 (rechtes Bild) (A = 1,51; B = 0,6; C = 0,65; D = -1,01; E = -2; F = 0,3; rechtes Bild) mit der entsprechenden Kurvenschar, die aus der Simulation gewonnen wurde (links)*

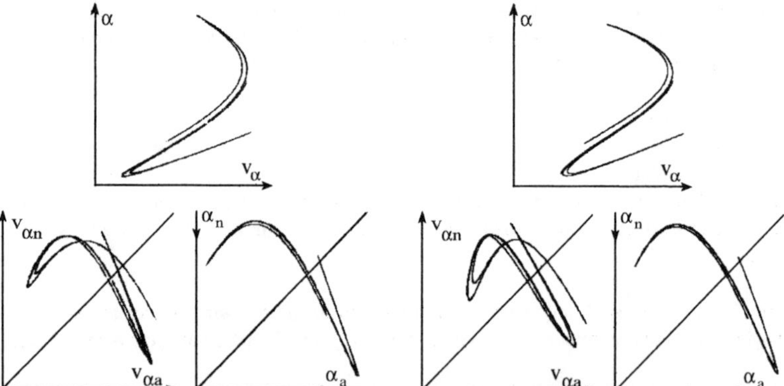

Abb.4.14: *Vergleich von Attraktoren und Rückabbildungen des physikalischen Systems (linke Bildgruppe; aus Simulation bei I = 410 mA) und der Iterationsmodellierung (rechte Bildgruppe; Funktionen und Parameter siehe Text). Alle entsprechenden Diagramme stimmen in den Charakteristika überein.*

Bisher wurden für einen bestimmten Dämpfungsstrom I = 410 mA die Parameter a...d und A...F gefunden. Nun müssen diese Parameter noch für andere Stromwerte angegeben werden.

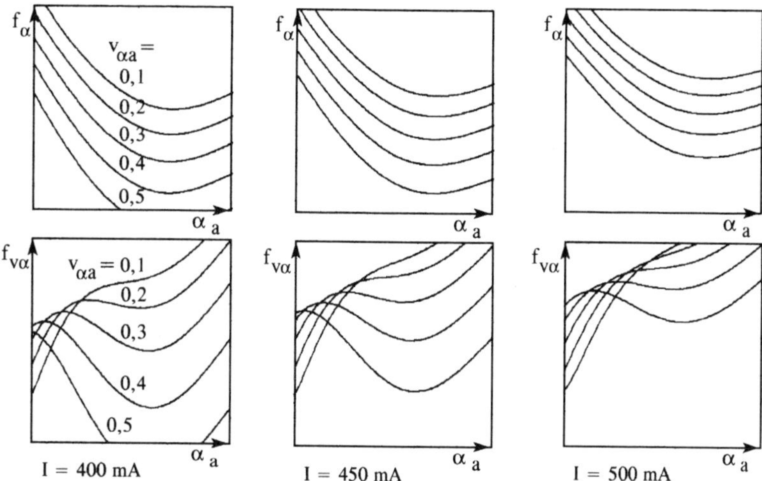

Abb.4.15: *Abhängigkeiten $f_\alpha(\alpha_a, v_{\alpha a})$ (oben) und $f_{v\alpha}(\alpha_a, v_{\alpha a})$ (unten) für das Rotationspendel mit Unwucht bei verschiedenen Dämpfungsströmen I. Die Kurvenschare wurden mit der Computersimulation gewonnen.*

Dazu werden zuerst die realen Abbildungsfunktionen für verschiedene Werte von I aus der Simulation bestimmt (Abb.4.15). Für diese Kurvenschare lassen sich iterativ wieder Parameter a...d und A...F finden, sodaß sie durch die rationalen Funktionen GL 4.9 und GL 4.10 in guter Näherung mathematisch beschrieben werden. Es gelingt sogar, die Parameter

$$f_\alpha(\alpha_a, v_{\alpha a}) = a \cdot (\alpha_a - b)^2 + c + d \cdot v_{\alpha a}$$

$$f_{v\alpha}(\alpha_a, v_{\alpha a}) = A \cdot (\alpha_a - B)^2 + C + D \cdot v_{\alpha a} + E \cdot (\alpha_n - F)^3$$

a= 1,50	A= 5,20 - 9,00 · I
b= 0,72	B= 0,60
c= 0,65	C= 0,28 + 0,90 · I
d= - 2,59 + 3,64 · I	D= - 2,86 + 4,50 · I
	E= - 2,00
	F= 0,30

Abb.4.16: *Die Iterationsfunktionen f_α und $f_{v\alpha}$ und zugehörigen Parameter, die das Verhalten des Rotationspendels im Abstand einer Anregungsperiode T_e bei der Anregungsphase $\varphi_0 = \pi/2$ beschreiben. Kontrollparameter ist, wie im Experiment und der Simulation, der Dämpfungsstrom I.*

in Abhängigkeit eines einzigen Parameters auszudrücken, der dem Dämpfungsstrom I entspricht. In Abb.4.16 sind die Ergebnisse zusammengestellt, Abb.4.17 zeigt die Kurvenschare für die entsprechenden Iterationsfunktionen.

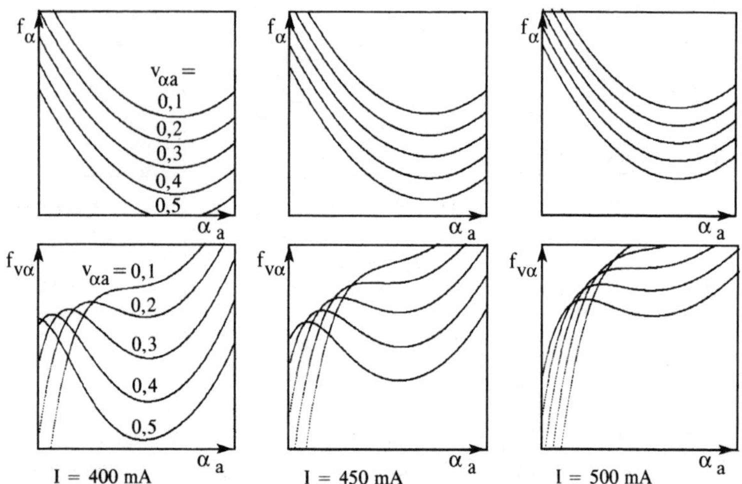

Abb.4.17: *Die Iterationsfunktionen $f_\alpha(\alpha_a, v_{\alpha a})$ (oben) und $f_{v\alpha}(\alpha_a, v_{\alpha a})$ (unten) nach Abb.4.16: Im Vergleich mit Abb.4.15 zeigt sich die gute Näherung zu den Abhängigkeiten des Rotationspendels mit Unwucht.*

Der Vergleich der Abhängigkeiten des Rotationspendels (Abb.4.15) mit den gefundenen Iterationsfunktionen (Abb.4.17) zeigt, daß die mathematische Modellierung geglückt ist.

Kontrolle der Iterationsmodellierung

Um das Ergebnis zu kontrollieren, werden die jeweiligen Bifurkations-Szenarien verglichen. Zu erwarten ist dabei, daß die **Attraktoren und Rückabbildungen** bei den entsprechenden Kontrollparametern übereinstimmen. Weiter müssen noch die **Feigenbaum-Diagramme** weitgehend identisch sein. Die Vergleiche sind in Abb.4.18 und 4.19 dargestellt.

Analog zum Hénon-System kann mit der Iterations-Näherung auch die **Entwicklung des Attraktors** untersucht werden (vergleiche Abb.4.3). Dazu startet man von vielen Punkten, die auf einem Kreis liegen und beobachtet Iterationsschritt für Iterationsschritt die Veränderung (Abb.4.20). Deutlich wird wieder das Strecken, das Falten und das daraus resultierende Mischen (Bäcker-Transformation) des seltsamen Attraktors (a). Zum Vergleich zeigt die Entwicklung bei einem hohem Wert für I schnelle Konvergenz auf einen Punkt hin. Dort liegt ein Punktattraktor vor, die entsprechende Bahn ist streng periodisch. Die entsprechenden Sequenzen sind in 3.4.3 schon durch die Simulation gezeigt worden (Abb.3.34 und 3.33).

Allerdings unterscheiden sich die Formen der seltsamen Attraktoren, da dort die Berechnungen bei der Anregungsphase φ_0 gemacht wurden. Der große Vorteil des Iterationssystems liegt in viel kürzeren Rechenzeiten, das System ist nicht mit kleinem Zeitschritt zu simulieren, sondern eben im Zeittakt der Anregung.

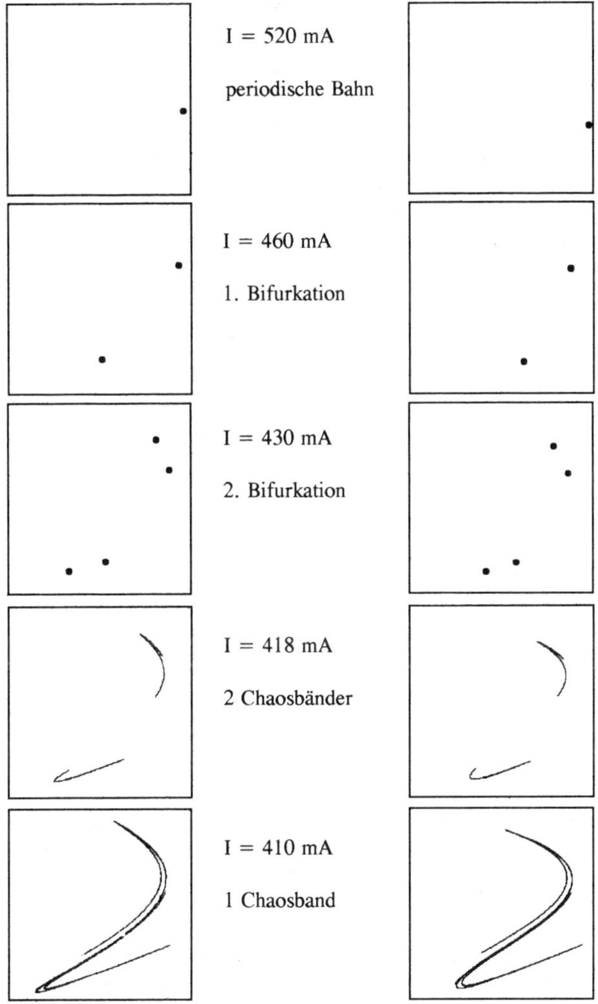

Abb.4.18: *Vergleich der Attraktoren für das physikalische System (linke Reihe; Poincaré-Schnitte aus der Simulation gewonnen; Abszisse* v_α*, Ordinate* α*) und der mathematischen Modellierung durch Iterationsgleichungen nach Abb.4.16 (rechte Reihe). Die Auswahl ist so getroffen, daß das Bifurkations-Szenario ersichtlich ist.*

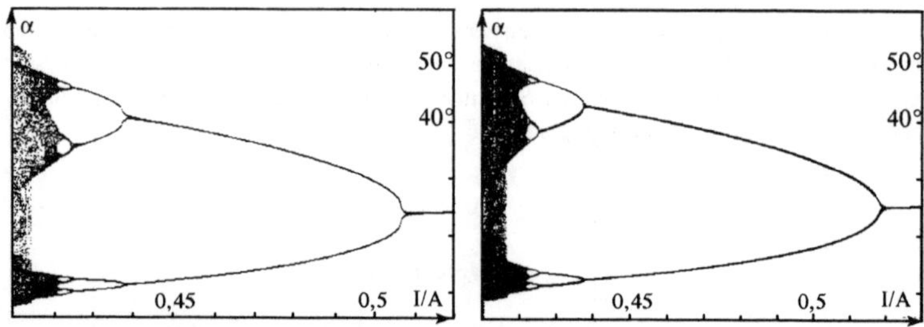

Abb.4.19: *Vergleich der Feigenbaum-Diagramme für das physikalische System (Simulation; links) und das Iterationssystem (rechts). Der Wertebereich für I (410 mA - 530 mA) ist so gewählt, daß das Bifurkations-Szenario im rechten Potentialminimum gezeigt wird, dies entspricht einem Ausschnitt aus Abb.3.13.*

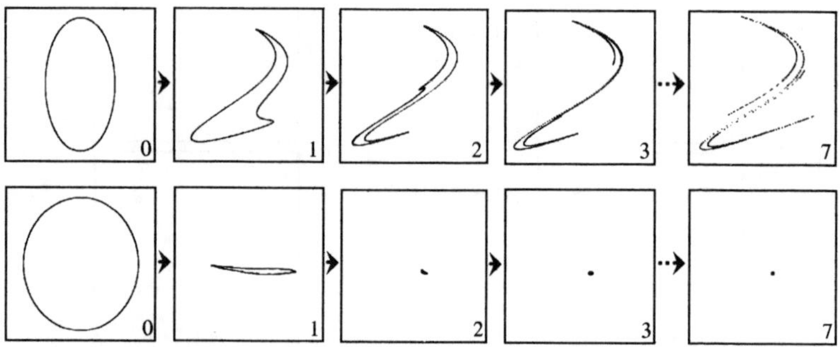

Abb.4.20: *Die Entwicklung des Attraktors für das Iterationssystem. Ausgehend von einem Kreis im Phasenraum (800 Startpunkte) entwickelt sich Schritt für Schritt der Attraktor. Beim Computerprogramm (Programm ROPE-ATT, Anhang II) ist der Kreis in vier Teilen mit verschiedenen Farben gekennzeichnet.*

a) I = 410 mA: Wieder erkennt man die Streckung, Faltung und die daraus resultierende Mischung eines seltsamen Attraktors (vergl. Abb.4.3 und Abb.3.34).

b) I = 800 mA: Alle Startpunkte nähern sich schnell dem Punktattraktor (vergl. Abb.3.33).

Zusammenfassend ist festzustellen, daß es möglich ist, für ein physikalisches System Abbildungsfunktionen zu finden, die das globale Verhalten in sehr kurzer Form beschreiben. Zum Auffinden der Funktionen betrachtet man das Systemverhalten in Abhängigkeit des Orts- , des Geschwindigkeitsfreiheitsgrades sowie eines Kontrollparameters.

Die Fachforschung zeigt auch Möglichkeiten auf, wie Iterationsgleichungen auf analytischem Wege aus der systembeschreibenden Differentialgleichung gefunden werden können (siehe z.B. [24]). Die entsprechenden Methoden bedürfen allerdings eines mathematischen Aufwandes, der den Rahmen der vorliegenden Arbeit überschreiten würde.

5. Verschiedene Schwingungsarten beim gleichen Kontrollparameter

Ein Phänomen bei der Behandlung nichtlinearer Systeme ist das Auftreten verschiedener Schwingungstypen je nach Wahl der Anfangsbedingungen. Dies wird auch bei zusammengesetzten linearen Systemen beobachtet, z.B. die verschiedenen Schwingungsmoden der Federkette. Allerdings kommt bei nichtlinearen Systemen bei genauerer Untersuchung wieder eine fraktale Struktur zum Vorschein. Dazu werden zuerst Beispiele dargestellt und daraus die systematische Untersuchung der Einzugsgebiete motiviert. Dabei wird gezeigt, daß Einzugsgebiete fraktale Ränder haben können. Weiter wird für ein Beispiel die Koexistenz plausibel gemacht, indem wieder die Abhängigkeit der Eigenperiode von der Amplitude verwendet wird. Außerdem wird noch das Phänomen der Hysterese dargestellt und die Konsequenz des hyperbolischen Punktes für Sensitivität.

5.1 Das Phänomen beim Rotationspendel

Durch die Unwucht ergeben sich für das Rotationspendel zwei stabile, symmetrisch liegende Gleichgewichtslagen. Bei relativ starker Dämpfung sind periodische Grundschwingungen um diese Gleichgewichtslagen zu beobachten. Obwohl alle Systemparameter wie Anregungsperiode, Federkonstante, Unwuchtmasse, Dämpfung usw. konstant gehalten werden, können sich zwei verschiedene Endzustände ergeben. Diese sind sich sehr ähnlich, sie liegen symmetrisch. Welche der beiden Endzustände sich gerade einstellt, liegt daran, wie das System gestartet wird; d.h. mit welcher Geschwindigkeit das Pendel bei welcher Winkelstellung gerade losgelassen wird, und welche Anregungsphase dabei vorliegt (Abb.5.1).

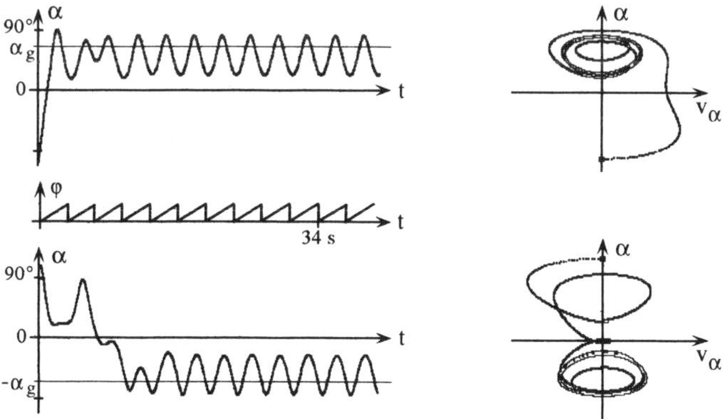

***Abb.5.1:** Je nach Anfangssituation (Startwinkel α_0, Startgeschwindigkeit $v_{\alpha 0}$ und Anregungsphase φ_0) stellen sich bei starker Dämpfung ($I = 520\,mA$) verschiedene Endzustände ein. Entweder eine Schwingung an dem rechten (oben) oder linken (unten) Gleichgewichtspunkt. Dargestellt sind $\alpha(t)$ und die Bahnen im Phasenraum. In der Mitte ist noch die Anregungsphase $\varphi(t)$ eingezeichnet.*

Diese **Möglichkeit verschiedener Attraktoren** beim gleichen Kontrollparameter tritt nicht nur bei den "einfachen" Grundschwingungen auf. Sie ist bei vielen verschiedenen Kontrollparametern zu beobachten (Abb.5.2).

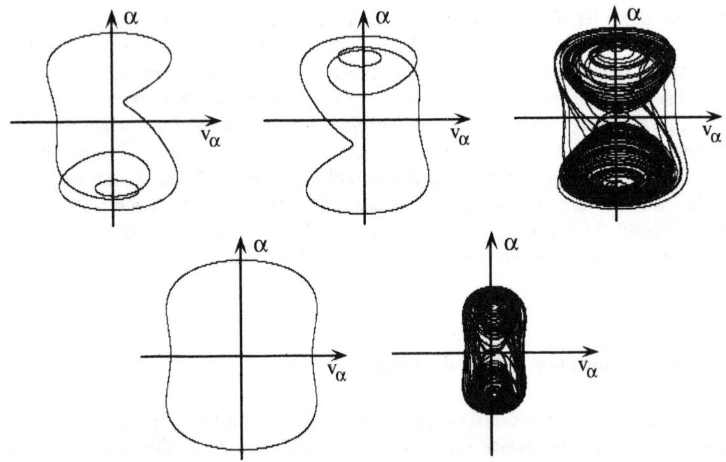

Abb.5.2: *Weitere Beispiele für verschiedene Attraktoren beim jeweils gleichen Kontrollparameter I. Dargestellt ist jeweils die Bahn im Phasenraum $\alpha(v_\alpha)$.*

oben: I = 398 mA: Zwei periodische, symmetrisch liegendeSchwingungen können genau so existieren wie eine chaotische Schwingung.

unten: I = 200 mA: Eine stabile, periodische Schwingung über beide stabilen Gleichge wichtspunkte hinweg mit großer Amplitude oder eine chaotische Schwingung stellen sich je nach Startsituation ein.

Beim symmetrischem Potential des Systems ist es nicht verwunderlich, auch symmetrisch verlaufende periodische Schwingungen zu beobachten (Abb.5.1 und Abb.5.2.a). Aber es können auch kompliziertere Schwingungstypen beim gleichen Kontrollparameter I auftreten, z.B. ein Dreier-Zyklus (ein Schwingungszyklus schließt sich nach drei Anregungsperioden) ebenso wie ein Vierer-Zyklus und einen Sechzehner-Zyklus (aus einer Computersimulation von Backhaus und Schlichting [02]).

Noch interessanter ist die Koexistenz von periodischen Schwingungen und chaotischem Verhalten (Abb.5.2). Man sollte doch vordergründig denken, daß beim chaotischen Verhalten alle möglichen Bereiche des Phasenraumes (hier ist natürlich der dreidimensionale Phasenraum gemeint) erreicht werden und somit auch einmal einer, der zu dem entsprechenden periodischen Vorgang gehört. Ab dann wäre wegen des Determinismus die Bahn weiterhin periodisch. Dabei muß man sich aber an den seltsamen Attraktor erinnern, der noch vorhandenen Struktur bei deterministischem Chaos: Obwohl sich die Bahn nicht schließt, nimmt sie einen bestimmten Bereich im Phasenraum ein. Eine andere Schwingung kann noch in einem anderen Bereich des Phasenraumes existieren (z.B. liegt die periodische Schwingung in Abb.5.2. weiter außen).

5.2 Einzugsgebiete verschiedener Schwingungsarten

Maßgeblich dafür, welcher Schwingungstyp sich einstellt, ist die Wahl der Startbedingungen - auf den Zugang kommt es an. Deshalb liegt es nahe, die Startbedingungen systematisch zu untersuchen. Das bedeutet, daß man versucht, möglichst viele verschiedene Startbedingungen zu schaffen und jeweils abwartet, welcher Endzustand sich einstellt. Die Startbedingung im Phasenraum markiert man dann entsprechend dem Endzustand mit verschiedenen Zeichen oder unterschiedlicher Farbe. So bekommt man einen Überblick über das globale Einschwingverhalten, bestimmte Gebiete im Phasenraum haben die eine, andere Gebiete eine andere Markierung. Alle Bahnen, die im Gebiet einer Markierung starten, werden sich dem zugehörigen Attraktor asymptotisch annähern. Deshalb nennt man diese Gebiete **Einzugsgebiete.**

Startbedingungen sind Ort (α_0), Geschwindigkeit ($v_{\alpha 0}$) und Anregungsphase (φ_0), also sind die Einzugsgebiete dreidimensional. Die Darstellung wird erleichtert, wenn man einen Parameter fest wählt. Analog zum Poincaré-Schnitt erhält man eine zweidimensionale Darstellung. Praktisch ist es, wieder die Anregungsphase φ_0 festzuhalten.

Fraktale Ränder bei Einzugsgebieten

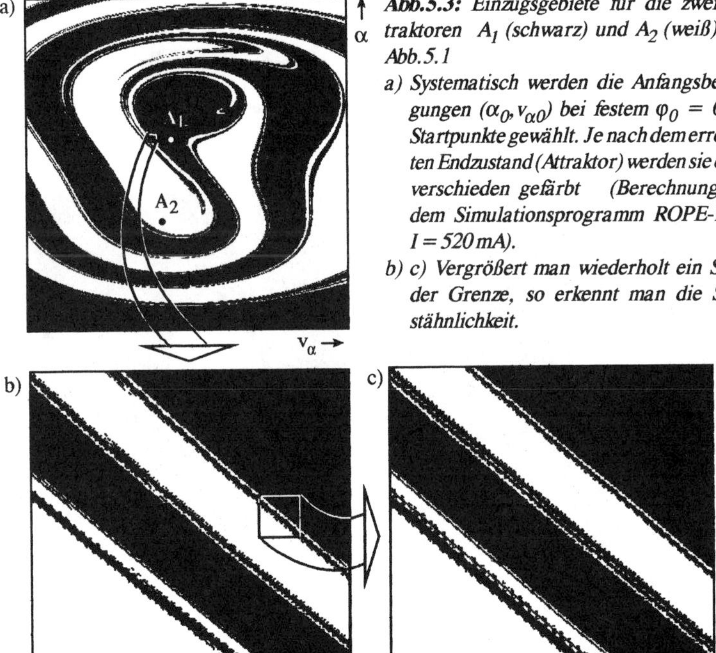

Abb.5.3: *Einzugsgebiete für die zwei Attraktoren A_1 (schwarz) und A_2 (weiß) aus Abb.5.1*

a) Systematisch werden die Anfangsbedingungen ($\alpha_0, v_{\alpha 0}$) bei festem $\varphi_0 = 0$ als Startpunkte gewählt. Je nach dem erreichten Endzustand (Attraktor) werden sie dann verschieden gefärbt (Berechnung mit dem Simulationsprogramm ROPE-EIN; $I = 520\,mA$).

b) c) Vergrößert man wiederholt ein Stück der Grenze, so erkennt man die Selbstähnlichkeit.

In Abb.5.3 sind die Einzugsbiete für das Beispiel mit I = 520 mA dargestellt, das entspricht der Situation von Abb.5.1. Auffällig ist weniger der spiralförmige Zulauf zu den einzelnen Endzuständen, der ist ähnlich dem gedämpften Einschwingen auf die eine oder andere Lösung. Interessanter sind die Ränder: Diese sind nicht klare Grenzen zwischen je zwei Einzugsgebieten, sondern zeigen eine Linienstruktur. Im dunklen Gebiet liegen helle Streifen, entsprechend im hellen Gebiet dunkle Streifen. Beachtet man noch die Bögen im oberen Teil, so erinnert das an den seltsamen Attraktor. Die Attraktoren sind hier Punkte, es handelt sich um periodische Vorgänge, der Kontrollparameter liegt fern vom chaotischen Bereich. Aber die Bildstruktur ähnelt der Struktur eines seltsamen Attraktors, man vermutet fraktalen Charakter. Deutet sich das Chaos wieder schon im stabilen Bereich an? Die Selbstähnlichkeit zeigt sich deutlich, wenn man ein Stück des Randes immer weiter vergrößert, es erscheinen immer wieder ähnliche Streifenmuster. Die Bildern erinnern wieder an einen Mischungsvorgang, an eine Blätterteigstruktur. Die fraktale Struktur ist verschieden stark ausgebildet, d.h. je nach Systemparametern sind bei Vergrößerungen mehr oder weniger Substrukturen vorhanden. Das legt nahe, die Fraktalität zu quantifizieren, in 6.2 wird dazu das Maß der "fraktalen Dimension" eingeführt.

Einzugsgebiete des Magnetpendels

Ein anderes Beispiel, bei dem Einzugsgebiete sofort ins Auge springen, ist das in 2.2 beschriebene Magnetpendel. In Abb.2.4 werden dort auch Einzugsgebiete für zwei verschiedene Attraktoren (die Ruhelagen über dem einen oder anderen Magneten) dargestellt. Das Pendel demonstrierte die Sensitivität. Die Einzugsgebiete sind scheinbar zufällig durcheinander gemixt. Betrachtet man das Bild genauer (durch ein kleineres Untersuchungsraster oder durch Ausschnittsvergrößerung), so läßt sich Struktur erahnen (Abb.2.4.c). Bei anderen Parametern wird diese Struktur schon bei grober Auflösung deutlich sichtbar (Abb.5.4, links). Je feiner die Auflösung wird, desto mehr Substrukturen sind dann zu erkennen.

Abb.5.4: *Die Einzugsgebiete des Magnetpendels*
Je nach Endverhalten über dem linken bzw. rechten Magneten werden die Startpunkte hell oder dunkel markiert (siehe Abb.2.4). Im Unterschied zu Abb.2.4 ist hier eine höhere Dämpfung gewählt, fraktale Strukturen sind schon bei grobem Raster zu erkennen (links). Bei größerer Auflösung treten noch mehr Substrukturen in Erscheinung (rechts).

Schwingungsmoden beim Rotationspendel mit kleiner Unwucht

Die Ränder müssen nicht fraktal sein, sie können auch eine einfache Grenzlinie zwischen zwei Gebieten sein. Ein Beispiel dafür ergibt sich bei Veränderung der Nichtlinearität, der Unwuchtmasse m. Die Standardeinstellung für m ist m = 24 g. Für das folgende Beispiel wählt man m = 16 g. Damit stellt sich ein Potential mit nur einem (stabilen) Minimum bei $\alpha = 0$ ein. Das Potential ist aber trotzdem nicht quadratisch und das Rückstellmoment entsprechend nicht linear (Abb.5.5). Näherungsweise entspricht das Potential dem des Duffing-Oszillators (dort ist die Nichtlinearität durch ein kubisches Glied ausgedrückt).

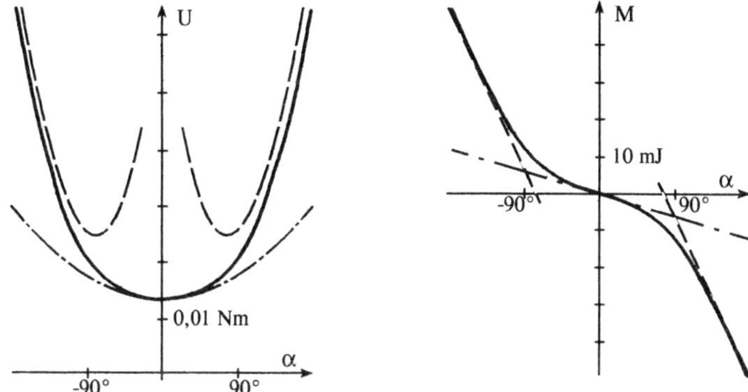

Abb.5.5: *Potential (links) und Rückstellmoment (rechts) bei geringer Unwucht m = 16 g Eingezeichnet sind zwei lineare Näherungen und die entsprechenden Parabeln im Potential. (-·-·-): Im Minimum bei $\alpha = 0$ als Tangente an das reale Rückstellmoment mit relativ kleiner Steigung. (- - -): Für das Verhalten bei großen Winkeln ergeben sich parallele Geraden mit größerer Steigung.*

Für eine bestimmte Anregungsperiode $T_e = 2{,}5$ s und eine bestimmte Dämpfung I = 200 mA sind zwei verschiedene Schwingungstypen experimentell beobachtbar (Abb.5.6):

- Eine Schwingung mit kleiner Amplitude, die gegenphasig zur Anregung verläuft. Dies zeigt, daß die Anregungsfrequenz (für diese kleine Amplitude!) weit über der Eigenfrequenz liegt.
- Eine Schwingung mit großer Amplitude. Sie hat zur Anregung eine Phasenverschiebung von etwa 45 °. Der Vorgang läuft in der Nähe der Resonanz ab, die Anregungsfrequenz für die große Amplitude ist etwa so groß wie die Eigenfrequenz.

Dieses Verhalten verwundert nicht, schließlich wurde schon festgestellt, daß bei dem Pendel mit Unwucht die Eigenfrequenz stark von der Amplitude abhängt. Dies wird auch durch die quadratischen Näherungen des Potentials bestätigt (Abb.5.5): Im Potentialminimum (kleine Amplitude) liegt eine weiter geöffnete Parabel vor, also eine große Periode. Bei großer Amplitude finden sich zwei relativ steile Parabeläste, also eine kleine Eigenperiode. Diese große Amplitude bleibt erhalten, obwohl die beiden Parabeläste nach außen gerückt sind. Bei größerer Energie wird das Minimum schnell durchlaufen, für die Fokussierung zur Stabilität ist nur die Form der Äste maßgeblich (Abb.5.6).

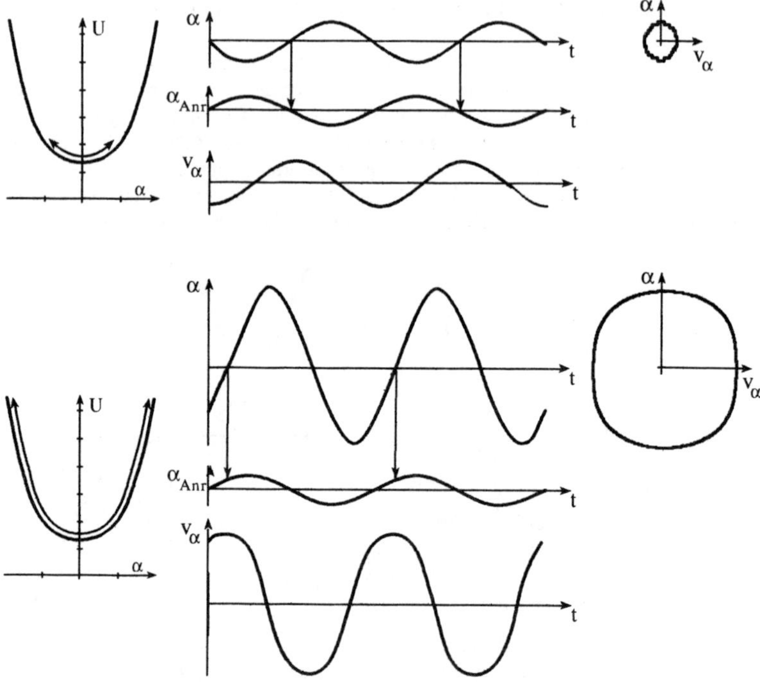

Abb.5.6: *Die zwei stabilen, periodischen Schwingungstypen beim Rotationspendel mit Umwucht bei* $m = 16\,g$ $(T_e = 2.5\,s, I = 200\,mA)$.
Dargestellt sind jeweils die Bahn im Potential $U(\alpha)$*, Winkel-Zeit-Diagramm* $\alpha(t)$*, Winkelgeschwindigkeit-Zeit-Diagramm* $v_\alpha(t)$ *und im Phasenraum-Diagramm* $\alpha(v_\alpha)$*. Um die Phasenlagen vergleichen zu können, ist jeweils die Anregung* $\alpha_{Anr}(t)$ *eingezeichnet.*
Oben: Kleine Amplitude und Gegenphasigkeit, die Anregungsperiode ist kleiner als die Eigenperiode bei dieser Amplitude.
Unten: Große Amplitude und 45° Phasenverschiebung zwischen Anregung und Schwingung. Die Anregungsperiode ist in der Nähe der Eigenperiode, nahe der Resonanz.

Die Einzugsgebiete für die beiden Schwingungstypen können mit Hilfe des Programmes ROPE-EXP direkt aus dem Experiment entnommen werden (Beschreibung in Anhang II). Wieder wird der Phasenraum für eine feste Anregungsphase $\varphi_0$betrachtet und systematisch die Startbedingungen $(\alpha_0, v_{\alpha 0})$ variiert. Je nach erreichtem Endzustand des einen oder anderen Schwingungstyps wird der Anfangspunkt mit verschiedener Farbe markiert. Durch die Aufnahme mit dem Computer können bei einem Einschwingvorgang mehrere Punkte markiert werden, da jede Situation (α, v_α) bei φ_0 als Start eines neuen Einschwingvorgangs interpretiert werden kann. Bei der praktischen Durchführung stellt sich heraus, daß bestimmte Gebiete des Phasenraumes schwierig als Startbedingungen einstellbar sind. Leicht sind alle Orte bei Ruhestart, schwierig sind solche mit einer bestimmten Geschwindigkeit. Aber mit Experimentiergeschick lassen sich auch solche Gebiete füllen. Dazu muß man das Pendel schon eine kurze Zeit vor der für die Registrierung eingestellten Phase φ_0 mit großer Auslenkung loslassen.

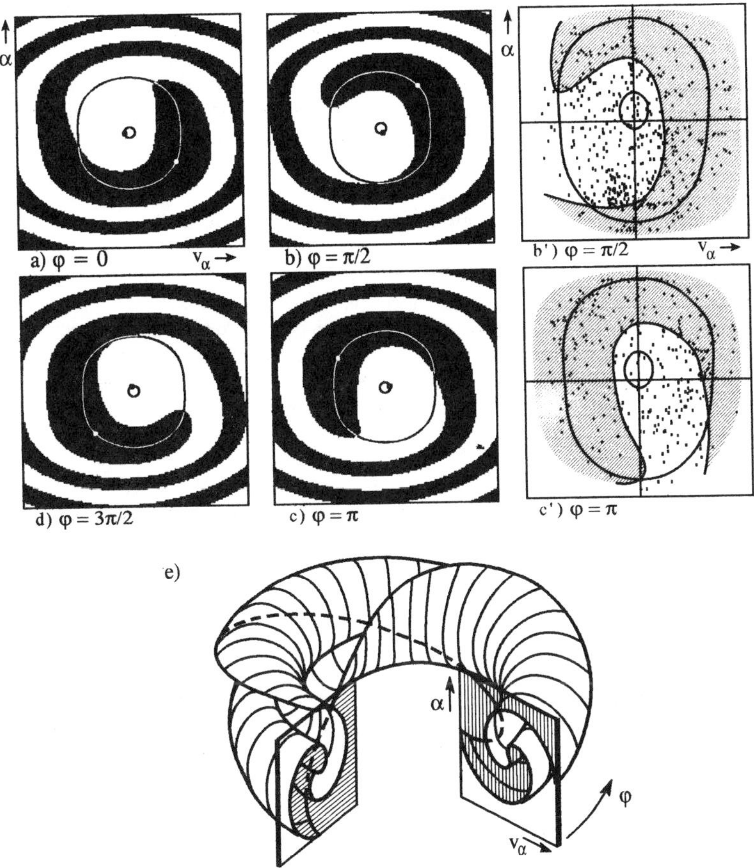

Abb.5.7: Einzugsgebiete für das System bei m = 16 g, T_e = 2.5 s und I = 200 mA
Die Linien sind die Bahnen im $\alpha(v_\alpha)$-Diagramm, die Punkte darauf entsprechen den Attraktoren zur jeweiligen Anregungsphase.
a-d) Aufnahmen mit der Computersimulation ROPE-EIN ermöglichen die Übersicht über einen größeren Wertebereich. Die Spiralen sind jeweils um 90° gedreht.
b',c') Aufnahmen aus dem Experiment (entsprechen b bzw. c jedoch mit anderem Maßstab)
c) Schematische Darstellung im kompletten Phasenraum

Führt man diese Messung für verschiedene Phasen φ_0 durch, so ergeben sich Bilder, die sich nur durch eine Drehung voneinander unterscheiden (Abb.5.7). Wieder sind die Gebiete spiralförmig verzahnt, zeigen aber keinen fraktalen Rand.

Verfolgt man einen einzelnen Einschwingvorgang, so sieht man, wie er sich immer mehr seinem Attraktor nähert. Von besonderem Interesse ist die Trennungslinie (in der dreidimensionalen Torus-Darstellung eine Trennungsfläche) zwischen den Einzugsgebieten. Diese wird wegen der trennenden Wirkung als **Separatrix** bezeichnet. Hier ist wieder die Sensitivität zu beobachten, zwei benachbarte Bahnen verlaufen lange Zeit sehr ähnlich und trennen sich dann, um zu verschiedenen Attraktoren zu gelangen.

5.3 Der hyperbolische Punkt als instabiler Attraktor

Bei der Durchführung des Experimentes fällt auf, daß manche Einschwingvorgänge relativ lange mit mittlerer Amplitude schwingen bevor sie zum einen oder anderen Attraktor konvergieren. Es hat den Anschein, als gäbe es noch einen dritten Attraktor, der aber nicht stabil ist. Das zeigt sich bei der Aufnahme (hier wieder im zweidimensionalen Schnitt), indem häufig ein Punkt angelaufen wird, der nicht stabil bleibt, die weiteren Punkte nähern sich dem einen oder dem anderen Attraktor. Zur genaueren Untersuchung wird wieder die Simulation benutzt (Abb.5.8).

Dieser Punkt H wird als **hyperbolischer Punkt** bezeichnet (in der dreidimensionalen Torus-Darstellung entsprechend als hyperbolischer Zyklus). Schematisch kann er als "Sattelpunkt" interpretiert werden: Einschwingvorgänge laufen auf ihn zu und entscheiden sich dort für eine der beiden "Senken" A_1 oder A_2.

Die Tatsache, daß Startpunkte aus der Umgebung von H zu A_1 oder A_2 laufen zeigt, daß H auf der Separatrix liegt.

Die Umgebung des hyperbolischen Punktes zeigt natürlicherweise ein anderes Verhalten in der Qualität des Einschwingvorganges als bei einem Startpunkt innerhalb eines Einzugsgebietes. Die Bahnen reagieren besonders sensitiv. Das zeigt sich dadurch, daß solche Vorgänge praktisch nicht reproduzierbar sind: Vergleicht man mehrere Bahnen, die von einem Punkt P_1 nahe von H im Experiment gestartet wurden, so laufen sie nach kurzer Zeit auf verschiedenen Wegen zum Attraktor (Abb.5.10).

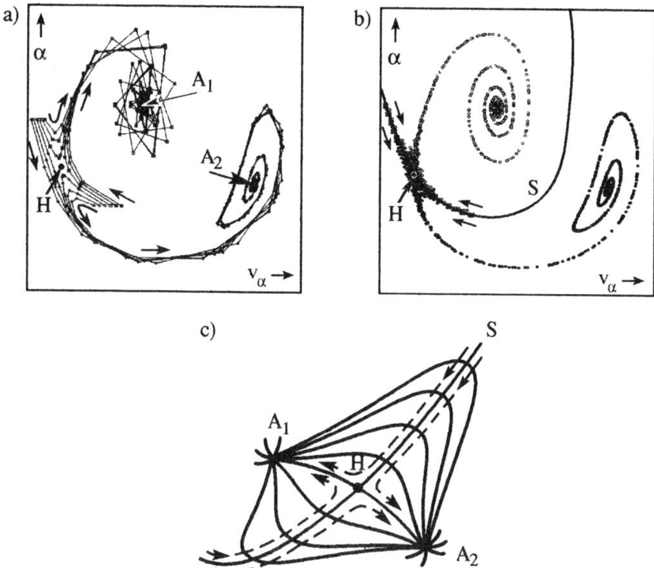

Abb.5.8: *Der hyperbolische Punkt H ist ein instabiler Attraktor*

a) Verschiedene Startbedingungen nähern sich zuerst H und laufen dann zu einem der zwei stabilen Attraktoren A_1 oder A_2. Die Punkte sind stroboskopisch bei der Anregungsphase $\varphi_0 = 0$ aufgenommen, zur besseren Zuordnung sind die Punkte der Poincaré-Durchstoßpunkte mit Linien verbunden.

b) Viele Startpunkte in der Nähe der Separatrix S zeigen, daß der Weg zu den Attraktoren dort immer zuerst über den hyperbolischen Punkt und dann auf einer Spirale entlangläuft.

c) Schematisch kann H als "Sattelpunkt" interpretiert werden, Bahnen laufen darauf zu und entscheiden sich dann für die eine oder andere "Senke" A_1 oder A_2.

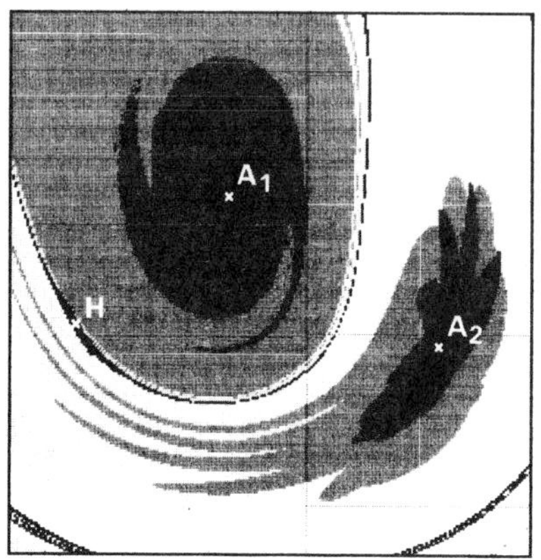

Abb.5.9: *Verdeutlichung der Zeitdauer für die Annäherung an einen Attraktor*
Die verschiedenen Graustufen korrespondieren mit der Anzahl von Anregungsperioden, bis der Einschwingvorgang eine vorgegebene Nähe zum jeweiligen Attraktor hat. Der hyperbolisch Punkt H wurde als Attraktor behandelt; wenn ein Einschwingvorgang in seine Nähe kam, wurde er für H registriert.

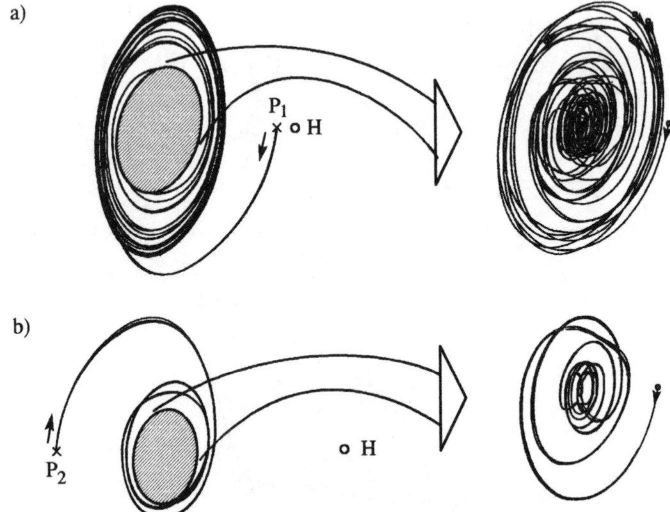

Abb.5.10: *Sensitivität bei Einschwingvorgängen nahe des hyperbolischen Punktes H*
a) Fünf unabhängige Einschwingvorgänge, die in P_1 beginnen, sind aufeinandergezeichnet (links die ersten Anregungsperioden; rechts vergrößert die nächsten Perioden). Nur die ersten Sekunden verlaufen ähnlich - das System reagiert sensitiv, die Reproduzierbarkeit ist sehr schlecht.
b) Fünf unabhängige Vorgänge, die in P_2, weit entfernt von H starten, verlaufen lange Zeit nahezu identisch.

5.4 Hysterese bei kontinuierlicher Änderung des Kontrollparameters

Bisher wurde jeder Startpunkt unabhängig von anderen systematisch untersucht und dem einen oder anderen Einzugsgebiet zugeordnet. Man kann aber auch von einem Schwingungstyp ausgehen und kontinuierlich den Kontrollparameter ändern. Ausgehend von großer Dämpfung I (periodische Grundschwingung um ein Potentialminimum) wurde I kontinuierlich verkleinert und als Darstellungsvariable der jeweilige untere Umkehrpunkt registriert. Das endete bei I = 0 in einem chaotischen Verhalten über beide Potentialminima hinweg.
Nun gibt es bei der Dämpfung I = 0 aber auch einen periodischen Typ mit großer Amplitude (Abb.5.2b). Fängt man mit diesem an und erhöht kontinuierlich I, so ergibt sich für einen weiten Bereich ein völlig anderes Feigenbaum-Diagramm. Zuerst erhält sich die stabile Schwingung und klappt dann plötzlich zu einer anderen Schwingungsform um (Abb.5.11). Die Abbildungen wurden der Simulation entnommen, das Phänomen ist auch im Experiment zu erkennen.

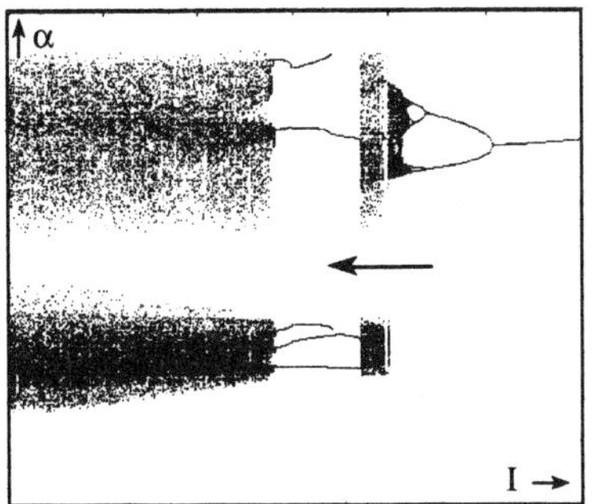

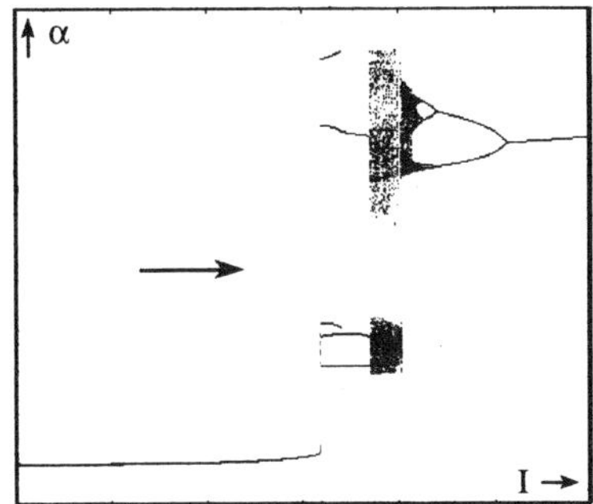

Abb.5.11: *Hysterese beim Rotationspendel*
Aus der Simulation mit dem Programm ROPE-FEI (Te = 3,1 s, m = 24 g). Je nach Art der Aufnahme erhält man verschiedene Feigenbaum-Diagramme.
Links: Von I = 600 mA ausgehend wird I kontinuierlich verkleinert.
Rechts: Von einem periodischen Typ bei I=0 ausgehend, wird I allmählich erhöht.

Ähnliches Verhalten zeigt sich bei der Aufnahme von Resonanzkurven, hier ist die Anregungsfrequenz f der Kontrollparameter (I bleibt dann konstant). Je nach Änderungsrichtung von f wird der eine oder andere Attraktor erhalten. In Abb.5.12 ist eine Resonanzkurve schematisch dargestellt. Weitere computerexperimentelle Untersuchungen für das gleiche physikalische System finden sich z.B. in [02]. Jetzt zeigt sich plausibel ein Hinweis auf die Existenz des hyperbolischen Punktes: Nachdem in der Resonanzkurve zwei Äste nebeneinander existieren, kann man sich eine "gebogene" Resonanzkurve vorstellen, diese ergibt einen dritten Wert für eine bestimmte Frequenz f_0. Dieser ist aber nicht stabil, er läuft entweder zum einen oder anderen Attraktor (Abb.5.13). Analog wie bei der Magnetisierung wird das Phänomen der "Erinnerung" an die Vorsituation auch als **Hysterese** bezeichnet.

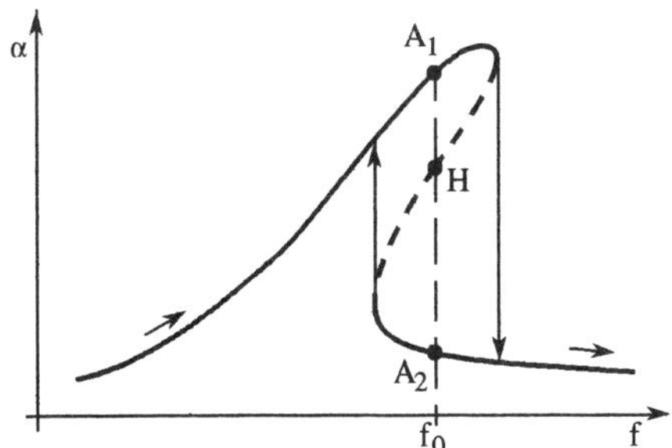

Abb.5.12: *Schematische Darstellung der Hysterese anhand der Resonanzkurve*
Je nach Richtung der Aufnahme existieren verschiedene Kurven in einem Frequenzbereich. Bei der Frequenz f_0 existieren zwei Schwingungstypen A_1 und A_2. Verbindet man die Äste mit einer gedachten Linie, so ergibt sich eine weitere Amplitude, ein weiterer Attraktor H, der allerdings nicht stabil ist - der hyperbolische Zyklus.

6. Quantitative Beschreibung von chaotischem Verhalten

In den vorigen Abschnitten wurden die Phänomene nichtlinearer Systeme in zunehmender Vertiefung beschrieben. Die Phänomene wurden in einer Weise betrachtet, so daß sich eine Quantifizierung aufdrängt, z.B. die Entwicklung von kleinen Unterschieden in den Anfangsbedingungen oder die immer wieder auftretenden selbstähnlichen Strukturen. Deshalb werden jetzt der Liapunov-Exponent und die fraktale Dimension eingeführt und Berechnungsverfahen dafür dargelegt. Beide Größen entstammen der Anschauung. Sie ergänzen sich dadurch, daß die erste ein dynamisches, die zweite ein strukturelles Maß ist. Die verschiedenen Berechnungsverfahren werden auf das Rotationspendel mit Unwucht angewendet, ihre Handhabung und Aussagekraft verglichen. Am Ende des Kapitels wird noch auf die Definition des Begriffes Chaos eingegangen, allerdings eher durch Abgrenzungshilfen und zur Verdeutlichung dafür, daß noch keine übergreifende Definition vorhanden ist.

6.1 Der Liapunov-Exponent - ein Maß für nichtlineares Verhalten

Eine der markanten Eigenschaften des chaotischen Verhaltens deterministischer Systeme ist das Auseinanderlaufen sehr eng benachbart startender Bahnen. Die Beispiele in Kapitel 2 zeigten schon dieses Verhalten. So bleiben beide Bahnen des Magnetpendels eine gewisse Zeit beieinander und entfernen sich dann sehr schnell voneinander (siehe Abb.2.4 b). Ein anderes Beispiel zur sensitiven Entwicklung von Anfangsunterschieden war das Pendel, welches senkrecht stehend mit geringem Geschwindigkeitsunterschied startet, die Entwicklung der Winkelabweichungen verläuft exponentiell (Abb.2.9). Dieses exponentielle Fehlerwachstum war der erste Ansatz für eine quantitative Definition von Chaos, er soll im folgenden weiter präzisiert werden. Auch beim Rotationspendel mit Unwucht kann das exponentielle Auseinanderlaufen der Bahnen vermutet werden, die Bilder bei der Entwicklung des seltsamen Attraktors geben schon einen Eindruck davon (Abb.3.34). Dort wurden viele eng benachbarte Startsituationen simultan numerisch berechnet und der Verlauf im Phasenraum registriert. Dabei ergab sich, daß ein Phasenraumvolumen in bestimmten Richtungen gestreckt wurde, in anderen gestaucht (ähnlich der Bäcker-Transformation). Deutlich war, daß bei chaotischem Verhalten die Bahnen auseinanderliefen, bei periodischem hingegen näherten sie sich immer näher dem Grenzzyklus.

Angenommen, zwei Bahnen $b_1(t)$ und $b_2(t)$ starten mit einem kleinen Unterschied, einer kleinen Entfernung ε im Phasenraum. Entfernen sie sich exponentiell, so muß für den Abstand Δ der folgende Zusammenhang gelten:

$$\Delta(t) = |b_2(t) - b_1(t)| = |b_2(0) - b_1(0)| \cdot e^{\lambda \cdot t} = \varepsilon \cdot e^{\lambda \cdot t} \qquad \textbf{(GL 6.1)}$$

Je nach Exponent λ ist das Auseinanderlaufen verschieden stark. Somit ist λ ein quantitatives Maß für chaotisches Verhalten. Der Unterschied zu der Definition in Kapitel 2 liegt darin, daß jetzt nicht nur eine Zustandsgröße des Systems, z.B. der Winkel, sondern der vektorielle Abstand beider Zustandsgrößen (Winkel und Winkelgeschwindigkeit) betrachtet wird.

Ziel ist die Bestimmung von λ. Allerdings spielt dabei die Beobachtungszeit t und der Anfangsabstand ε eine Rolle. Um zufällige Einflüsse auszuschalten, definiert man die Berechnung für ideale Verhältnisse: das exponentielle Wachstum soll für kleinste ε und für alle Zeit stattfinden:

$$\lambda = \lim_{t\to\infty} \lim_{\varepsilon\to 0} 1/t \cdot \ln(\Delta/\varepsilon) = \lim_{t\to\infty} \lim_{\varepsilon\to 0} 1/t \cdot \ln \frac{|b_2(t) - b_1(t)|}{|b_2(0) - b_1(0)|} \qquad \textbf{(GL 6.2)}$$

Bestimmungsdefinition von λ für kontinuierliche Systeme.

Der Exponent λ beschreibt die Art des Verhaltens (Abb.6.1):

- $\lambda > 0$: exponentielles Anwachsen des Unterschiedes - chaotisches Verhalten
- $\lambda < 0$: exponentielles Abklingen des Unterschiedes - konvergentes Verhalten
- $\lambda = 0$: lineares Anwachsen des Unterschiedes

Schon vor der Zeit der Chaosforschung wurde er von dem russischen Mathematiker und Physiker **Aleksandr Michailovich Liapunov** (1857-1918) bei der Untersuchung mathematischer Dynamik eingeführt und trägt den Namen **Liapunov-Exponent**.

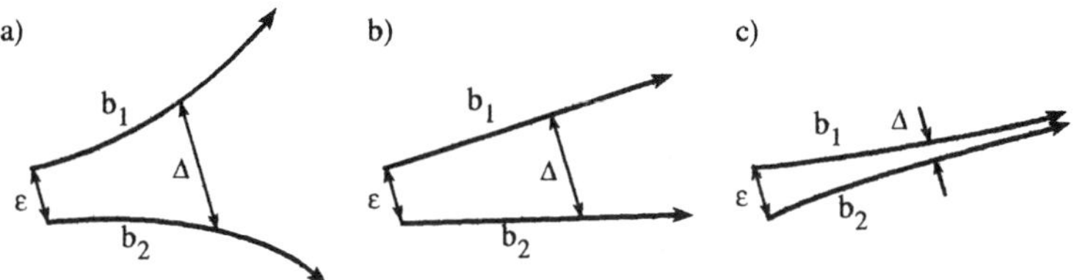

Abb.6.1: *Unterschiedliches Abstandsverhalten (schematisch)*
a)$\lambda > 0$: exponentielles Auseinanderlaufen
b)$\lambda = 0$: lineares Auseinanderlaufen
c)$\lambda < 0$: exponentielle Annäherung

Die Bestimmungsgleichung GL 6.2 für den Liapunov-Exponenten kann auch auf eine Iterationsabbildung f zugeschnitten werden, die Zeit läuft dort nicht kontinuierlich, sondern in diskreten Schritten:

$$\lambda = \lim_{N\to\infty} \lim_{\varepsilon\to 0} 1/N \cdot \ln \frac{|f^N(x_2) - f^N(x_1)|}{\varepsilon} \qquad \textbf{(GL 6.3)}$$

Bestimmungsgleichung für den Liapunov-Exponenten λ für die Iterationsfunktion f; x_1 und x_2 sind eng benachbarte Startwerte mit $\varepsilon = |x_2 - x_1|$, f^N ist die N-te Iteration

Liapunov-Exponent für Iterationsabbildungen

Ist die Iterationsfunktion f bekannt, z.B. die logistische Funktion $f = C \cdot x \cdot (1-x)$, so kann GL.6.3. vereinfacht werden (Detailbeweise siehe [56] und [23]). Dazu betrachte man die Startbedingungen x_0 und $x_0 + \Delta x$:

$$\lambda = \lim_{N \to \infty} \lim_{\Delta x \to 0} 1/N \cdot \ln \frac{|f^N(x_0+\Delta x) - f^N(x_0)|}{\Delta x} \qquad \textbf{(GL 6.4)}$$

$$= \lim_{N \to \infty} 1/N \ln \left| \frac{d}{dx} f^N(x_0) \right|$$

$$\lambda = \lim_{N \to \infty} 1/N \sum_{i=1}^{N} \ln |f'(x_i)| \qquad \textbf{(GL 6.5)}$$

Hierbei ist $x_i = f^i(x_0)$ eine Iterationsfolge, die mit x_0 startet, f' die Ableitung von f.

Für die logistische Funktion $f = C \cdot x \cdot (1-x)$ ist $f' = C \cdot (1-2x)$ und die Summe in GL 6.5. konvergiert. Damit kann λ in Abhängigkeit vom Kontrollparameter C und dem Startwert x_0 (Abb.6.2) mit Hilfe des Computers berechnet werden.

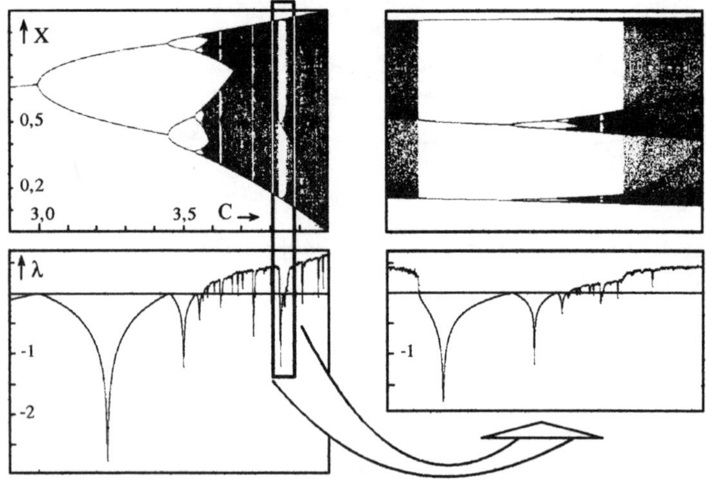

Abb.6.2: *Liapunov-Exponent λ für die logistische Funktion in Abhängigkeit vom Kontrollparameter C (unten), oben ist zum Vergleich das zugehörige Feigenbaum-Diagramm aufgetragen. Rechts ist ein periodisches Fenster vergrößert berechnet; wie im FeigenbaumDiagramm herrscht auch im C - λ- Diagramm Selbstähnlichkeit. Die Berechnungen wurden mit ITER durchgeführt(siehe Anhang II), dabei je Kontrollparameterwert 500 Iterationen zum Einschwingen abgewartet und dann 2000 Iterationen für die Berechnung von λ zugrundegelegt.*

Diskussion der λ - C - Kurven:

- Im Vergleich mit dem zugehörigen Feigenbaum-Diagramm zeigt sich, daß die periodischen Vorgänge wie erwartet einen negativen Liapunov-Exponenten haben, die chaotischen Vorgänge einen positiven.
- Aus den phänomenologischen Untersuchungen ergibt sich die Vermutung, daß mit steigendem C stärkeres Chaos vorliegt. Soll der Liapunov-Exponent ein Maß für die Stärke des Chaos sein, so muß dies an seiner Größe ersichtlich werden; in Abb.6.2 wird das auch deutlich.
- Man erkennt die Fenster im chaotischen Regime als Einschnitte in der Liapunov-Kurve. Die Vergrößerung eines solchen Fensters zeigt wieder die Selbstähnlichkeit auch im C-λ - Verlauf. Für die periodischen Vorgänge wird λ negativ.
- Auch die Kontrollparameterwerte für Stellen, an denen eine neue Bifurkation einsetzt, sind im λ - C - Diagramm ausgezeichnet: dort wird $\lambda \approx 0$. Dies bedeutet, daß dort die Stabilität schwach ist, die Zeit zum Einschwingen relativ lang.

Der Liapunov-Exponent für das Rotationspendel mit Unwucht

Um den Liapunov-Exponenten für ein physikalisches System zu berechnen, muß man sich der Definition nach GL 6.2. bedienen. Als Beispiel wird wieder das Rotationspendel mit Unwucht gewählt. Dabei werden die Standardparameter verwendet (siehe 3.1.3), Kontrollparameter ist wieder der Strom I durch die Wirbelstromspulen. Zur Bestimmung von λ müssen zwei Bahnen im Phasenraum vorliegen. Aus dem Realexperiment ist dies schwer zu realisieren, soll doch der Abstand im Phasenraum sehr klein sein. Deshalb wird wieder die Computersimulation zu Hilfe genommen und es werden zwei Bahnen b_1 und b_2 parallel gerechnet. Sie starten mit den Winkeln α_0 und $\alpha_0 + d\alpha_0$ und den Winkelgeschwindigkeiten $v_{\alpha 0}$ und $v_{\alpha 0} + dv_{\alpha 0}$. Synchron mit der Zeit läuft auch die Anregungsphase φ, beim Start soll $\varphi = \varphi_0 = \pi/2$ sein. Zur Berechnung des Abstands d werden nur die Zahlenwerte verwendet, da die Wertebereiche für die auftretenden Winkel und Winkelgeschwindigkeiten etwa gleich sind. Formalmathematisch wären noch Skalierungsfaktoren einzuführen.

$$d = \sqrt{(\alpha_2 - \alpha_1)^2 + (v_{\alpha 2} - v_{\alpha 1})^2} \qquad \textbf{(GL 6.6)}$$

Beim Start ist er

$$\varepsilon = d_0 = \sqrt{d\alpha_0{}^2 + dv_{\alpha 0}{}^2} \qquad \textbf{(GL 6.7)}$$

Für die Berechnung von λ wird $d_r = d/\varepsilon$ eingeführt, der relative Abstand zwischen den Bahnen im Physenraum.

Trägt man d_r über die Zeit auf, so erkennt man je nach Kontrollparameter drei verschiedene Klassen (Abb.6.3):

- Chaos: d_r wächst im Mittel exponentiell an - die Vorgänge entfernen sich.
- Periodisch fokussierend: d_r nähert sich im Mittel exponentiell der Abszisse - die Vorgänge nähern sich an.
- Periodisch ohne Fokussierung: d_r bleibt im Mittel konstant, die Abweichungen halten sich über die Zeit im gleichen Wertebereich wie beim Start.

Das exponentielle Verhalten wird besonders in der logarithmischen Darstellung deutlich, die Kurve schwankt um eine Gerade. Auffallend sind die relativ starken Schwankungen. Sie sind korreliert mit der Anregungsphase. Deshalb werden zur Berechnung von λ nur die Werte von d_r berücksichtigt, die sich bei einer bestimmten Anregungsphase φ_0 ergeben (Punkte in $d_r(t)$ und $\ln(d_r)$). Für den Liapunov-Exponent gilt damit nach GL 6.2

$$\lambda = \lim_{t\to\infty} \lim_{\varepsilon\to 0} 1/t \cdot \ln |d_r| \qquad \textbf{(GL 6.8)}$$

Die Grenzwerte sind nur angenähert erfüllbar, indem $\varepsilon = d_0$ sehr klein ($\approx 10^{-9}$) und t relativ groß (mehrere Anregungsperioden) gewählt werden.

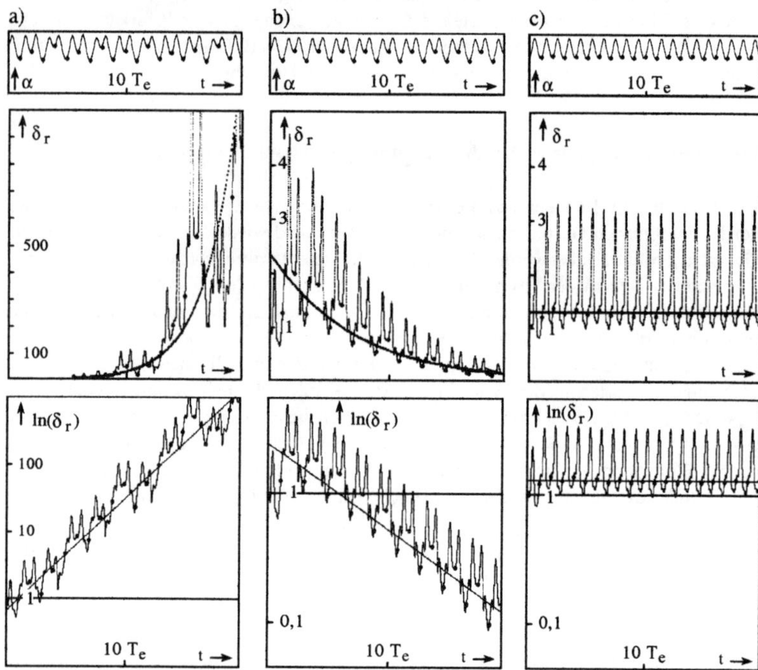

Abb.6.3: Abstandsentwicklung für verschiedene Fälle beim Rotationspendel mit Unwucht. Berechnet wurden simultan zwei Vorgänge mit kleinen Startdifferenzen d_0 (Programm ROPE-LIA, siehe Anhang II). Oben ist jeweils die Schwingungsform $\alpha(t)$ (der Unterschied zwischen den beiden Bahnen ist so klein, daß sie nicht sichtbar sind), in der Mitte der relative Abstand $d_r(t)$ und unten $\ln(d_r(t))$ dargestellt. Die Stellen bei der Anregungsperiode $\varphi = 0$ (markierte Punkte) wurden zur Bestimmung der Liapunov-Exponenten λ benutzt (Steigung der Mittelungsgeraden in den unteren Diagrammen).

a) I = 410 mA (Chaos): Die Vorgänge laufen exponentiell auseinander, λ = + 0,12

b) I = 450 mA (Mitte der 1. Bifurkation): Die Vorgänge nähern sich exponentiell, λ = - 0,05

c) I = 515 mA (gerade 1. Bifurkation): Der Abstand bleibt im Mittel konstant, λ = 0

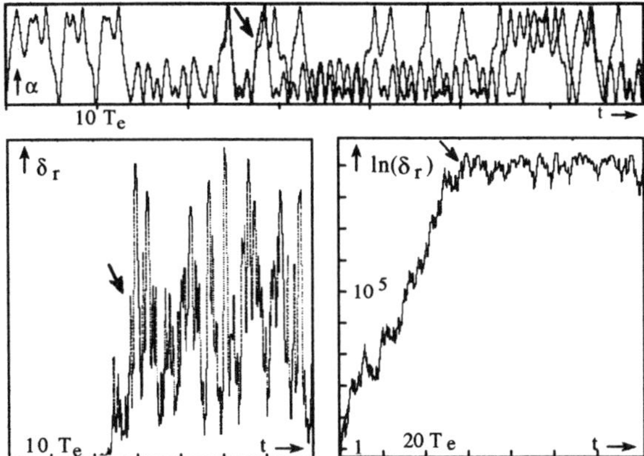

Abb.6.4: Langzeitverhalten des Abstandes zweier Bahnen im chaotischen Bereich Start: $d\alpha = dv_\alpha = 10^{-9} \Rightarrow \varepsilon = d_0 = 1{,}41 \cdot 10^{-9}$ (mit GL 6.7). Eingezeichnet sind die relativen Abstände bei der Anregungsphase $\varphi_0 = 0$. Nach exponentiellem Ansteigen stabilisiert sich d_r bei etwa 10^9. Das entspricht dem absoluten Abstand von etwa 1, die beiden Bahnen sind vollständig getrennt (ab Pfeil) und füllen den zur Verfügung stehenden Phasenraum aus.

Praktische Berechnung des Liapunov-Exponenten

Es interessiert der in der Definition geforderte Grenzübergang $\varepsilon \to 0$, er läßt sich in der praktischen Durchführung durch sehr kleine ε realisieren. In den vorliegenden Rechnungen wurde $d_0 = dv_\alpha$ zwischen 10^{-4} und 10^{-9} verwendet. Problematisch ist der Grenzwert $t \to \infty$, denn der Bereich im Phasenraum ist beschränkt. Bei der Drehschwingung ist der Winkelbereich zwischen $-\pi$ und π, die Winkelgeschwindigkeiten liegen im gleichen Wertebereich. Dies hat zur Folge, daß die Abweichung d zwischen zwei chaotischen Bahnen irgendwann in diesen Bereich kommt und nicht mehr wachsen kann (Abb.6.4). Um trotzdem einen langen Beobachtungszeitraum für eine gute Mittelung zu bekommen, wird hier ein Verfahren benutzt, welches von Brandstäter et al vorgeschlagen wurde [13]:

Eine Bahn (b_1) wird kontinuierlich gerechnet. Die andere (b_2) wird nach einem bestimmten Zeitintervall ΔT wieder auf die Grundentfernung $\varepsilon = d_0$ gesetzt und von dort neu gestartet (Abb.6.5). Nach [13] berechnet sich der Liapunov-Exponent dann als Summe:

$$\lambda = \frac{1}{N \cdot \Delta t} \sum_{i=1}^{N} \ln \frac{|b_2(i \cdot \Delta T) - b_1(i \cdot \Delta T)|}{|b_2((i-1) \cdot \Delta T) - b_1((i-1) \cdot \Delta T)|} \qquad \textbf{(GL 6.9)}$$

$$= \frac{1}{N \cdot \Delta t} \sum_{i=1}^{N} \ln \frac{|d_i|}{\varepsilon}$$

Dies entspricht einer Mittelung über viele Abstandsentwicklungen.

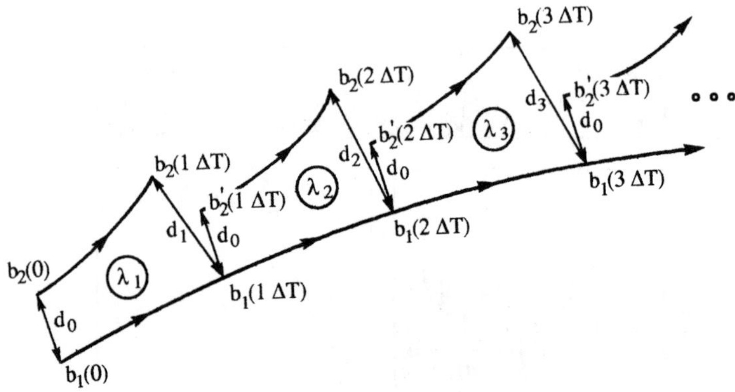

Abb.6.5: *Praktische Berechnung des Liapunov- Exponenten. (Beschreibung siehe Text)*

Zur Überprüfung wurde dieses Verfahren auf die logistische Funktion angewandt. Es ergibt sich eine sehr gute Übereinstimmung im Vergleich zu der direkten Berechnung nach GL 6.5 (Abb.6.6).

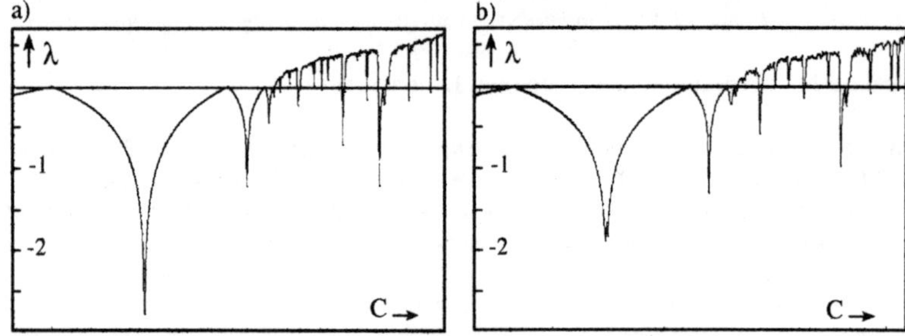

Abb.6.6: *Vergleich der Berechnungsverfahren für den Liapunov-Exponenten am Beispiel der logistischen Funktion*
a) Nach der Methode über die Ableitung der Iterationsfunktion (GL 6.5)
b) Nach der Methode über die Mittelung mehrerer Exponenten (GL 6.9)

Das Computerprogramm ROPE-LIA, das zur Berechnung von λ für das Rotationspendel benutzt wird, berücksichtigt die Tatsache, daß die Schwankungen bei einer stroboskopischen Betrachtung relativ gering sind. Dazu werden die Stützpunkte bei φ_0 für den Zeitraum ΔT logarithmisch aufgetragen und eine Mittelungsgerade gebildet. Deren Steigung entspricht dem Liapunov-Exponenten λ_i für den Zeitraum $[(i-1) \cdot \Delta T,\ i \cdot \Delta T]$. Anschließend wird b_2 wieder in die Nähe von b_1 gesetzt ($b_2 = b_1 + d_0$) und die Rechnung für λ_{i+1} wiederholt. Über mehrere solche λ_i, gemittelt erhält man den Liapunov-Exponenten λ. Durch die Mittelung wird an verschiedenen Orten im Phasenraum gestartet. Damit werden eventuelle Abhängigkeiten des Liapunov-Exponenten vom Ort im Phasenraum nicht berücksichtigt. Man erhält einen Wert, der als einzige Zahl Auskunft über die Ordnung für den bestimmten Kontrollparameter gibt. In Abb.6.7 werden die Ergebnisse für das Drehpendel dargestellt.

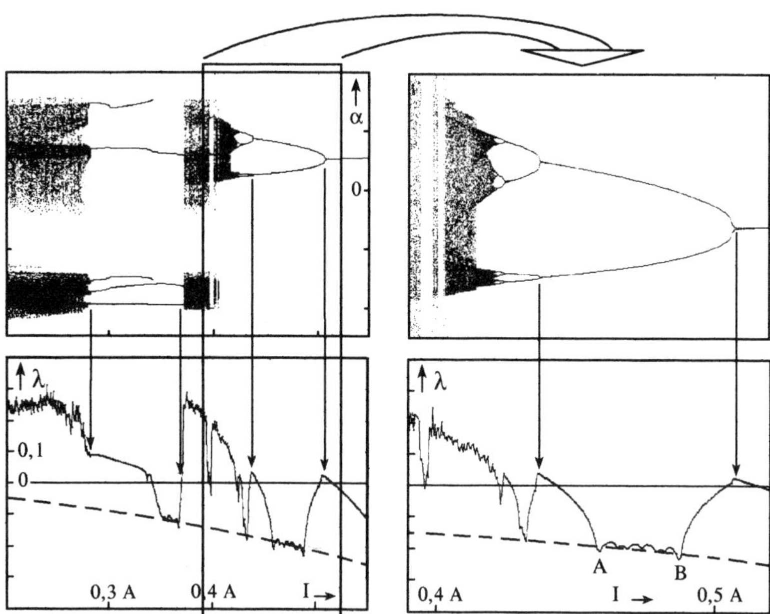

***Abb.6.7:** Liapunov-Exponent λ für das Rotationspendel mit Unwucht in Abhängigkeit vom Kontrollparameter I*
Zum Vergleich ist das zugehörige Feigenbaum-Diagramm (siehe Abb.3.13 und 3.24) angegeben (Berechnung mit ROPE-LIA, siehe Anhang II). Die gestrichelte Linie entspricht dem Liapunov-Exponenten für das Pendel ohne Unwucht (harmonisch) (Diskussion siehe Text).

Zunächst erhält man wieder die Bestätigung dafür, daß λ ein Maß für Chaos (λ > 0) oder Periodizität (λ < 0) ist. Weiter fällt die Ähnlichkeit zum Verhalten der logistischen Funktion auf (Abb.6.6).

Als Unterschied fallen Kurvenstücke auf, die die steil nach unten laufenden Äste abschneiden (A-B). Zur Erklärung hilft die Berechnung des λ(I)-Verlaufes für das harmonische Pendel, also bei Unwuchtmasse m = 0 (gestrichelte Linie). Diese Linie bildet eine Begrenzung, sie wird auch beim Pendel mit Unwucht nicht unterschritten. Am Rande sei bemerkt, daß der Verlauf des Liapunov-Exponenten für dieses harmonische Pendel (Fokussierungs-Verhalten) weitgehend unabhängig von der Anregungsfrequenz ist, bei der halben Resonanzfrequenz ergab sich nahezu die gleiche Kurve (gestrichelte Linie).

Auch für die in 4. gefundenen Iterationsgleichungen zur Modellierung des Drehpendel-Systems wurde der Verlauf des Liapunov-Exponenten berechnet. Wieder wird die Güte der Modellierung bestätigt, die beiden Kurven stimmen sehr gut überein (Abb.6.8).

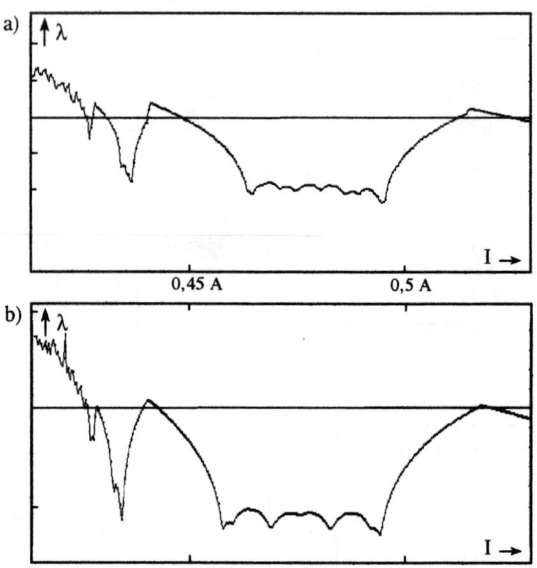

Abb.6.8: *Vergleich der Liapunov-Exponenten für das Verhalten des Rotationspendels*
a) aus numerischer Integration gewonnen,
b) aus den Modellgleichungen durch Iteration gewonnen (siehe 4. Kapitel).

6.2 Die fraktale Dimension - Ein Maß für die Struktur

Eines der deutlichsten Phänomene des deterministischen Chaos ist die Selbstähnlichkeit. S. Großmann bezeichnet sie sogar als ein neues allumfassendes Prinzip der physikalischen Naturereignisse. Er setzt es als Alternative zum Überlagerungsprinzip der linearen Naturbeschreibung [34,S.172]. Aufbauend auf Ideen von Hausdorff, Cantor und anderen (Anfang des 20. Jahrhunderts) hat sich etwa ab Ende der 60er Jahre die Disziplin der "fraktalen Geometrie" entwickelt. Sie wurde von B. Mandelbrot eingeführt und findet durch die Fülle von eindrucksvollen Bildern auch in der Öffentlichkeit großes Interesse. Für die tiefere physikalische Bildung sollte der Zusammenhang zu Vorgängen in der Natur deutlicher werden. Deshalb wird hier wieder auf den Bezug zu physikalischen Systemen Wert gelegt.

Um den Rahmen der vorliegenden Arbeit nicht zu sprengen, aber trotzdem den fachdidaktischen Anforderungen der Elementarisierung gerecht zu werden, sollen wissenschaftlich längst anerkannte Ergebnisse und Methoden jeweils kurz eingeführt werden. Für weitere Studien zur fraktalen Geometrie seien die Bücher von Mandelbrot [57] und Peitgen et al [67], [68] genannt. Zur theoretischen Vertiefung sei ein Buch von Leven et al [50] empfohlen.

Es werden verschiedene Berechnungsmöglichkeiten für die fraktale Dimension (Vergrößerungs- Vermehrungs- Verfahren, Gitter- Verfahren und Abstandsanalyse- Verfahren) dargelegt. Am Rotationspendel mit Unwucht treten fraktale Strukturen vor allem bei den seltsamen Attraktoren und bei Einzugsgebieten auf. Die fraktale Dimension wird dafür nach den verschiedenen Verfahren berechnet.

6.2.1 Verfahren zur Bestimmung der fraktalen Dimension

In den bisherigen Bearbeitungen war immer wieder das Phänomen der Selbstähnlichkeit aufgetreten. Man erinnere sich an das Feigenbaum-Diagramm (Abb.3.23) und an die Poincaré-Schnitte im chaotischen Regime (Abb.3.32), sowie die seltsamen Attraktoren (Abb.3.37 und 3.38). Auch die Einzugsgebiete (Abb.5.3) zeigten an ihren Rändern den Effekt, daß bei Betrachtung mit anderem Maßstab wieder die gleiche oder zumindest eine sehr ähnliche Struktur zum Vorschein kam.

Selbstähnliche Strukturen sind auch in vielen anderen Bereichen der Natur beobachtbar, einige Beispiele seien hier angeführt:
- Die Pflanzenwelt: Blätter, Ast- und Zweigsysteme, Wurzeln
- Die Landschaft: Küstenlinien, Flußsysteme, Berge, Wolken
- Strukturen von Organismen: Adern, Synapsen des Gehirns, Bakterienwachstum
- Kristallbildung: Schneeflocke, Salzausfällung
- Dynamik: Brownsche Bewegung, Wasserstrudel,
- elektrische Effekte: Blitze, Lichtenberg-Figuren (Entladung auf Isolatoroberflächen)

Meist beruht die Bildung fraktaler Strukturen auf einem Optimalitätsprinzip, z.B. die optimale Versorgung eines Körpervolumens mit Blut bei minimaler Aderlänge.

Fraktale Strukturen lassen sich durch relativ einfache Bildungsvorschriften auch künstlich erzeugen. Wird solch eine Vorschrift streng durchgeführt, so erscheint bei einer bestimmten Vergrößerung (affinen Abbildung) exakt das gleiche Bild wie das Urbild (Abb.6.9.a-d). Beinhaltet die Vorschrift stochastische Elemente wie beim Diffusions-Wachstum, so entsteht ein statistisches Fraktal (Abb.6.9.e). Die Selbstähnlichkeit führt zu einer **Unabhängigkeit vom Maßstab**, man kann bei einem Fraktal nicht feststellen welches die typische Größenordnung für Längen ist, es fehlt ein "natürlicher Maßstab".

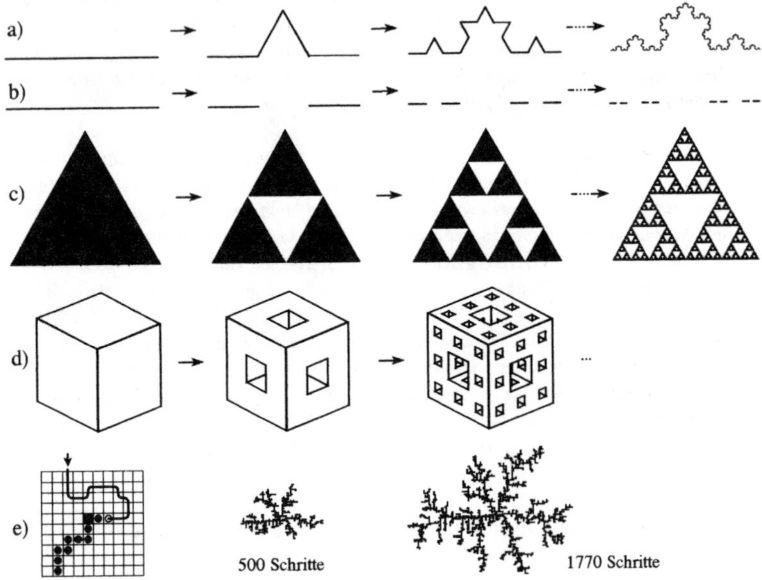

Abb.6.9: *Künstlich erzeugte Fraktale*

*a) Die **Kochsche Kurve** entsteht, indem Schritt für Schritt je eine Strecke durch vier Strecken ersetzt wird.*

*b) Die **Cantor-Menge** bildet sich durch Herausnehmen des jeweils mittleren Stückes einer Strecke.*

*c) Beim **Sierpinski-Dreieck** wird von einem Dreieck das Seitenmittelpunktsdreieck entfernt. Im nächsten Schritt von den verbleibenden Dreiecken wieder und so fort.*

*d) Der **Menger-Schwamm** ist ein dreidimensionales Fraktal. Durch einen Würfel werden systematisch quadratische Löcher gebohrt.*

*e) **Diffusionswachstum** einer **dendritischen Struktur.** Zufällig bewegt sich ein Punkt auf der Ebene. Berührt er einen Strukturpunkt, so bleibt er daran "kleben". Der Vorgang beginnt mit einem neuen Punkt, der sich wieder von außen nähert.*

Deutlich zeigen sich Unterschiede zwischen den einzelnen Fraktalen. Manche füllen eine Fläche relativ dicht aus (z.B. das Sierpinski-Dreieck), andere erscheinen als verdickte Linie (z.B. die Kochsche Kurve). Allgemein zeigt sich, daß die Strukturen eine Art von Lücken haben. Das Sierpinski-Dreieck ist weniger als eine ausgefüllte Fläche, aber mehr als eine

Anzahl von Strecken. Ähnlich ist es bei Wurzeln und Astsystemen. Sie füllen das Volumen nicht vollständig, sind kein rein dreidimensionales Objekt. Aber wegen der fortwährenden Teilung in noch kleinere Äste kann man sie auch nicht als eindimensionales Objekt bezeichnen. Um die Unterschiede zwischen den einzelnen Fraktalen quantitativ zu beschreiben wird die fraktale Dimension eingeführt. Im folgenden wird diese Größe definiert und dabei werden drei Verfahren zu ihrer Berechnung dargelegt. Die Vor- und Nachteile dieser Verfahren werden am Ende von 6.2.2 nochmals zusammengefaßt.

Die fraktale Dimension nach dem Maßstabsverkleinerungs-Verfahren (MV)

Als Beispiel einer näheren Untersuchung betrachtet man die Länge der Kochschen Kurve (Abb.6.10). Sie soll mit immer kleineren Maßstäben ausgemessen werden. Mit "Maßstab" ist hier nicht das Verkleinerungsverhältnis, sondern das Vergleichsstück einer gewissen Einheit gemeint. Messen bedeutet, daß die Figur mit Maßstabsstücken ε überdeckt wird und deren Anzahl $N(\varepsilon)$ gezählt wird. Als Länge ergibt sich dann $L(\varepsilon) = \varepsilon \cdot N(\varepsilon)$. Das Bildungsgesetz für das Beispiel besteht darin, daß jede Strecke l durch 4 kleinere Strecken der Länge 1/3 ersetzt werden. Deshalb bietet es sich an, auch den Maßstab Schritt für Schritt um 1/3 zu verkürzen. Die Länge der Kurve ist abhängig vom Maßstab, je kleiner ε, desto größer wird $L(\varepsilon)$. Für ε gegen 0 wächst $L(\varepsilon)$ gegen unendlich.

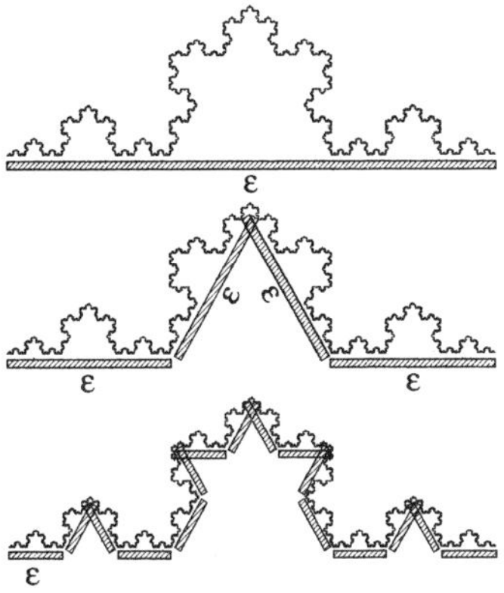

Schritt	ε	$N(\varepsilon)$	$L(\varepsilon)$
0	l_0	1	$1 \cdot l_0$
1	$l_0/3$	4	$4 \cdot l_0/3$
2	$l_0/9$	16	$16 \cdot l_0/9$
n	$l_0/3^n$	4^n	$4^n \cdot l_0/3^n$

Abb.6.10: *Vermessen der Kochschen Kurve mit immer kleiner werdendem Maßstab ε. Die Kurve wird jeweils mit $N(\varepsilon)$ Maßstäben überdeckt.*

Im Gegensatz dazu zwei Beispiele nichtfraktaler Strukturen:

Bei einer Strecke wächst $N(\varepsilon)$ in gleicher Weise wie der Maßstab ε kleiner wird. $L(\varepsilon)$ bleibt konstant (Abb.6.11.a). Bei der Vermessung einer Fläche $l_0 * l_0$ überdeckt man die Figur mit Einheitsquadraten ε^2 und zählt die nötige Anzahl $N(\varepsilon)$. Der Flächeninhalt ergibt sich jetzt zu $A(\varepsilon) = \varepsilon^2 \cdot N(\varepsilon)$. Betrachtet man $N(\varepsilon)$ in Abhängigkeit von ε, so zeigt sich für die Strecke l_0, daß $N(\varepsilon) = (l_0/\varepsilon)^1$. Für die Fläche $l_0 * l_0$ ergibt sich $N(\varepsilon) = (l_0/\varepsilon)^2$.

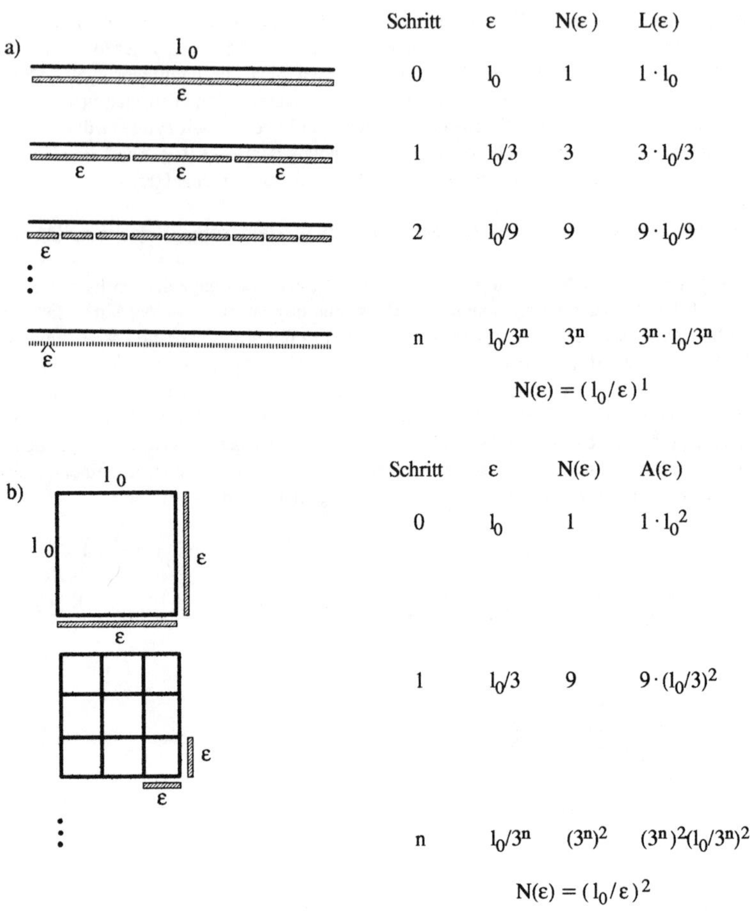

Schritt	ε	N(ε)	L(ε)
0	l_0	1	$1 \cdot l_0$
1	$l_0/3$	3	$3 \cdot l_0/3$
2	$l_0/9$	9	$9 \cdot l_0/9$
n	$l_0/3^n$	3^n	$3^n \cdot l_0/3^n$

$$N(\varepsilon) = (l_0/\varepsilon)^1$$

Schritt	ε	N(ε)	A(ε)
0	l_0	1	$1 \cdot l_0^2$
1	$l_0/3$	9	$9 \cdot (l_0/3)^2$
n	$l_0/3^n$	$(3^n)^2$	$(3^n)^2(l_0/3^n)^2$

$$N(\varepsilon) = (l_0/\varepsilon)^2$$

Abb.6.11: *Vermessen einer Strecke l_0 (a) bzw. einer Fläche $l_0 * l_0$ (b) mit kleiner werdendem Maßstab ε.*

Allgemein sieht man an diesen Beispielen, daß sich N(ε) nach einem Potenz-Ansatz entwickelt:

$$N(\varepsilon) = (l_0/\varepsilon)^{d_F} \sim \varepsilon^{-d_F} \qquad \textbf{(GL 6.10)}$$

Zu bestimmen ist jetzt für die Kochsche Kurve der Exponent d_F. Dies geschieht mit Hilfe den in Abb.6.10 festgelegten Beziehungen $\varepsilon = l_0/3^n$ und $N(\varepsilon) = 4^n$.

Eingesetzt in GL 6.10 erhält man nach wenigen Umformungen den Exponenten d_F:

$$4^n = \left(\frac{l_0}{l_0 / 3^n}\right)^{d_F} = (3^n)^{d_F}$$

$$n \cdot \ln 4 = d_F \cdot n \cdot \ln 3 \qquad \Rightarrow \qquad d_F = \ln 4 / \ln 3 = 1{,}2618..$$

Führt man diese Rechnung für andere Beispiele aus, so stellt man fest, daß für alle selbstähnlichen Gebilde das allgemeine Maßstabsgesetz GL 6.10 gilt. Der Exponent entspricht bei der Strecke und bei der Fläche gerade deren geometrischer Dimension. Beim Würfel, also einem dreidimensionalen Gebilde, ergibt sich analog $d_F = 3$. Für das neue, selbstähnliche Gebilde der Kochschen Kurve liegt d_F zwischen 1 und 2. Dies entspricht der intuitiven Meinung, daß die Kochsche Kurve mehr als eine Linie, aber weniger als eine Fläche ist. Entsprechend wird d_F als die **fraktale Dimension** bezeichnet. Wie das Beispiel zeigt, muß diese fraktale Dimension keine ganze Zahl sein.

Die geometrische "Zwischenlage" für die Kochsche Kurve erkennt man , wenn man die Länge L(ε) und die Fläche A(ε) vergleicht:

$$L(\varepsilon) = \varepsilon \cdot N(\varepsilon) \sim \varepsilon \cdot \varepsilon^{-d_F} = \varepsilon^{(1-d_F)} = \varepsilon^{-0{,}2618}$$

$$A(\varepsilon) = \varepsilon^2 \cdot N(\varepsilon) \sim \varepsilon^2 \cdot \varepsilon^{-d_F} = \varepsilon^{(2-d_F)} = \varepsilon^{0{,}7382}$$

Für $\varepsilon \to 0$ wird L(ε) unendlich, A(ε) dagegen wird null. Nun kann man verallgemeinert ein d-dimensionales Volumen $V_d(\varepsilon)$ definieren (d sei dabei reell; ein 1-dimensionales Volumen ist die gewöhnliche Länge, ein 2-dimensionales die Fläche) und GL 6.10 anwenden:

$$V_d(\varepsilon) = \varepsilon^d \cdot N(\varepsilon) \sim \varepsilon^{(d-d_F)}$$

Für eine bestimmte reelle Zahl $d = d_H$ wechselt der Wert für V_d von unendlich auf null (immer für $\varepsilon \to 0$). In dieser Weise wurde von **F. Hausdorff** die nach ihm benannte **Hausdorff-Dimension** d_H definiert. Nach dem bisherigen Beispiel gilt $d_H = d_F$. Allerdings gibt es Fraktale, für die unterschiedlich lange Maßstäbe ε verwendet werden müssen. Dann können d_H und d_F unterschiedlich sein, allerdings läßt sich mathematisch zeigen, daß immer $d_H \leq d_F$ gilt (siehe [34]).

Zur Wiederholung sei dieses **Maßstabsverkleinerungs-Verfahren** noch einmal zusammengefaßt: Man verkleinert schrittweise den Maßstab ε, mit dem das Gebilde ausgemessen wird. Dabei stellt man die minimale Anzahl N(ε) der nötigen Maßstabseinheiten für eine Überdeckung fest. Die fraktale Dimension d_F ergibt sich dann aus dem sogenannten **potentiellen Skalenprinzip**

$$N(\varepsilon) \sim \frac{1}{\varepsilon^{d_F}} \qquad \textbf{(GL 6.11)}$$

Wählt man einen Proportionalitätskonstante K und bildet auf beiden Seiten den Logarithmus, ergibt sich die Gleichung $\ln(N(\varepsilon)) = \ln(K) + d_F \cdot \ln(1/\varepsilon)$. Wenn man $\ln(N(\varepsilon))$ gegen $\ln(1/\varepsilon)$ aufträgt (doppelt logarithmische Darstellung von N(ε) und 1/ε), ergibt sich eine Gerade. Die Steigung dieser Geraden ist die fraktale Dimension d_F.

Die fraktale Dimension nach dem Vermehrungs-Vergrößerungs-Verfahren (VV)

Etwas abgewandelt kann d_F auch aus dem Vermehrungs- und Vergrößerungsprinzip der Selbstähnlichkeit gewonnen werden. Bei **Vergrößerung** des Objektes mit dem Faktor **v** werden mehr Details erkennbar. Die **Vermehrung z** definiert sich als Verhältnis der Anzahl der nach Vergrößerung auflösbaren Teilstrukturen zur Anzahl der vor der Vergrößerung erkennbaren Strukturen Man kann die Vergrößerung v als Veränderung der Auflösung $1/\varepsilon$ interpretieren, wenn man bedenkt, daß Vergrößern das gleiche bedeutet wie Vermessen mit kleineren Maßstabstücken ε. Nach [34, S.175] gilt auch hier ein Potenzgesetz:

$$z = v^{d_F} \quad \Rightarrow \quad d_F = \ln z / \ln v \qquad \textbf{(GL 6.12)}$$

Für die Kochsche Kurve wählt man praktischerweise v = 3, jedesmal werden dann viermal soviele Teilstrukturen erkennbar (aus einer Linie werden vier Linien, z = 4/1 = 1). Man erhält $d_F = \ln 4 / \ln 3 = 1{,}26..$, den gleichen Wert wie beim MV.

Dieses **Vergrößerungs-Vermehrungs-Verfahren** gilt auch für die Behandlung eines Teils der Struktur, wenn man sich sicher ist, daß die anderen Teilstrukturen sich genauso verhalten. Für die iterativ generierten Fraktale aus Abb.6.9 ist in Abb.6.12 mit dem VV die Berechnung von d_F dargestellt. Dabei wurde die Vergrößerung jeweils so gewählt, daß ein Ausschnitt vergrößert wurde, der gerade die Ursprungsfigur ergibt.

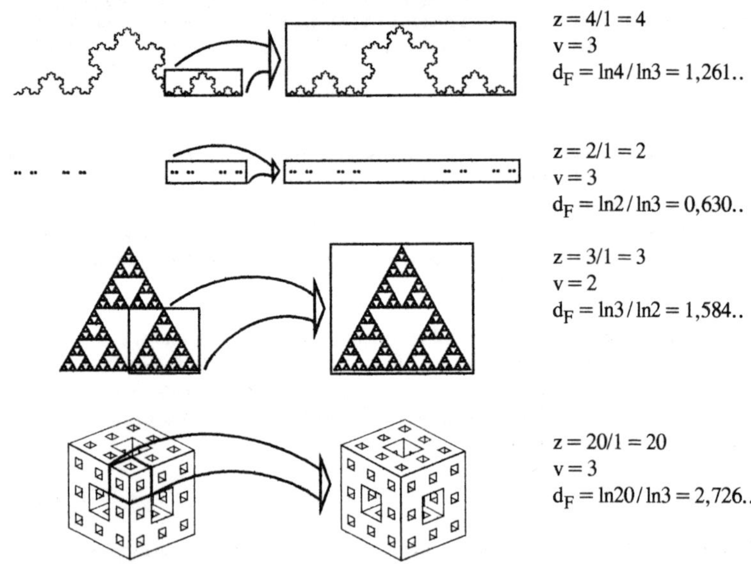

Abb.6.12: *Die fraktale Dimension d_F nach dem Vergrößerungs-Vermehrungs-Verfahren*

Die fraktale Dimension nach dem Gitter-Verfahren (GV)

Schwieriger ist die Bestimmung bei statistischen Fraktalen, wie der "Wurzel" in 6.9.e oder vielen Beispielen aus der Natur. Dort ist das MV erfolgreicher, allerdings sehr schlecht machbar. Bei solchen "unsystematischen" Strukturen sind viele Überdeckungen möglich. Aus dieser großen Anzahl muß die ausgesucht werden, die die wenigsten Maßstabseinheiten benötigt. Aber dies ist praktisch nicht durchführbar.

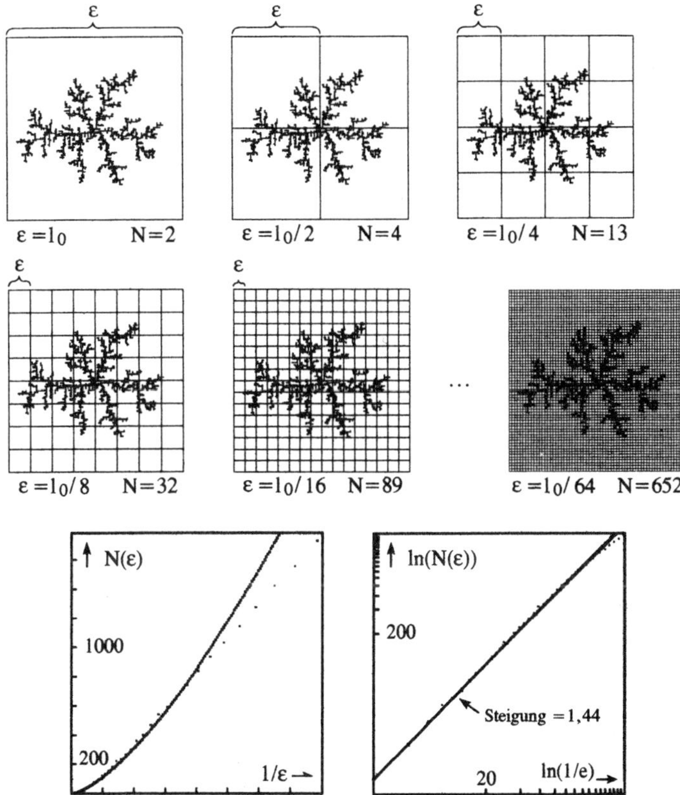

Abb.6.13: *Näherungsbestimmung der fraktalen Dimension d_F mit dem Gitter-Verfahren Systematisch werden die Maschen verkleinert und alle getroffenen Felder gezählt (obere und mittlere Bildreihe). N(ε) wächst für kleine ε nach einem Potenzgesetz an, bei großen ε wird der fraktale Charakter nicht erkannt, das Gitter ist zu grob (Diagramm unten links). Die doppelt logarithmische Darstellung von N(ε) zeigt für nicht zu kleine ε einen linearen Verlauf. Die Steigung der Mittelungsgeraden ergibt eine Näherung für d_F. Die der Geraden entsprechenden Kurve ist im Diagramm unten links eingezeichnet. Die Berechnungen wurden mit dem Computerprogramm FD-BOX durchgeführt (siehe Anhang)*

Eine Näherung ist durch das **Gitter-Verfahren**, im Englischen "box-counting" genannt, möglich. Anstatt einer minimalen Überdeckung bedient man sich einer systematischen Gitter-Überdeckung durch Quadrate (im allgemeinen d-dimensionalen Volumina) mit der Seitenlänge ε. Verkleinert man ε und zählt jeweils die Quadrate, die von der Struktur getroffen werden, so ergibt sich zwischen der Anzahl N der getroffenen Quadrate und der Seitenlänge ε ein Zusammenhang $N(\varepsilon)$. Trägt man $N(\varepsilon)$ gegen $1/\varepsilon$ doppelt logarithmisch auf, so sollte sich eine Gerade ergeben, wenn $N(\varepsilon)$ Gleichung GL 6.11 nahekommt. Die Steigung dieser Gerade ist dann eine Näherung für die fraktale Dimension d_F (Abb. 6.13).

Das Gitter-Verfahren eignet sich gut für die Automatisierung durch den Computer. Auch Strukturen aus der Natur sind so analysierbar, man muß allerdings die Figur in digitale Daten umwandeln. Diese lassen sich z.B. mittels eines Scanners von einem Foto erhalten. Dabei kann die Verkleinerung des Gitters nicht beliebig fortgesetzt werden, da das Bild nur aus einer endlichen Anzahl von Punkten besteht. Einige Ergebnisse der hiermit durchgeführten Berechnungen sind in Abb. 6.14 dargestellt. Die Berechnungen wurden mit dem Programm FD-BOX (siehe Anhang II) durchgeführt.

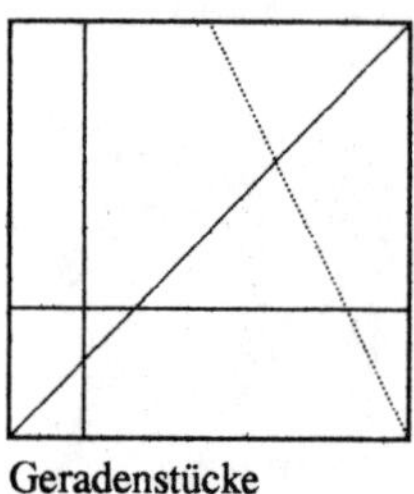

Geradenstücke
$d_F(GV) = 1{,}00 \pm 0{,}05$

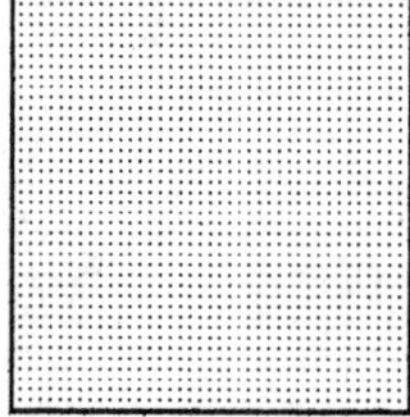

Fläche (systematische Punktverteilung)
$d_F(GV) = 2{,}00 \pm 0{,}01$

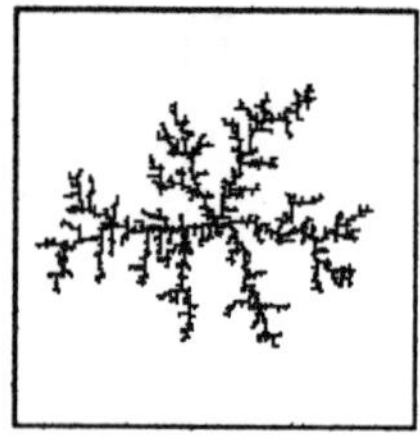

"Wurzel" (Diffusionswachstum)
$d_F(GV) = 1{,}55 \pm 0{,}05$

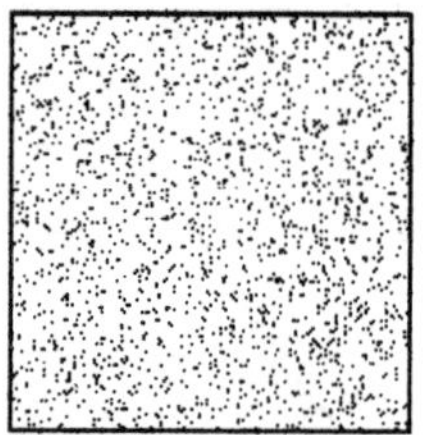

stochastische Punktverteilung
$d_F(GV) = 2{,}00 \pm 0{,}02$

Cantor-Menge
$d_F(GV) = 0{,}60 \pm 0{,}05$ $\quad (d_F(VV) = 0{,}63..)$

Abb. 6.14: *Bestimmung der fraktalen Dimension nach dem Gitterverfahren*

Die fraktale Dimension nach dem Abstandsanalyse-Verfahren (AV)

Obwohl die Kontrollrechnungen für bekannte Strukturen, wie Gerade, Fläche oder Cantor-Menge, auf eine gute Näherung zu den theoretischen Werten hindeuten, zeigen sich beim GV Mängel: Ein Gitter ist meist relativ grob, d.h. bei sehr feinen Strukturen ist die Berechnung unsicher oder sehr aufwendig. Deshalb wird von Spezialisten eine Berechnungsart bevorzugt, die auf statistischen Methoden beruht. Bei diesem Verfahren werden die gegenseitigen Abstände der registrierten Strukturpunkte ausgewertet. Es wurde von Grassberger und Procaccia 1984 vorgeschlagen [30] und beruht auf Vorarbeiten von Rényi. Die Grundidee liegt darin, daß die Wahrscheinlichkeit betrachtet wird, mit der ein Punkt des Gebildes in einem bestimmten Kasten eines abstrakten Zustandsraumes anzutreffen ist. Mit Hilfe des Shanonschen Informationsmaßes wird eine Informationsdimension definiert, die in vielen Fällen der Hausdorff-Dimension entspricht. Die mathematische Beziehung zwischen den beiden Dimensionsdefinitionen ist noch nicht vollständig geklärt, die praktische Anwendung zur Beschreibung von Selbstähnlichkeit zeigt aber Erfolge [50,S.84].

Im folgenden wird das Verfahren für Gebilde auf einer zweidimensionalen Grundmenge definiert, es wird als **Abstandsanalyse-Verfahren** bezeichnet. Dazu wird die **Abstandsverteilungsdichte** des Gebildes, die **Korrelationsfunktion C(r)**, definiert. Sie ist die Anzahl aller Abstände d_{ij} zwischen je zwei Punkten x_i und x_j, die kleiner als ein vorgegebenes r sind. Mathematisch läßt sich C(r) mit der Heaviside-Funktion und einer Doppelsumme definieren:

$$C(r) = \lim_{n \to \infty} \frac{2}{n \cdot (n-1)} \sum_{i,j=1}^{n} H(r - d_{ij}) \qquad \textbf{(GL 6.13)}$$

$$d_{ij} = |x_i - x_j| \quad \text{Abstand zwischen zwei Punkten}$$

$$H(x) = \begin{cases} 1 & \text{für } x > 0 \\ 0 & \text{sonst} \end{cases} \quad \text{Heaviside - Funktion}$$

Der Faktor $2/(n \cdot (n-1))$ normiert C(r) auf Werte zwischen 0 und 1, der Grenzwert $n \to \infty$ legt fest, daß alle Punkte der Struktur berücksichtigt werden. Wegen der Selbstähnlichkeit muß das Gebilde aus unendlich vielen Punkten bestehen. Für die praktische Berechnung können aber nur endlich viele berücksichtigt werden. Bei Berechnungen stellt sich heraus, daß es genügt, einige hundert bis einige tausend Punkte zu berücksichtigen.

Ähnlich wie die Flächenfüllung oder die Längenentwicklung folgt auch die Abstandsverteilung bei selbstähnlichen Strukturen einem Potenzgesetz:

$$C(r) \sim r^{d_F} \qquad \textbf{(GL 6.14)}$$

Dies ist plausibel, da einerseits bei Verkleinerung des Vergleichsabstandes r immer weniger Abstände gefunden werden, die kleiner als r sind. Andererseits finden sich wegen der Selbstähnlichkeit auch bei sehr kleinem r noch Punkte, deren Abstand kleiner r ist, die Struktur wiederholt sich auf kleinerer Skala.

Analog zum Gitterverfahren wird entsprechend hier C(r) in Abhängigkeit von r berechnet und doppelt logarithmisch aufgetragen. Die Steigung der Ausgleichsgeraden entspricht der fraktalen Dimension (Abb.6.15). Rechnerisch wird dazu für GL 6.14 eine Proportionalitätskonstante K eingeführt und auf beiden Seiten der Logarithmus gebildet:

$$\ln(C(r)) = \ln(K) + d_F \cdot \ln(r) \qquad \textbf{(GL 6.15)}$$

Auch das AV eignet sich gut, um es durch ein Computerprogramm ausführen zu lassen. Hierfür wurde das Programm FD-DIS entwickelt (siehe Anhang).

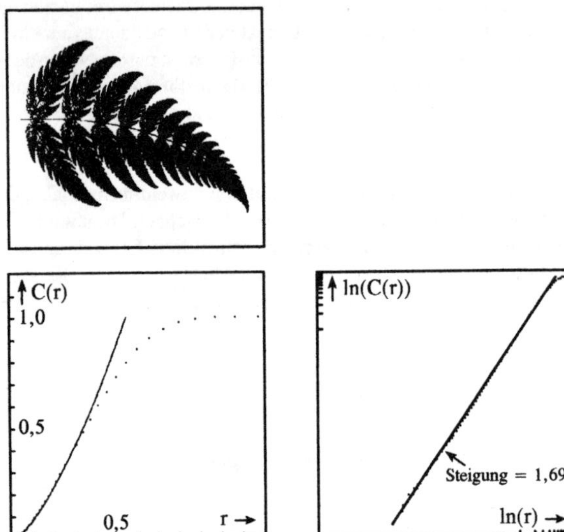

Abb.6.15: *Bestimmung der fraktalen Dimension nach dem Abstandsanalyse-Verfahren am Beispiel des fraktalen Farnblattes (siehe Programm FD-DIS in Anhang II)*
Das Farnblatt entsteht iterativ durch affine Abbildung mit vier verschiedenen Abbildungsfunktionen (Programm FRAK-BLA, siehe Anhang II). Aufgetragen wird die Korrelationsfunktion C(r) in Abhängigkeit von r (unten links). Die doppelt logarithmische Darstellung (unten rechts) zeigt über einen weiten Bereich den linearen Zusammenhang. Die Steigung der Geraden ergibt die fraktale Dimension d_F. Das ''Abbiegen'' der Kurve für große r liegt daran, daß die Struktur beschränkt ist, daß keine größeren Abstände hinzukommen.

Wie oben schon angeführt, sei nochmals darauf hingewiesen, daß die fraktale Dimension d_F, die mit dem AV berechnet wird, nicht vollständig mit derjenigen Dimension übereinstimmt, wie sie sich im VV bzw. GV ergibt. Allerdings zeigt sich in Vergleichen der verschiedenen Verfahren, daß sich für viele Beispiele sehr ähnliche Werte ergeben (Abb.6.16). Die Beispiele beruhen alle auf Strukturen, die auf einer eindimensionalen bzw. zweidimensionalen Grundmenge definiert sind. Sie läßt sich auch auf dreidimensionale Strukturen ausdehnen. Das AV läßt sich in abstrakter Weise noch erweitern (Rényi-Dimension [50] und [07]). Es ergeben sich aber für die aufgeführten Beispiele keine maßgeblichen Unterschiede in den Werten für die fraktale Dimension.

Objekt	D_G	d_F(VV)	d_F(GV)	d_F(AV)
Gerade	2	1	1,00±0,01	1,00±0,05
mehrere Geraden	2	1	1,0 ±0,1	---
Fläche	2	2	2,00±0,05	1,9 ±0,1
Cantor-Menge	1	0,630..	0,70±0,07	0,67±0,03
Kochsche Kurve	2	1,264..	1,30±0,07	1,26±0,01
Sierpinski-Dreieck	2	1,584..	1,57±0,05	1,59±0,01
Farnblatt	2	---	1,70±0,05	1,69±0,02
Menger-Schwamm	3	2,726..	---	---
Diffusionswachstum				
(nur direkte Nachbarn)	2	---	1,55±0,1	1,64±0,05
(auch über Ecken anbinden)	2	---	1,55±0,1	1,66±0,05
Random-Walk	2	---	1,6 ±0,1	1,8 ±0,03
gleichm. Zufallsverteilung	2	2	2,00±0,05	2,00±0,02
Logistische Funktion				
$c=c_\infty=3{,}56995$ (peri.-> Chaos)	1	0,539.. *	0,56±0,1	0,55±0,05
$c=c_\infty=3{,}56995$	2	---	0,61±0,1	0,55±0,05
c=3,6 (Chaos)	2	---	1,0 ±0,1	0,9 ±0,05
Henon-Attraktor				
α=1,b; ß=0,3	2	1,26.. **	1,3 ±0,1	1,26±0,05
ROPE-SIM (siehe Kap.3)				
I=0,410	2	1,22	1,1 ±0,1	1,20±0,05
I=0,200	2	---	1,65±0,1	1,45±0,05
ROPE-IT (siehe Kap.4)				
$I=I_\infty=0{,}422$ (entspricht C_∞)	1	0,539..	0,65±0,1	0,55±0,1
$I=I_\infty=0{,}422$	2	---	0,7 ±0,1	0,55±0,05
I=0,410	2	1,22	1,2 ±0,1	1,19±0,05
I=0,415	2	---	1,12±0,1	1,1 ±0,05
I=0,417	2	---	1,12±0,1	1,15±0,05

*: aus[34,S.178] **: aus [07,S.149]

Abb.6.16: *Werte der fraktalen Dimension, berechnet nach verschiedenen Verfahren*
d_F(VV): nach dem Vergrößerungs-Vermehrungs-Verfahren
d_F(GV): nach dem Gitter-Verfahren (mit FD-BOX)
d_F(AV): nach dem Abstandsanalyse-Verfahren (mit FD-DIS)
D_G: Dimension der Grundmenge, auf der die Berechnungen durchgeführt wurden
Die verschiedenen Verfahren liefern weitgehend übereinstimmende Werte. Das VV ist bei statistischen Fraktalen nicht anwendbar. Das GV ist von der Berechnungsart am wenigsten aufwendig, jedoch von nicht so großer Güte wie das AV.

6.2.2 Fraktalen Dimension bei seltsamen Attraktoren des Rotationspendels mit Unwucht

Für jedes der oben beschriebenen Verfahren wird mindestens ein Beispiel behandelt. Wie schon für die Iterationsmodellierung und die Berechnungen des Liapunov-Exponenten sind die Berechnungen für das Rotationspendel hier erstmalig dargestellt.

Am auffälligsten waren die fraktalen Strukturen bei der Betrachtung der seltsamen Attraktoren (siehe Abb.3.37 und 3.38). Es wurde in 4. gezeigt, daß für einen bestimmten Bereich des Kontrollparameters I zwei Iterationsgleichungen existieren, die das System gut beschreiben, die vor allem die gleichen Attraktoren liefern. Wegen der schnelleren Berechnungsmöglichkeit soll deshalb zuerst ein Beispiel betrachtet werden, dem diese Iteration zugrundegelegt wird. Die Systemparameter sind wieder wie in 4. gewählt, sie entsprechen einem Kontrollparameter I = 410 mA (siehe Abb.4.16 und Abb.6.18.a-c).

Empirische Analyse mit dem VV

Die Selbstähnlichkeit zeigt sich in der Linienstruktur. Es tauchen immer wieder Kombinationen von drei Linien auf, bei der die mittlere Linie in eine feine Doppellinie aufgelöst werden kann. Um in den Bereich einer systematischen Selbstähnlichkeit zu gelangen, wird ein Ausschnitt des Attraktors zuerst um den Faktor 11 und dann ein Ausschnitt daraus um den Faktor 5,5 vergrößert (Abb.6.17.a-c).

Typisch sind drei Linienstrukturen:
A: eine einzelne Linie
B: eine Doppellinie, die relativ nahe an A liegt
C: eine weitere Einzellinie

Um das VV günstig anwenden zu können, werden in mehreren Schritten A, B und C so vergrößert (in A'', B'' und C''), daß sie der Ausgangsfigur (G) entsprechen. Als Vermehrung z_A, z_B und z_C ergibt sich jeweils 3, aus einer Linie werden 3 Linien. Dabei wird B als eine Linie gerechnet, man kann sich eine Auflösung (einen Maßstab) vorstellen, bei der sie noch nicht aufgelöst erscheint. Anders ist es mit den Vergrößerungen. Für jede der Substrukturen gibt es einen anderen Faktor v_A, v_B, v_C. Auffallend ist der Faktor 5,5, er kommt immer wieder vor und wird deshalb als Basis gewählt.

$v_A = 5{,}5 \cdot 5{,}5 \cdot 5{,}5^{3{,}5} = 2146 = 5{,}5^{4{,}5}$ (c → d → e)
$v_B = 5{,}5 \cdot 5{,}5 = 30{,}3 = 5{,}5^{2}$ (c → d → f)
$v_C = 5{,}5 \cdot 5{,}5^{2{,}5} = 390 = 5{,}5^{3{,}5}$ (c → g)

Um GL 6.12 verwenden zu können, bedarf es aber einer einzigen Vergrößerung v' und der zugehörigen Vermehrung z'. Um zumindest näherungsweise solche Werte v' und z' anzugeben soll eine Interpolation vorgenommen werden. Dazu wird eine Vergrößerung v' vorgegeben (v' = 5,5 bietet sich an, es wurde schon als Basis verwendet) und abgeschätzt, welche Vermehrung z' dabei zu erwarten ist. Dazu sollen zuerst die Einzelvermehrungen z_A', z_B' und z_C' bestimmt werden, die sich bei v' für die einzelnen Linien A, B und C ergeben würden. Diese Werte können nicht direkt aus entsprechenden Vergrößerungsbildern

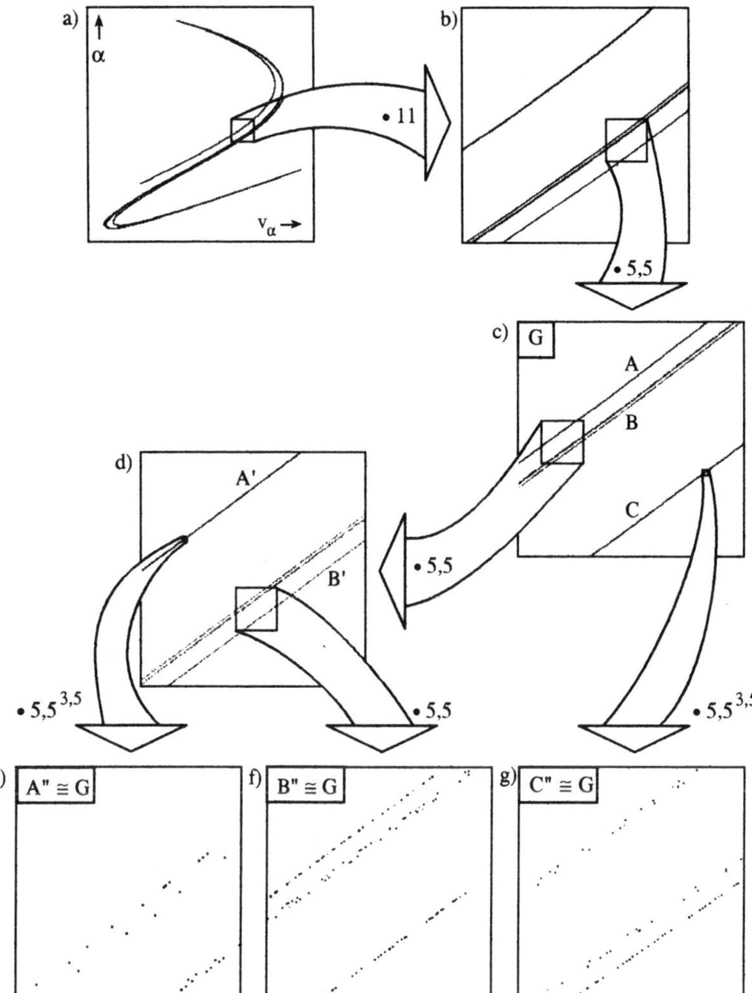

Abb.6.17: *Fraktaler Charakter des seltsamen Attraktors für das Rotationspendel*
Der Attraktor wurde mit der Iterationsnäherung gewonnen (siehe Kapitel 4.); die Parameter sind so gewählt, daß sie etwa dem Kontrollparameter I = 410 mA für das reale System entsprechen (a). Um in den Bereich systematischer Selbstähnlichkeit zu kommen, wird zuerst ein Ausschnitt zweimal vergrößert (a bis c). Es zeigt sich eine typische Linienstruktur A, B und C (b,c). Weitere Vergrößerungen führen für A, B (über d) und C zu Konfigurationen A''(e), B''(f) und C''(g), die weitgehend der Ausgangsfigur G entsprechen.

abgelesen werden, man muß interpolieren. Zuerst eine Vorüberlegung: Wenn man eine Struktur x-mal mit v' vergrößert, so ist die Gesamtvergrößerung $v = v'^x$. Dabei ergibt sich als Gesamtvermehrung analog $z = z'^x$, wenn z' die Vermehrung bei v' war. Wenn nun x und z bekannt sind, dann läßt sich $z' = \sqrt[x]{z}$ berechnen. Damit bekommt man die gesuchten Einzelvermehrungen (die Werte in den Klammern sind zugehörige Vergrößerungen):

$$z_A(5{,}5^{4,5}) = 3 \quad \Rightarrow \quad z_A'(5{,}5) = \sqrt[4,5]{3} = 1{,}28$$
$$z_B(5{,}5^{2}) = 3 \quad \Rightarrow \quad z_B'(5{,}5) = \sqrt[2]{3} = 1{,}73$$
$$z_C(5{,}5^{3,5}) = 3 \quad \Rightarrow \quad z_C'(5{,}5) = \sqrt[3,5]{3} = 1{,}37$$

Die Gesamtvermehrung z' bei der Vergrößerung v' = 5,5 ist damit das arithmetische Mittel

$$z' = (z_A' + z_B' + z_C')/3 = 1{,}46.$$

Jetzt erhält man mit GL 6.12

$$d_F' = \ln z' / \ln v' = \ln(1{,}46) / \ln(5{,}5) = 0{,}22.$$

Diese Zahl ist kleiner als 1. Das kann so nicht stimmen, denn das Objekt ist eine "dicke Linie", die fraktale Dimension muß zwischen 1 und 2 liegen. Dieser Fehler kann korrigiert werden: Bei der Bestimmung wurde immer nur die Richtungskomponente senkrecht zu den Linien berücksichtigt. Betrachtet wurde eine Punktmenge ähnlich der Cantor-Menge. In der anderen Richtung (längs der Linien) ist die Struktur eindimensional, dort erscheinen keine fraktale Unterteilungen. Deshalb muß die Dimension 1 für diese Richtung noch addiert werden, die fraktale Dimension für den Ausschnitt G des Attraktors ist damit

$$d_F = 1{,}22.$$

Dieser Wert ist die fraktale Dimension für den seltsamen Attraktor im zweidimensionalen Poincaré-Schnitt. Bedenkt man, daß der vollständige Attraktor ein Gebilde in dreidimensionalem Raum ist (die dritte Dimension wäre die Anregungsphase), so muß eine weitere Dimension 1 addiert werden. Dabei wird davon ausgegangen, daß über die Anregungsphase kein zusätzlicher fraktaler Charakter vorliegt. Der vollständige Attraktor beim Dämpfungsstrom I = 410 mA hat letztendlich die fraktale Dimension 2,22.

Berechnungen mit dem AV und GV

In analoger Weise kann mit dem VV die Dimension für andere Kontrollparameter bestimmt werden. Das Verfahren ist allerdings relativ mühsam, müssen doch jedesmal durch "Herantasten" die richtigen Ausschnitte und Vergrößerungen gefunden werden. Außerdem ist noch nicht gesichert, daß an einer anderen Stelle des Attraktors die gleiche Dimension vorliegt. Letzteres kann wohl durch die Bildung über die Bäcker-Transformation vermutet werden, ist aber nicht direkt zu zeigen. Als sehr viel praktischer erweisen sich das Gitter-Verfahren und das Abstandsverfahren. Die Automatisierung durch die Computerauswertung gestattet damit auch Berechnungen für komplizierter aussehende Attraktoren, wie der "Wirbelstruktur" bei I = 200 mA (Abb.3.38). In Abb.6.18 und 6.19 sind die Ergebnisse, die mit den entsprechenden Computerprogrammen durchgeführt wurden, dargelegt.

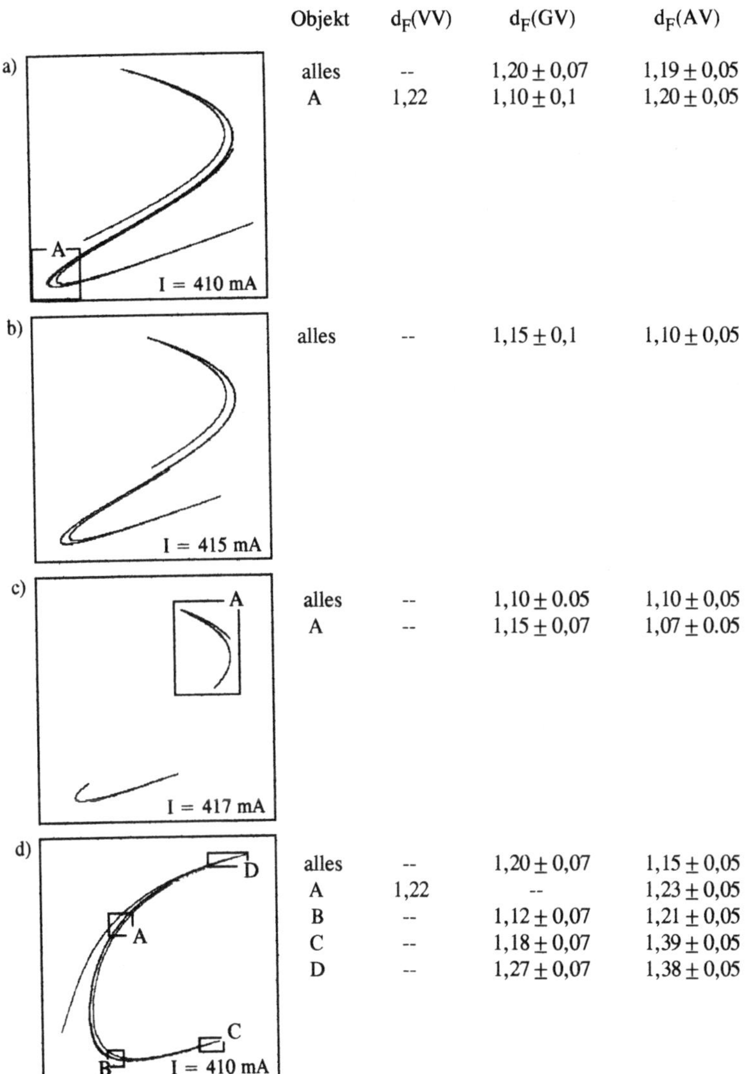

	Objekt	d_F(VV)	d_F(GV)	d_F(AV)
a)	alles	--	$1{,}20 \pm 0{,}07$	$1{,}19 \pm 0{,}05$
	A	1,22	$1{,}10 \pm 0{,}1$	$1{,}20 \pm 0{,}05$
b)	alles	--	$1{,}15 \pm 0{,}1$	$1{,}10 \pm 0{,}05$
c)	alles	--	$1{,}10 \pm 0.05$	$1{,}10 \pm 0{,}05$
	A	--	$1{,}15 \pm 0{,}07$	$1{,}07 \pm 0.05$
d)	alles	--	$1{,}20 \pm 0{,}07$	$1{,}15 \pm 0{,}05$
	A	1,22	--	$1{,}23 \pm 0{,}05$
	B	--	$1{,}12 \pm 0{,}07$	$1{,}21 \pm 0{,}05$
	C	--	$1{,}18 \pm 0{,}07$	$1{,}39 \pm 0{,}05$
	D	--	$1{,}27 \pm 0{,}07$	$1{,}38 \pm 0{,}05$

Abb.6.18: *Vergleich der fraktalen Dimensionen nach verschiedenen Berechnungsverfahren für Attraktoren des Rotationspendels (Koordinaten: Ordinaten α, Abszissen v_α)*
Die Attraktoren in a), b) und c) wurden mit der Iterationsnäherung aus 4. generiert (entsprechend $I = 410\,mA$; Phase für Poincaré-Schnitt ist jeweils $\varphi_0 = \pi/2$). Der Attraktor in d) ergab sich aus der Simulation ($I = 410\,mA$; $\varphi_0 = 0$).

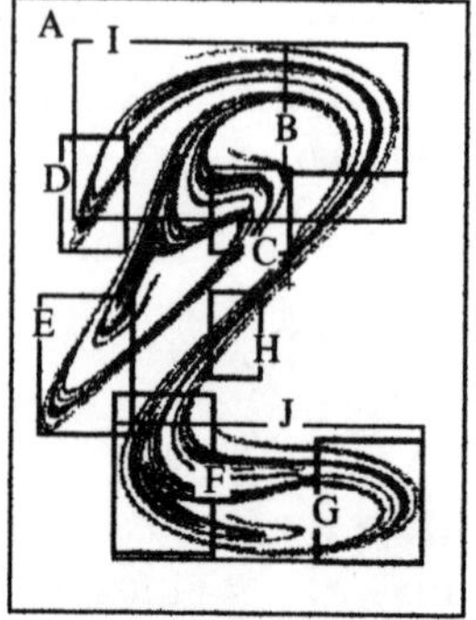

	d_F(GV)	d_F(AV)	Anzahl Punkte
A	1,65 ± 0,07	1,45 ± 0,05	1480
B	1,65 ± 0,07	1,45 ± 0,05	614
C	1,65 ± 0,1	1,41 ± 0,05	651
D	1,36 ± 0,1	1,5 ± 0,05	137
E	1,65 ± 0,07	1,41 ± 0,05	458
F	1,65 ± 0,1	1,41 ± 0,07	1249
G	1,62 ± 0,07	1,36 ± 0,05	533
H	1,65 ± 0,07	1,45 ± 0,05	102
I	1,65 ± 0,1	1,45 ± 0,05	1486
J	1,65 ± 0,1	1,43 ± 0,02	1488

Abb.6.19: *Die fraktale Dimension für den "Wirbelattraktor" (siehe Abb.3.38), der mit dem Simulationsprogramm ROPE-SIM gewonnen wurde ($I = 200$ mA, $\varphi_0 = 0$)*
Die unterschiedliche Anzahl der Punkte resultiert aus programmtechnischen Gründen. Das GV liefert generell etwas größere Werte und einen größeren Fehlerbereich als das AV. Die Werte für D sind unterschiedlich. Ein Grund hierfür könnte die geringe Punktanzahl sein.

Schlußfolgerungen aus dem Vergleich der Berechnungen

- Wie der Liapunov-Exponent ist die fraktale Dimension zur Quantifizierung des Chaos geeignet. Bei Verkleinerung des Kontrollparameters erscheint der Attraktor qualitativ komplizierter. Quantitativ drückt sich dies durch eine höhere fraktale Dimension aus.

- Die verschiedenen Verfahren zur Bestimmung der (verschiedenen) fraktalen Dimensionen zeigen die gleiche Tendenz, auch wenn sie zu größeren Werten hin differieren (Abb.6.19).

- Das Vergrößerungs- und Vermehrungsverfahren ist aufwendig und nicht überall anwendbar. Das Gitterverfahren ist am wenigsten aufwendig, allerdings auch am ungenauesten. Das Abstandsverfahren ist praktisch gut durchführbar und liefert gute Werte.

- Bei den behandelten Attraktoren ergeben sich für einen Kontrollparameterwert weitgehend identische Werte für die fraktalen Dimensionen. Eine Ausnahme bildet das AV für "scharfe" Spitzen in Abb.6.18.d (C und D). Die fraktale Dimension ist also bis auf Ausnahmen unabhängig vom Ort des Attraktors. Dies ist auch plausibel, wenn man sich erinnert, daß ein Attraktor durch Faltung und Streckung (Bäcker-Transformation) entsteht. Der Grund für die Abweichung in dem Ausschnitt D von Abb.6.19 liegt wahrscheinlich an der niedrigen Punktanzahl. Sie gewährleistet keine gute Statistik.

- Die fraktale Dimension scheint auch unabhängig von der Anregungsphase φ_0 zu sein, bei der der Attraktor als Poincaré-Schnitt gewonnen wurde. Um die Dimension des vollständigen (ungeschnittenen) Attraktors zu erhalten, muß die 3. Dimension des Phasenraumes, die Anregungsphase, berücksichtigt werden. Deshalb muß jeweils 1 addiert werden.

Vom System des Rotationspendels wurden nur einige Beispiele analysiert. Sicher wäre es interessant, dies systematisch in Abhängigkeit vom Kontrollparameter durchzuführen. Außerdem gäbe es viele andere Beispiele aus der Physik, die auf ihre fraktale Dimension hin untersucht werden könnten. Neben seltsamen Attraktoren anderer Systeme, wie dem nichtlinearen Schwingkreis oder anderer mechanischer Schwinger könnten auch zeitabhängige, chaotische Vorgänge aus der Natur und Technik (von verschiedenen Rauscharten über Molekülbewegungen bis zur Wolkenbildung oder Verkehrsflußdichte) untersucht werden. Die entwickelten Computerprogramme könnten dazu hilfreich sein und auch im Bereich der Lehre für viele Übungsbeispiele dienen.

6.2.3 Fraktale Grenzen von Einzugsgebieten und die Bedeutung für Vorhersagen

Nachdem auch Einzugsgebiete Fraktale sein können, werden auch dazu an einigen Beispielen die entsprechenden fraktalen Dimensionen bestimmt. Die Bedeutung liegt hier aber darin, daß daraus Rückschlüsse auf die Vorhersagegenauigkeit möglich sind. Diesen Ausführungen liegt weitgehend ein Artikel von Grebogi, Ott und Yorke zugrunde [31].

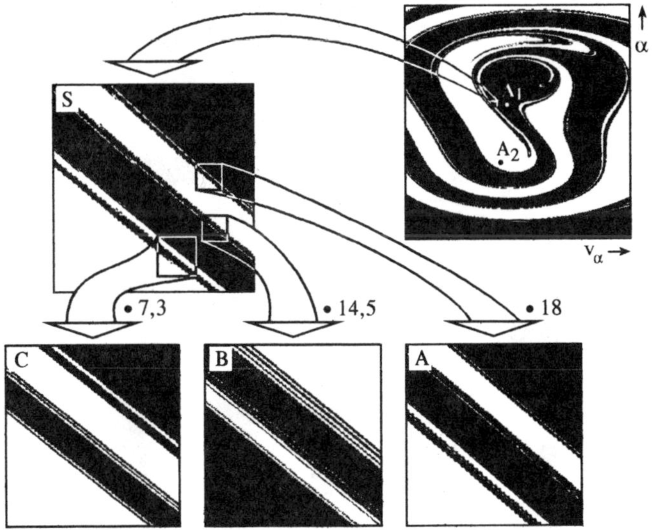

***Abb.6.20:** Fraktale Grenzen bei Einzugsgebieten*
Das obere Bild (E) ist mit dem Programm ROPE generiert (siehe Abb.5.3), ein Start im dunklen Gebiet führt zum Attraktor A_1, im hellen Bereich zum Attraktor A_2. Bei Vergrößerung der Grenze wird eine Streifenstruktur ersichtlich (S), die sich bei weiteren Vergrößerungen der neuen Grenzen wiederholt (A,B,C) (angegebenen sind die linearen Vergrößerungsfaktoren)

Neben seltsamen Attraktoren zeigt sich Selbstähnlichkeit auch bei Einzugsgebieten (siehe Kapitel 5). Dabei ist es nicht notwendig, daß sich der Schwingungstyp nach dem Einschwingvorgang chaotisch verhält. Zum Beispiel entsteht Abb.6.20 für relativ hohe Dämpfung (I = 520 mA). Die Schwingungstypen sind Grundschwingungen im rechten bzw. linken Potentialminimum (eingezeichnet sind die Attraktoren der Schwingungen). Die Selbstähnlichkeit zeigt sich in den Grenzen der Gebiete, die als Startpunkt zum einen oder anderen Attraktor führen. Bei einem "scharfen" Übergang zwischen zwei Gebieten muß es sich dann um eine Linie handeln, die Dimension der Grenze wäre dann exakt eins. Tatsächlich aber sieht man , daß die Grenzen eine Strukturierung aufweisen, die immer feiner wird, je höher man auflöst. An der Grenze erkennt man eine Streifenstruktur. Vor dem schwarzen Gebiet liegt ein breiter schwarzer Streifen, getrennt durch einen breiten weißen Streifen (S). Vergrößert man die Kante erneut, so erkennt man wieder den gleichen Strei-fen (A). Aber auch der breite Streifen hat an beiden Kanten dünne Streifen (B,C). Diese haben wieder Streifen und so fort.

Die Bilder erinnern an den Streifenattraktor in Abb.6.17. Allerdings liegt keine exakte Selbstähnlichkeit vor, die Streifenstruktur in B zeigt mehr Streifen als S, A und C. Damit scheint das exakte Vergrößerungs-Vermehrungs-Verfahren nicht direkt anwendbar.

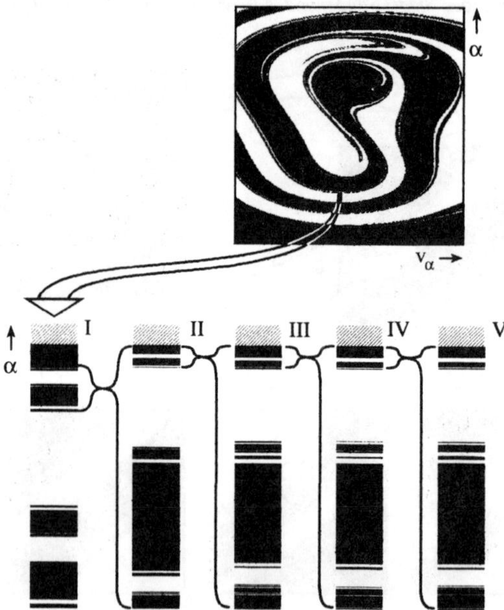

Abb.6.21: *Systematische Untersuchung der Grenzen von Einzugsgebieten*
Ein Streifen des Überganges zwischen schwarz und weiß wird herausgeschnitten und immer wieder vergrößert. Betrachtet wird damit ein eindimensionaler, senkrechter Schnitt (zum besseren Erkennen sehr breit dargestellt). Bis auf Details stellt sich immer wieder das gleiche Muster heraus. //// deutet den Anschluß zum schwarzen Gebiet an.

Vergrößert man immer wieder den ersten dünnen Streifen, der vor dem schwarzen Gebiet liegt, so zeigt sich, daß bis auf Details eine sehr gute Reproduktion abläuft (Abb. 6.21). Dazu wurde ein anderer Ort im Phasenraum gewählt, dort verlaufen die Streifen waagrecht. Es genügt, einen senkrechten Ausschnitt zu untersuchen. In dieser Weise reduziert sich das Problem auf eine eindimensionale Grundmenge (in der zweiten Richtung senkrecht dazu exitiert keine Fraktalität). Gesucht ist also die Dimension der schwarzen Abschnitte (es ergibt sich das gleiche Ergebnis beim Ausmessen der weißen Stücke), ähnlich wie bei der Cantor-Menge. Maßgeblich ist, daß nur an den Kanten der Abschnitte etwas geschieht, die schwarzen Teile selbst bleiben weitgehend erhalten (im Unterschied zur Cantor-Menge). Eine Linie hat die Dimension 1; hier sind am Linienende Unterbrechungen, deshalb erwartet man eine fraktale Dimension, die etwas kleiner als 1 ist.

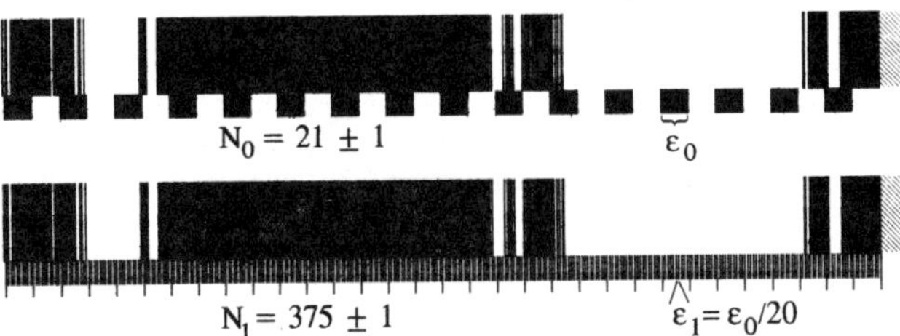

***Abb. 6.22:** Bestimmung der fraktalen Dimension des Streifens IV (hier waagerecht gezeichnet) aus Abb. 6.21 durch Maßstabsverkleinerung. Zuerst wird mit grobem Maßstab (oben) und dann mit 20 mal feinerem Maßstab (unten) gemessen.*

Für den Ausschnitt IV aus Abb. 6.21 soll die fraktale Dimension d_F zuerst nach dem Skalenprinzip (GL. 6.11) bestimmt werden. Dazu wird die Struktur zuerst mit einem relativ groben Maßstab ε_0 ausgemessen.. Bestimmt werden soll die Länge des schwarzen Anteils. Dazu werden nur die Maßstabsteile gezählt, die einen schwarzen Anteil berühren (Zur Gegenkontrolle kann das gleiche Verfahren für die weißen Anteile durchgeführt werden). Es ergibt sich $N_0 = 21$ (Abb. 6.22 oben). Dann mißt man mit dem Maßstab $\varepsilon_1 = \varepsilon_0 / 20$. Es können $N_1 = 375$ Einheiten ausgezählt werden. Aus GL. 6.11 folgt die fraktale Dimension:

$$N(\varepsilon) \sim 1 / \varepsilon^{d_F}$$

$$\frac{N_0}{N_1} = \frac{N(\varepsilon_0)}{N(\varepsilon_1)} = \frac{\varepsilon_1^{d_F}}{\varepsilon_0^{d_F}}$$

$$\frac{21}{376} = \left(\frac{\varepsilon_0 / 20}{\varepsilon_0}\right)^{d_F} = \left(\frac{1}{20}\right)^{d_F}$$

$$d_F = \frac{\ln(375 / 21)}{\ln(20)} = 0{,}96$$

Mit Berücksichtigung der Zählungenauigkeit von ± 1 Einheit, so ergibt sich:

$$d_F(MV) = 0{,}96 \pm 0{,}02$$

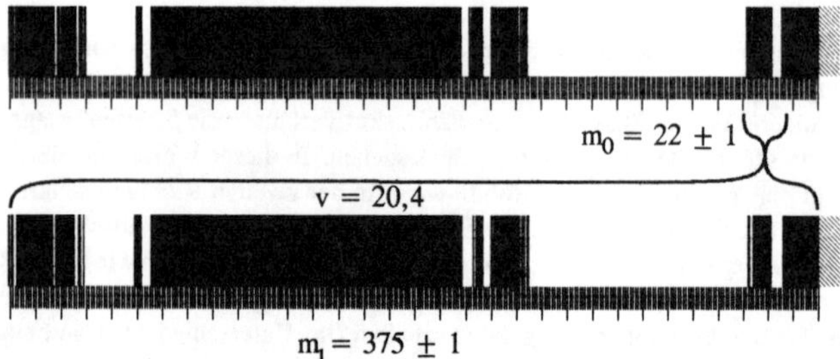

Abb.6.23: *Bestimmung der fraktalen Dimension durch das Vergrößerungs-Vermehrungs-Verfahren für die Vegrößerung III → IV aus Abb.6.21.*

Dieser Wert bestätigt sich durch die Bestimmung mit dem Vergrößerungs-Vermehrungs Verfahren (siehe GL.6.12). Dazu wird die Vergrößerung von III nach IV betrachtet (Abb.6.23). Die Vergrößerung ist $v = 20{,}4$. Die Vermehrung wird über den eingezeichneten Maßstab abgelesen. Beim oberen Bild sind 22, beim unteren 375 Teilstriche schwarz gefärbt. Damit ist

$$z = m_1 / m_0 = 375 / 22 .$$

Somit erhält man als fraktale Dimension mit GL.6.12:

$$d_F(VV) = \ln z / \ln v = \ln(375/22) / \ln(20{,}4) = 0{,}94 \pm 0{,}02$$

Die Fehlergrenzen ergeben sich wieder aus der Zählungenauigkeit. Zusammenfassend kann man die Dimension mit $d_F = 0{,}95$ angeben (Mittelung aus $d_F(MV)$ und $d_F(VV)$).

Die Grundmenge, auf der die Berechnung stattfand, war eine Gerade (senkrechte Komponente des Flächenüberganges schwarz-weiß). Bestimmt wurde die Dimension des schwarzen Anteils des Überganges, also das Ende einer schwarzen Strecke. Würde es sich um eine "normale" Strecke mit "scharfem" Ende handeln, so wäre die Dimension 1 (eine Strecke ist genauso ein eindimensionales Objekt wie eine Gerade). Gesucht ist die Dimension des Übergangs von schwarz nach weiß, nicht der schwarzen Strecke. Die Dimension beim "scharfen" Übergang (nicht fraktal) wäre 0, der Übergang wäre dann ein Punkt. Das Ende des fraktalen Gebildes hat die Dimension $1 - d_F = 0{,}05$ (beim fraktalen Übergang tauchen immer wieder Punkte auf). Nun muß noch die waagrechte Komponente berücksichtigt werden, die Komponente längs des Überganges. Doch in dieser Richtung gibt es keine Fraktalität, die Dimension in dieser Richtung ist 1. Damit ist die Dimension der Kante (der Grenze zwischen den Flächen) die Summe aus den beiden Komponenten: **Die fraktale Dimension der Grenze ist $d_G = 1{,}05$.** Die **Dimension eines Einzugsgebietes** (z.B. die der schwarzen Fläche) **ist $d_E = 1{,}95$.** Hier wird die nichtfraktale Komponente 1 zur Dimension 0,95 der senkrechten Komponente addiert. Die Dimension des anderen Einzugsgebietes hat natürlich den gleichen Wert, das Problem ist symmetrisch. Die Ergebnisse sind plausibel: Die Grenze ist eine ''verdickte'' Linie, also ihre Dimension etwas größer als 1. Die Einzugsgebiete sind am Rand immer wieder unterbrochen, ihre Dimension ist etwas kleiner als die einer Fläche.

Zur Kontrolle werden wieder die statistischen Methoden des Gitter-Verfahrens und des Abstands-Verfahrens herangezogen. Zu deren Berechnung muß eine Punktmenge zugrundegelegt werden. Dies könnte z.B. das α-v_α-Gitter sein, auf dem die Einzugsgebiete berechnet wurden. Allerdings läge dann eine riesige Datenmenge vor, die Auflösung ist dort 450 x 450 Punkte. Deshalb wird eine Punktmenge in anderer Weise erzeugt: Man wählt zufällig einen Punkt aus dem Phasenraum und stellt das Einschwingverhalten zum einen oder anderen Attraktor fest und markiert es entsprechend. Auf diese Weise bekommt man schon mit relativ wenigen Punkten die vollständige Struktur zur Analyse (Abb.6.24).

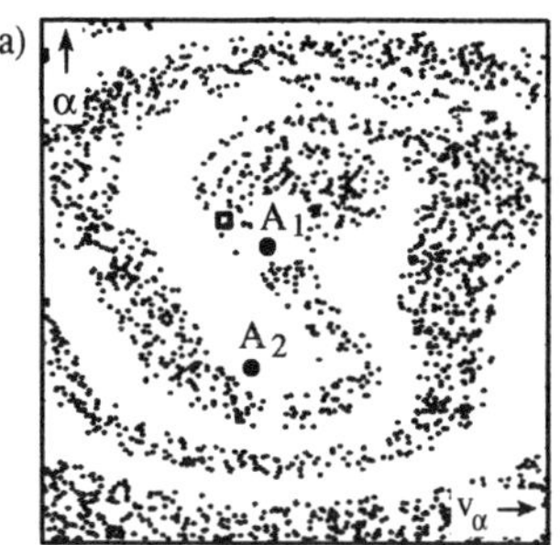

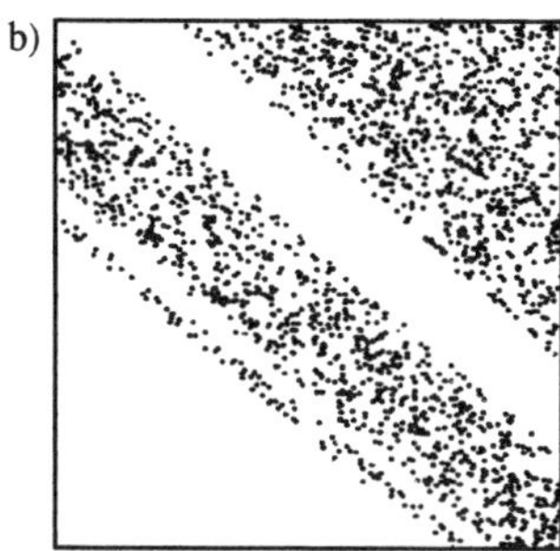

Abb.6.24: *Zufällig wird ein Startpunkt (α, v_α) des Phasenraumes gewählt und dieser auf sein Einschwingverhalten hin untersucht. Konvergiert er zum oberen Attraktor A_1, so wird er markiert. Auf diese Weise werden viele Startpunkte untersucht.*
a) Situation wie in Abb.6.20 E
b) Punktmenge entsprechend Abb.6.20 S

Mit den Programmen FD-BOX und FD-DIS werden dann die fraktalen Dimensionen der erhaltenen Punktmenge berechnet. Die Punktmengen des Streifens aus Abb.6.21.IV wird ebenfalls zur Kontrolle mit dem GV und AV berechnet, alle Ergebnisse sind in Abb.6.25 zusammengestellt. Man bedenke bei den Werten immer, welche Grundmenge zugrunde liegt und daß immer die schwarze Einbettung betrachtet wird. Es zeigt sich eine sehr gute Übereinstimmung.

Methode / Objekt	MV	VV	GV	AV
E (2-dim. Grundmenge)	---	---	1,90±0,05	1,90±0,05
S (2-dim. Grundmenge)	---	---	1,88±0,05	1,95±0,05
IV (1-dim. Grundmenge)	0,96±0,02	0,94±0,02	0,95±0,05	0,93±0,05

Abb.6.25: *Vergleich der Ergebnisse zur Berechnung der fraktalen Dimensionen d_E für ein Einzugsgebiet nach verschiedenen Verfahren (Die Dimension der Grenze berechnet sich dann mit: $d_G = d_{Grund} - d_E + 1$; d_{Grund}: Dimension der Grundmenge). Die Bezeichnungen der Objekte sind in Abb.6.20 bzw. 6.21 definiert.*

Konsequenzen für die Vorhersage

Aus der fraktalen Dimension der Grenze lassen sich Konsequenzen für die Vorhersagegenauigkeit ziehen. Dazu sei zuerst eine scharfe Grenze zwischen zwei Einzugsgebieten betrachtet (Abb.6.26.a). Jede Anfangsbedingung hat eine Ungenauigkeit δ. Während Vorgänge, die um B herum starten (aus dessen Ungenauigkeitskreis) sicher zu A_1 gelangen werden, können Startpunkte an der Grenze (bei A) entweder zu A_1 oder A_2 gelangen. Es ist klar, daß die Vorhersagegenauigkeit proportional zu δ ist. Man kann sich zwei Streifen der Breite δ rechts und links der Grenze vorstellen, in denen die Vorhersage unbestimmt ist (U).

Anders ist es, wenn G fraktal ist (Abb.6.26.b). Dort ist die Grenze "dicker" und vor allem abhängig vom Maßstab. Dieser Maßstab drückt sich gerade durch die Ungenauigkeit δ aus. Der Teil des Phasenraumes, für den Unsicherheit besteht, ist nicht mehr proportional zu δ, sondern es gilt

$$U \sim \delta^{(2-d_G)} \qquad \text{(nach [31,S.637])}$$

wobei d_G die fraktale Dimension der Grenze ist.

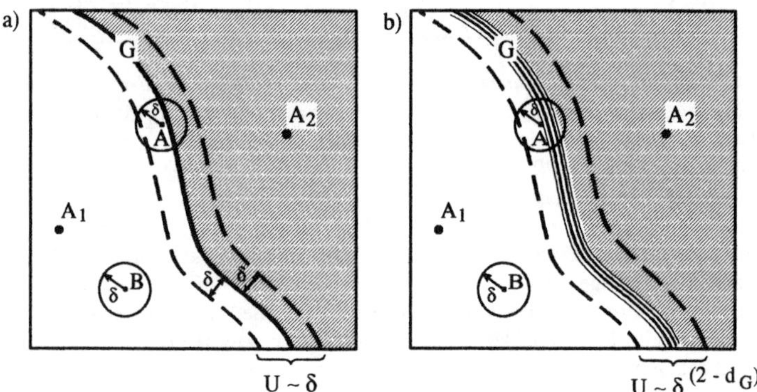

Abb.6.26: Der Phasenraum ist in zwei Einzugsgebiete für die Attraktoren A_1 und A_2 geteilt. Jeweils A bzw. B sind Startpunkte mit einer Unsicherheit δ. U ist der Unsicherheitsbereich, bei dem nicht vorhergesagt werden kann, ob ein Start von dort in A_1 oder A_2 enden wird.

Für eine vorgegebene Unsicherheit berechnet sich die nötige Startgenauigkeit durch:

$$\delta \sim U^{1/(2-d_G)}$$

Da bei einer fraktalen Grenze die Dimension $d_G > 1$ ist, wird der Exponent $1/(2-d_G) > 1$. Dies bedeutet für das obige Beispiel mit $d_G \approx 1{,}05$, daß bei Halbierung der Ungenauigkeit (doppelter Präzision) der Bereich δ um den Faktor $2^{1/(2-1{,}05)} = 2{,}1$ verkleinert werden muß. Das erinnert wieder an das exponentielle Fehlerwachstum, auch dort war die Konsequenz, daß "überproportional" viel Aufwand zur Präzisionserhöhung nötig ist.

6.3 Suche nach einer Definition für deterministisches Chaos

Ziel des Kapitels 6 ist die Quantifizierung chaotischen Verhaltens. Dazu wurden zwei Ansätze beschrieben, der Liapunov-Exponent und die fraktale Dimension. Die Frage ist nun, wie diese Größen zusammenhängen. Ist es möglich, eine einzige Definition für Chaos zu geben, aus der alle anderen folgen?

Die Forschung hierzu ist weitgehend noch in der Phase der Beschreibung von Teilgebieten, der Suche nach generellen Aussagen. Verbindungen zwischen den verschiedenen Definitionen der Kenngrößen für chaotisches Verhalten sind häufig durch numerische Berechnungen oder für einzelne Beispiele glaubhaft dargelegt; eine vollständige Theorie existiert noch nicht.

Eine Voraussetzung für die Definition ist der **Determinismus** als notwendige Bedingung; die **schwache Kausalität** soll immer gelten. Aber auch hier würde man sich wieder in einen Elfenbeinturm zurückziehen, wenn man die Existenz stochastischer Phänomene übersehen würde. Nicolis und Prigogine beschreiben dies in deutlicher Weise: "Wir wissen seit langem, daß wir in einer pluralistischen Welt leben, in der sowohl deterministische als auch stochastische Phänomene vorkommen, reversible Phänomene ebenso wie irreversible." [65,S.10] Die Konsequenz liegt darin, daß sich ein maßgeblicher Zweig der Chaos-Forschung mit dem Einfluß von Rauschen auf nichtlineare Systeme beschäftigt.

Nachdem aus den oben genannten Gründen keine notwendige und hinreichende Definition von "deterministischem Chaos" möglich ist, sollen im folgenden einige **charakteristische Phänomene** aufgelistet werden, die **durch Nichtlinearitäten** entstehen:

- Trotz bekannter Entwicklungsgesetze ist **keine längerfristige Voraussage** der Entwicklung möglich (sensitive Abhängigkeit von Startbedingungen und Störungen, exponentielles Fehlerwachstum, Liapunov-Exponent, fraktale Einzugsgebiete).

- Ablösung des additiven Überlagerungsprinzips der linearen Dynamik durch das multiplikative **Selbstähnlichkeits- oder Skalenprinzip** (fraktale Strukturen, fraktale Dimension).

- **Typische Szenarien** beschreiben den Übergang von Ordnung zu chaotischem Verhalten und zeigen universelle Eigenschaften (Bifurkations-Szenario, Intermittenz).

- Bei Betrachtung mit gezielten Methoden finden sich **Strukturen auch im chaotischen Regime**(Poincaré-Schnitt, Feigenbaum-Diagramm, Rückabbildung, Bäcker-Transformation).

- Einfache **Iterationssysteme** zeigen ähnliches Verhalten und eignen sich **als minimale Beschreibungsmethode**. Die **fraktale Geometrie** liefert Methoden und Aussagen zur Klassifikation (logistische Funktion, Hénon-System, fraktale Dimension).

7. Nichtlinearität in zweidimensionalen konservativen Systemen

"300 Jahre nach Newton sollten wir eigentlich wissen, was seine Gleichungen uns über das qualitative Verhalten konservativer Systeme mit zwei Freiheitsgraden lehren."
Michael V. Berry [71,S.4]

Bisher wurden am Beispiel des Rotationspendels mit Unwucht die wichtigsten Merkmale von nichtlinearen, Systemen mit Reibung dargelegt. In diesem Kapitel werden konservative Systeme vorgestellt. Als Beispiele dienen das Magnetpendel und das ebene elastische Pendel. Das Magnetpendel wird experimentell behandelt, Bahnen aufgenommen und die zugehörigen Poincaré-Schnitte ermittelt. Das ebene elastische Pendel eignet sich sehr gut für die Computersimulation, im Poincaré-Schnitt finden sich die Fibonacci-Serie und der Goldene Schnitt.
Für die Lehre erweist sich bei allen Beispielen auffallend, daß die auftretenden Bewegungen und Bilder einen ästhetischen Reiz ausüben, der Motivation genug ist, um sich mit dem System eingehender zu beschäftigen.

In diesem Kapitel werden Systeme behandelt, bei denen kein Energieaustausch mit der Umgebung stattfindet (konservative System, es gilt Energieerhaltung). Dies ist experimentell nur angenähert realisierbar. Dazu müssen alle Reibungseinflüsse minimalisiert werden und die Beobachtungszeit so kurz sein, daß die Energieabfuhr sehr gering ist. Außerdem soll keine Anregung vorhanden sein. Als Beispiel für ein relativ einfach realisierbares Experiment mit wenig Reibung wird in 2. das Magnetpendel (Abb.2.3) dargelegt. Eine andere Möglichkeit für das Studium von konservativen Systemen bietet die Computersimulation. Für die Untersuchung kann hier die Reibung gänzlich "abgestellt" werden. In 7.3 wird in dieser Weise ein Federpendel untersucht, welches in zwei Dimensionen schwingt.

7.1 Notwendigkeit von drei effektiven Freiheitsgraden für deterministisches Chaos

Bevor die Beispiele genauer untersucht werden, soll geklärt werden, wieviele Dimensionen mindestens nötig sind, damit ein deterministisches System Chaos zeigen könnte. Das einfachste System ist eindimensional, z.B. in der Ortsvariablen. Damit kommt als zweite Variable die Geschwindigkeit hinzu. Jetzt unterscheiden sich energetisch abgeschlossene konservative von dissipativen Systemen. Beim konservativen System gilt die Energieerhaltung als zusätzliche Bedingung, somit hat man insgesamt nur noch einen unabhängigen Freiheitsgrad. Bei beschränktem Phasenraum, und nur dieser ist praktisch denkbar, muß dies zu einer geschlossenen Linie im jetzt zweidimensionalen Phasenraum führen. Da der Determinismus Überschneidungen verbietet, kann nur eine eindeutige Lösung möglich sein. Dies ergibt kein chaotisches Verhalten. Beim dissipativen System ohne Energiezufuhr muß der Attraktor ein Punkt mit der Geschwindigkeit null sein. Verschiedene Startbedingungen können zwar zu verschiedenen Punktattraktoren laufen, sie dürfen sich aber wieder nicht überschneiden. Damit sind praktisch keine exponentiellen Fehlerentwicklungen erlaubt, benachbarte Bahnen bleiben relativ nahe beieinander (Abb. 7.1). Es stellt sich heraus, daß es auch keine fraktalen Ränder der Einzugsgebiete gibt. Ein durchgehender Weg zu einem Attraktor auf der zugrundeliegenden zweidimensionalen Menge ist wieder ohne Überschneidung nicht möglich.

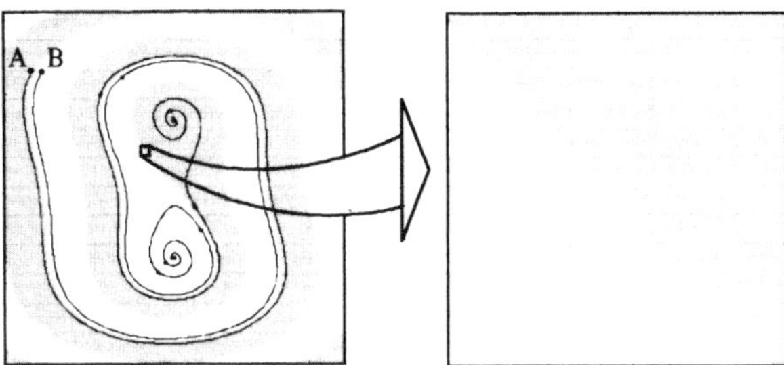

***Abb. 7.1:** Einzugsgebiete beim Rotationspendel mit Unwucht ohne Antrieb (eindimensionales System). Eng benachbart gestartete Bahnen (A,B) bleiben weitgehend ähnlich benachbart, sie laufen höchstens für kurze Zeit (Bildmitte) exponentiell auseinander, sonst linear (links). Auch fraktale Grenzen gibt es nicht (rechts).*

Damit sind also **mindestens drei effektive Freiheitsgrade nötig, damit Chaos überhaupt beobachtbar** wird. Die Definition der Anzahl effektiver Freiheitsgrade ist gegeben durch die Anzahl der Freiheitsgrade, die den Phasenraum bilden, minus der Anzahl der Erhaltungssätze. Diese Anzahl ist die minimale Zahl von Variablen, die das System beschreiben. Damit läßt sich das Aufkommen von Chaos in drei Gruppen einteilen (nach A. Pflug [69]):

Anzahl effektiver Freiheitsgrade:	Verhalten:
≤ 2	Ordnung
$3 \ldots \approx 100$	Chaos und Ordnung in Wenigteilchensystemen
$> \approx 100$	Dominanz des Chaos - statistische Beschreibung unumgänglich

Ein konservatives System mit vier Freiheitsgraden des Phasenraumes und einem Erhaltungssatz ist ein minimales konservatives System für die Beobachtung chaotischen Verhaltens. Das Magnetpendel ist ein solches System, die Freiheitsgrade sind zwei Ortsvariable und zwei Geschwindigkeiten, die Erhaltungsgröße ist die Energie.

7.2 Das Magnetpendel als experimentelles Beispiel

Experimentelle Realisierung

Die bisherige Beschäftigung mit dem Magnetpendel (siehe 2. und 3.) galt der Beurteilung des Endzustandes einer Pendelbewegung je nach Startsituation. Dabei war von Bedeutung, daß Dämpfung vorliegt, daß also die Bahn bei dem einen oder anderen Magneten zum Stillstand kommt. Nun soll das System als konservativ betrachtet werden, die Reibungsdämpfung sei nicht vorhanden. In der experimentellen Realisierung ist dieses nicht vollständig erfüllbar, aber doch für eine gewisse Beobachtungszeit anzunähern (Abb. 7.2). Dazu wählt man ein relativ langes Pendel, damit die Geschwindigkeit nicht zu hoch wird. Das hat weiter den Vorteil, daß die Bahn auch vom Auge direkt verfolgbar ist. Außerdem wird die Pendelmasse relativ groß gewählt, damit sind die Kräfte aufgrund der Magnete und der Gravitation viel größer als die Reibungskräfte. Einflüsse über die Aufhängung sind durch einen Faden ohne Momentübertragung leicht zu minimalisieren.

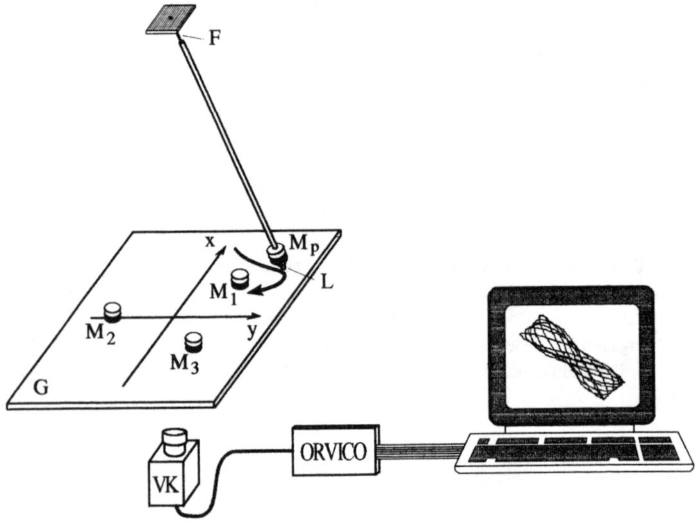

***Abb. 7.2:** Experimentelle Realisierung des Magnetpendels*
Ein langes Pendel (l = 1 m) ist über einen Faden F leicht bewegbar aufgehängt und kann sphärisch schwingen. Die Pendelmasse M_p (350 g) besteht aus einem Permanentmagneten mit Weicheisenspitze, die Orientierung des Feldes ist längs der Pendelrichtung. Andere Permanentmagnete ($M_1, M_2, \ldots$) sind auf einer Glasplatte G unter dem Pendel befestigt und beeinflussen die Bewegung. Zur Aufnahme der Bahn ist an der Pendelmasse eine Leuchtdiode L angebracht, die durch eine Videokamera VK registriert wird. Die Umsetzungselektronik ORVICO übergibt die registrierten Ortskoordinaten (x,y) an den Computer, dort werden sie als Bahn dargestellt und ausgewertet.

Je nach Startort und Startgeschwindigkeit können verschiedene Bahnen der Pendelmasse betrachtet werden. Für die Diskussion der einzelnen Bahnen ist aber eine Registrierung nötig. Wünschenswert wäre eine kontaktlose Registrierung, die Bewegung soll nicht durch die Messung gestört werden. Die Bearbeitung des Problems führte zu einer Lösung, die dem menschlichen Beobachten nahe liegt: Man markiert das Objekt mit einer Leuchtdiode und "betrachtet" die Bewegung mit der Videokamera. Die Kamera nimmt fünfzig mal in der Sekunde den momentanen Ort auf und setzt ihn jedesmal in ein Videosignal um. Aus diesem analogen elektrischen Videosignal kann dann das Signal entnommen werden, das vom Lichtpunkt der Leuchtdiode herrührt. Die entsprechenden Ortskoordinaten (x,y) werden als digitale Werte an den Computer gegeben. Diese Idee wurde durch das System ORVICO von R. Dengler realisiert und eine entsprechende Umsetzungselektronik entwickelt [20]. Zur Auswertung dient das Programm MAPE-EXP (siehe Anhang II), das die Darstellung der Bahn und verschiedenste Auswertungen zuläßt.

Verschiedene Bahntypen

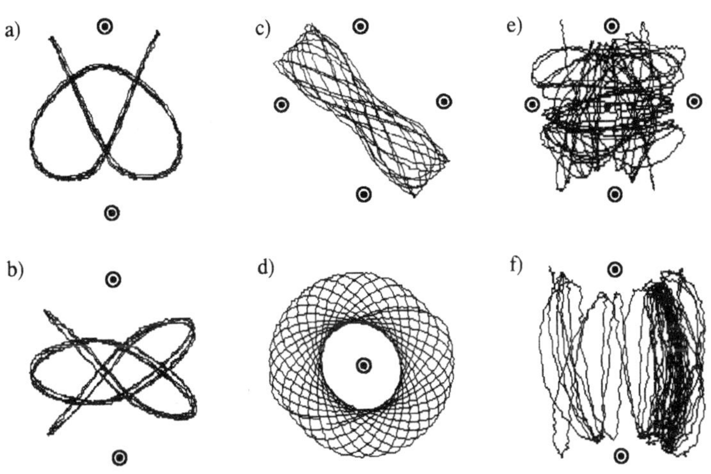

Abb.7.3: Bahnen des Magnetpendels, aufgenommen mit dem Experiment wie in Abb.7.2 beschrieben. Die Kreise zeigen die Standorte abstoßender Magnete.

Je nach Aufstellung und Ausrichtung der Magnete (anziehend oder abstoßend zum Pendelmagnet M_p) lassen sich verschiedenste Situationen einstellen und damit eine Vielzahl von Bahnen erzeugen (Abb.7.3).

- **Periodische Bahnen:**

Nach einer gewissen Zeit kommt das Pendel wieder zum Anfangspunkt zurück, der Vorgang wiederholt sich (a,b).

• **Quasiperiodische Bahnen:**
Die Bewegung kommt nicht zum Ausgangspunkt zurück, sondern ein bißchen versetzt. So entsteht ein regelmäßig durchlaufendes Bahnmuster (Webmuster in c,d).

• **Chaotische Bahnen:**
Die Bahn macht einen unregelmäßigen Eindruck. Dieser Eindruck ist zur Aussage "chaotisch" allerdings zu vage, sie sollte noch präzisiert werden. Dazu untersucht man das sensitive Verhalten, indem eine Reproduktion der Bahn versucht wird (Abb.7.4).

Trotz sorgfältiger Reproduzierung des Startortes A verlaufen die Bahnen nur wenige Sekunden gleich, dann laufen sie auseinander (Abb.7.4). Sie haben praktisch keine Gemeinsamkeit mehr. Man erkennt an dem Beispiel, daß die Situation dort "auf die Spitze getrieben" wurde. Es wurde eine Entscheidung herausgefordert, indem die Bahn auf eine "Bergspitze" zulief und dann nach links oder rechts laufen konnte (Abb.7.5.b). Aber auch ohne diese "scharfe Entscheidungssituation" ist qualitativ ein Unterschied feststellbar, je nachdem, wie die Äquipotentiallinien verlaufen. Bei praktisch geraden Äquipotentiallinien wirken sich Anfangsabweichungen nicht dramatisch aus(Abb.7.5.a).

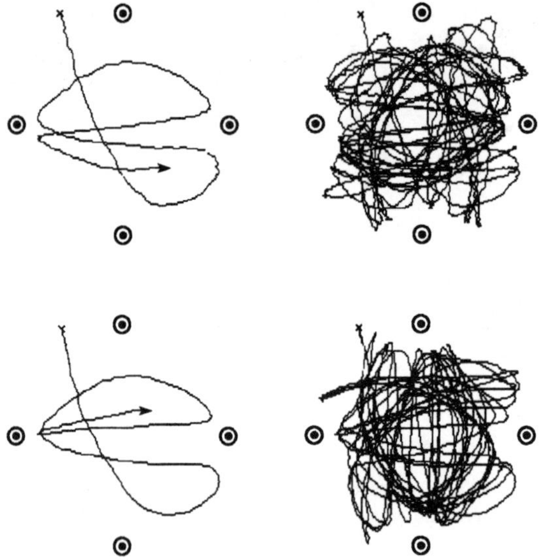

Abb.7.4: Reproduktionsversuch bei verschiedenen Bahntypen (vier abstoßende Magnete) Es wird jeweils so gut wie möglich am gleichen Ort (X) gestartet, dazu wurde eine Starthilfe (Anschlag) verwendet. Die anfänglich sehr ähnlich verlaufenden Bahnkurven "entscheiden" sich am linken Magnet in verschiedene Richtungen (links; jeweils die ersten 3,7 s). Rechts die Langzeitfortsetzung über eine Zeit von 40 s.

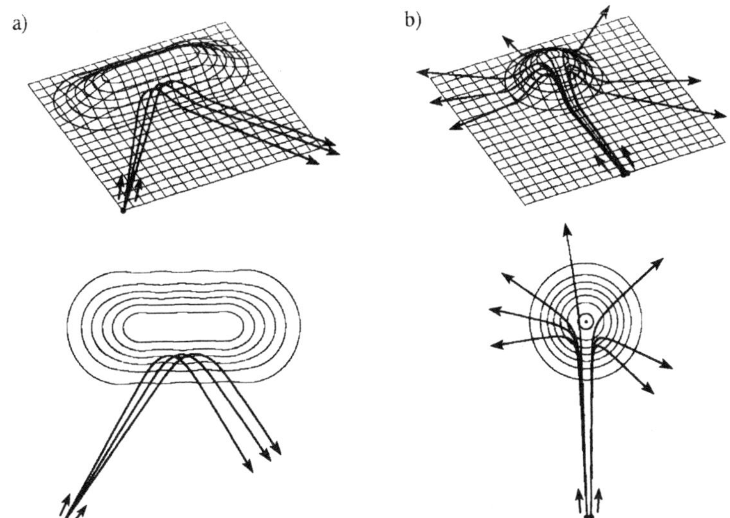

Abb.7.5: *Bahnkurven bei verschiedenen Potentialformationen*
Die Bahnen resultieren aus einer Computersimulation (Programm MAPE). Oben sind die Bahnen in der dreidimensionalen Potentialdarstellung, unten zweidimensional mit Äquipotentiallinien gezeichnet.

a) Ein langgestreckter Potentialwall bildet sich aus vier nebeneinander aufgestellten Magneten (gezeichnet sind die Äquipotentiallinien der Überlagerung). Die drei Bahnen haben gleiche Geschwindigkeitsbeträge und etwas unterschiedliche Richtungen beim Start. An den geraden Äquipotentiallinien ergibt sich keine dramatische Fehlerentwicklung.

b) Ein einzelner Magnet wirkt ''streuend'': kleine Unterschiede der Anfangsgeschwindigkeit (im Winkel bei den zwei linken, im Betrag bei den drei rechten und der mittleren Bahn) führen zu großen Divergenzen.

Diese einfache Überlegung ist hilfreich, wenn gezielte Bahnen erzeugt werden sollen. Dazu berechnet man das Potential der Konstellation und stellt es dreidimensional dar (Abb.7.6). Darin kann man sich nun Bahnen richtiggehend ausdenken und anschließend direkt am Experiment probieren.

Der Beobachter ist schnell von der Vielfalt der Bahntypen und deren ästhetischem Reiz beeindruckt. Dementsprechend fühlt er sich angeregt, eigene Formen zu kreieren. Die Hilfe durch dreidimensionale Potentialbilder wird dabei gern angenommen. Offensichtlich haben wir einen guten Sinn für dieses Berg- und Tal-System und können uns das etwa zu erwartende Pendelverhalten vom Bild her schon ableiten. Wieder wirkt die sekundäre Motivation der Ästhetik, diesmal zusammen mit verinnerlichten Automatismen. Als ''Nebenprodukt'' läßt sich der Sinn der Verwendung des physikalischen Konzeptes Potential über ihren praktischen Wert dem Lernenden näherbringen.

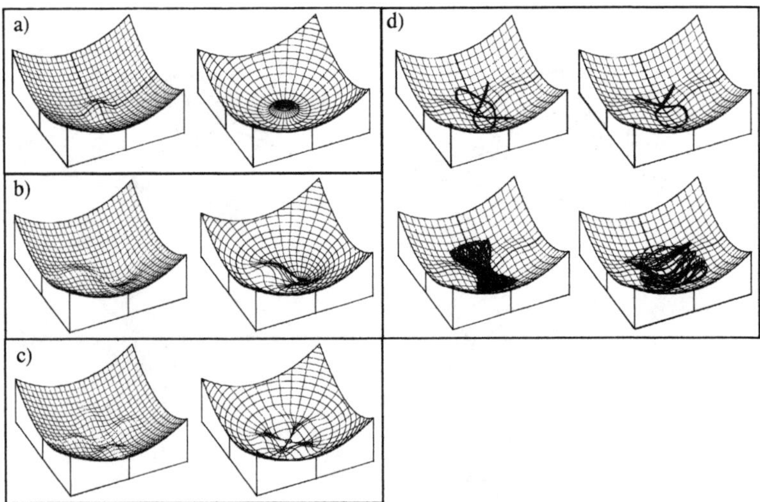

Abb.7.6: Potentiale für das Magnetpendel für verschiedene Konstellationen dreidimensional dargestellt. Der von der Gravitation herrührende Anteil ist ein Paraboloid, die Magnete bilden zusätzliche Erhöhungen bzw. Vertiefungen (Berechnung mit MAPE).
a) Ein abstoßender Magnet in der Mitte (links Netzdarstellung, rechts Äquipotential- und Feldlinien)
b) Ein anziehender und ein abstoßender Magnet
c) Vier abstoßende Magnete
d) Verschiedene Bahnen bei zwei abstoßenden Magneten

Der Poincaré-Schnitt

Zur kompakten Darstellung der Bahn kann wieder ein Poincaré-Schnitt zur Datenreduktion durchgeführt werden. Da hier zwei Ortsfreiheitsgrade vorliegen (x,y), wird der Phasenraum vierdimensional (x,y,v_x,v_y). Für das Magnetpendel bietet sich der Schnitt über die äußeren Umkehrpunkte an, d.h. man betrachtet die Polarkoordinaten (r,α,v_r,v_α). Für den äußeren Umkehrpunkt gilt dann $v_r=0$. Als Poincaré-Schnitt wurde die sich dann ergebende Winkelgeschwindigkeit v_α über dem Winkel α aufgetragen (Abb.7.7). Wieder findet man die typischen **diskreten Punktmengen für periodische Bahnen und Punktwolken für Chaos.** Neu hinzu kommen die **quasiperiodischen Bahnen**: Nachdem nach jedem Umlauf eine Versetzung zum Startpunkt erfolgt, sich die Bahn also nicht schließt, wird nach und nach eine Linie gezeichnet.

Vorhandene Abweichungen erklären sich zum einen durch unvermeidbare Ungenauigkeiten, zum anderen aber auch durch die vorhandene Reibung. Z.B. können deshalb für quasiperiodische Bahnen die im ungedämpfen Fall erwarteten Linien nicht vollständig erreicht werden. Bei einer rechnerischen Simulation kann die Dämpfung ausgeschaltet werden, man betrachtet das Verhalten idealisiert.

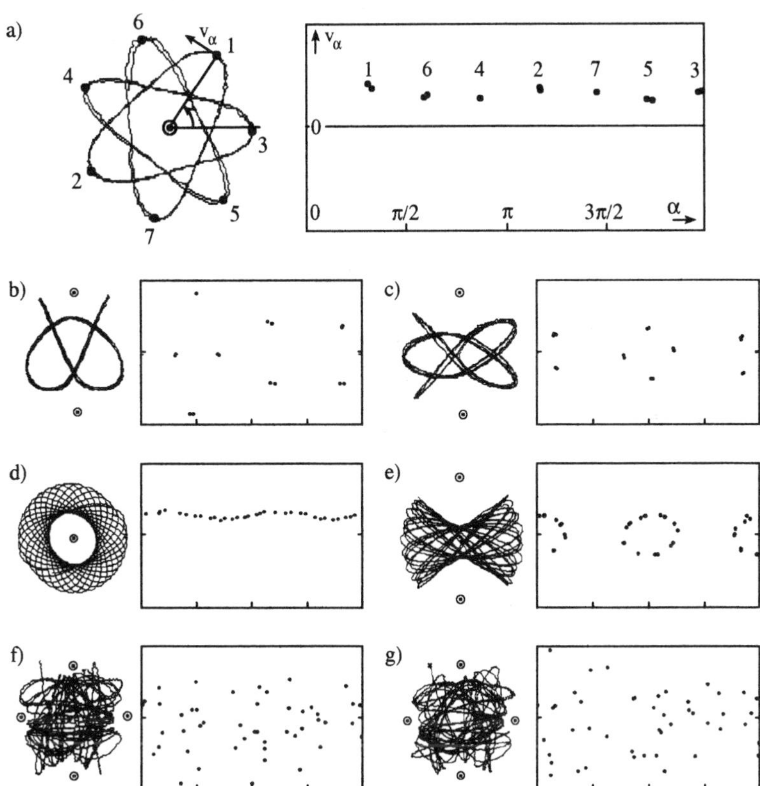

***Abb. 7.7:** Bahnen und zugehörige Poincaré-Schnitte*
Beim äußeren Umkehrpunkt ($v_r=0$) wird die Winkelgeschwindigkeit v_α über den Winkel α aufgetragen (a). Bei periodischen Bahnen werden immer die gleichen Punkte getroffen (a,b,c). Quasiperiodische Bahnen führen zu Linien (d,e) und chaotische Bahnen zu Punktwolken (f,g). Die Aufnahme und Auswertung erfolgte mit dem Programm MAPE-EXP.

Ein anderer Effekt der Reibung ist das **Umklappen von Bahntypen.** Zum Beispiel kann nach einiger Zeit aus einer periodischen Bahn eine quasiperiodische Bahn werden oder auch eine chaotische Bahn plötzlich zu einer quasiperiodischen umklappen (Abb. 7.8).

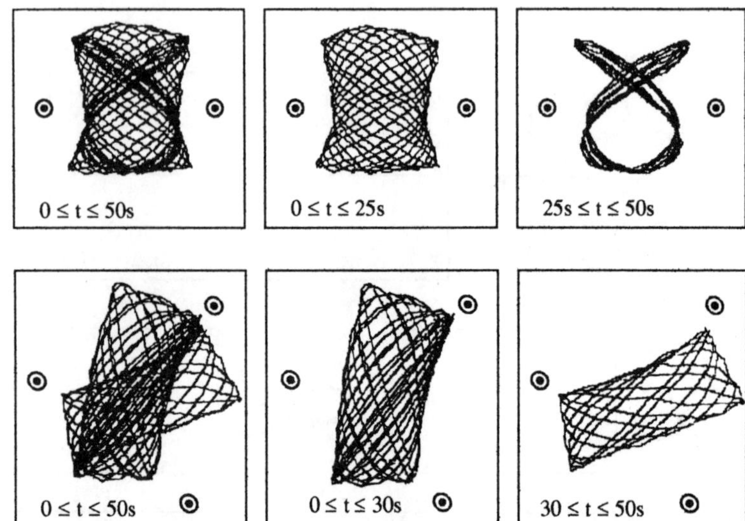

Abb.7.8: *Durch die Reibung wechselt die Bahn von einem Typ zu einem anderen. Links ist jeweils die gesamte Bahn gezeichnet, rechts aufgeteilt in zwei Zeitphasen.*

7.3 Das ebene elastische Pendel als Simulationsbeispiel

Das ebene elastische Pendel ist ein System, dessen Bewegungsgleichungen auch in der gymnasialen Oberstufe behandelt werden können. Damit eignet es sich gut für die Computersimulation. Alle typischen Eigenschaften von deterministischem Chaos in konservativen Systemen sind beobachtbar:

- *Sensitivität und exponentielles Fehlerwachstum*
- *Durch die Energieerhaltung läßt sich ein qualitativer Überblick über die komplexe Dynamik im Poincaré-Schnitt geben.*
- *Periodische Inseln im Poincaré-Schnitt zeigen einen Zusammenhang zu Fibonacci-Zahlen.*
- *Die Definition eines Windungsverhältnisses im Poincaré-Schnitt ist möglich. Bei der Ausbreitung von Chaosbereichen mit zunehmender Energie zerfällt als letztes diejenige quasiperiodische Bahn, deren Windungsverhältnis der goldene Schnitt ist.*

7.3.1 Mathematische Beschreibung des ebenen elastischen Pendels

Die Beschäftigung mit dem Magnetpendel legt es nahe, ein anderes zweidimensionales System detaillierter zu untersuchen. Dabei soll wieder zur Computersimulation übergegangen werden. (Man erinnere sich, daß nichtlineare Systeme nicht vollständig analytisch lösbar sind.) Da die magnetische Wechselwirkung nicht einfach mathematisch beschreibbar ist, soll dazu ein anderes System betrachtet werden. Es handelt sich um die freie Schwingung eines Massenpunktes an einer elastischen Zug-Druck-Feder (Abb.7.9).

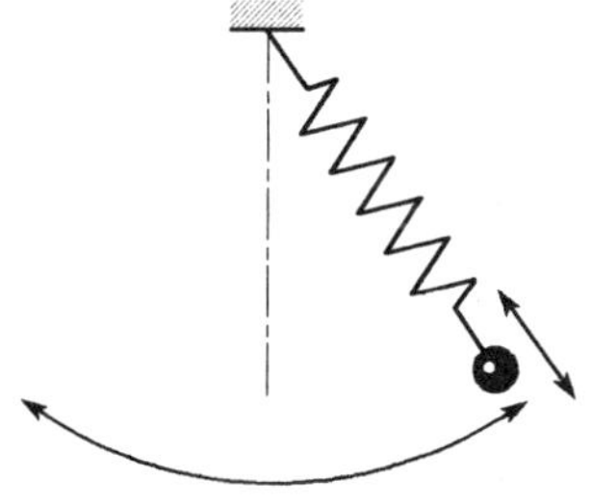

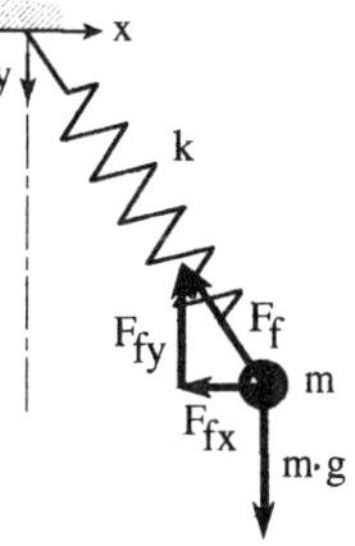

$m = 1{,}4$ kg	... Masse
$k = 38{,}5$ N/m	... Federkonstante
$l_0 = 0{,}46$ m	... Ruhelänge der unbelasteten Feder
$l = \sqrt{x^2 + y^2}$	... momentane Länge der Feder

Abb.7.9: *Das ebene elastische Pendel*
Winkelstellung und Federlänge sind variabel (Knickung und Torsion der Feder seien ausgeschlossen, die Feder wird masselos angenommen). Im rechten Bild sind die Beschreibungsgrößen (y ist aus praktischen Gründen nach unten gewählt) und Kraftkomponenten definiert. Die angegebenen Werte für m, k und l_0 gelten für alle folgenden Berechnungen.

Das bekannteste konservative System mit zwei Ortsfreiheitsgraden ist das ebene Doppelpendel [71]. Allerdings bedarf die Ableitung der Bewegungsgleichungen der Nutzung des Lagrange- oder des Hamilton-Formalismus. Dies ist sicher eine gute Übungsaufgabe zur theoretischen Mechanik, aber völlig ungeeignet, um es im Schulunterricht nachzuvollziehen.

Das hier beschriebene ebene elastische Pendel (ELPE) ist die Kombination von zwei bekannten Schwingern, dem linearen Federpendel und dem Fadenpendel. Hier sind diese Schwinger miteinander gekoppelt. Die Kopplung ist leicht ersichtlich, z.B. hängt die Pendellänge von der momentanen Federlänge ab. Um diese Kopplung und deren Nichtlinearität deutlich zu sehen, sollen die Bewegungsgleichungen in rechtwinkligen Koordinaten aufgestellt werden:

$$m \cdot \ddot{x} = \Sigma F_x \qquad m \cdot \ddot{y} = \Sigma F_y \qquad \textbf{(GL 7.1)}$$

Die einzelnen Beiträge zu GL 7.1 findet man elementar:
Wenn die Länge des Pendels bei nicht belasteter Feder den Wert l_0 hat, so übt die Feder (Federkonstante k) die Kraft F_f aus:

$$F_f = k \cdot (l - l_0) = k \cdot (\sqrt{x^2 + y^2} - l_0)$$

Die rechtwinkligen Komponenten davon ergeben sich geometrisch:

$$F_{fx} / F_f = -x / l \qquad F_{fy} / F_f = -y / l$$

Eingesetzt in GL 7.1 ergeben sich die Bewegungsgleichungen:

$$\ddot{x} = -\frac{k \cdot x \cdot (l - l_0)}{m \cdot l} = \frac{k \cdot x \cdot (\sqrt{x^2 + y^2} - l_0)}{m \cdot \sqrt{x^2 + y^2}} \qquad \textbf{(GL 7.2.a)}$$

$$\ddot{y} = -\frac{k \cdot y \cdot (l - l_0)}{m \cdot l} + g = \frac{k \cdot y \cdot (\sqrt{x^2 + y^2} - l_0)}{m \cdot \sqrt{x^2 + y^2}} + g \qquad \textbf{(GL 7.2.b)}$$

Die Kopplung erkennt man dadurch, daß beide Variablen x und y in beiden Gleichungen enthalten sind. Auch durch Umformung oder Einführung eines anderen Koordinatensystems lassen sich die Gleichungen nicht entkoppeln, nicht separieren. Es bleibt im allgemeinen bei einem gekoppelten Differentialgleichungssystem.

Bevor auf die allgemeine Lösung eingegangen wird, sollen erst einige Sonderfälle diskutiert werden:

- Reine Federschwingung:

Betrachtet man den Spezialfall, daß keine Bewegung in der Horizontalen stattfindet (x=0), so ergibt sich die Bewegungsgleichung des einfachen Federpendels:

$$\ddot{y} = -\frac{k}{m}(y - l_0) + g \qquad \textbf{(GL 7.3)}$$

Dafür führt ein harmonischer Lösungsansatz zu einer Schwingung mit der Periode T_{y0} um die Ruhelage y_R.

$y_R = l_0 + g \cdot m / k = 0{,}817\,m$ Ruhelage des Pendels **(GL 7.4)**

$T_{y0} = 2 \cdot \pi \cdot \sqrt{m/k} = 1{,}20\,s$ Schwingungsperiode bei reiner Federschwingung **(GL 7.5)**

Die angegebenen Werte ergeben sich aus den Standardparametern für m, k und l_0 Abb. 7.9).

- Reine Fadenpendelschwingung:

Der Grenzfall für das reine Fadenpendel gilt unter der Annahme, daß diese Schwingung kleine Amplitude haben soll. Dann liegt eine Schwingung in der Horizontalen vor, die vertikale Komponente $y = y_R$ betrachtet man als konstant, ebenso die Länge $l = y_R$ der Feder.

Damit wird GL 7.2.a zu $\ddot{x} = - k \cdot x \cdot (y_R - l_0) / (m \cdot y_R)$

Dies hat eine harmonische Schwingung mit der Periode T_{x0} zur Folge.

$$T_{x0} = 2 \cdot \pi \cdot \sqrt{y_R / g} = 2 \cdot \pi \cdot \sqrt{l_0 / g + m / k} = 1{,}81\ s \qquad \textbf{(GL 7.6)}$$

Der angegebene Wert ergibt sich wieder für die Standardparameter.

- Verhalten ohne Erdbeschleunigung:

Ein anderer Spezialfall findet sich bei g=0. Man betrachtet das Pendel ohne Einfluß der Erdbeschleunigung. Experimentell wäre das z.B. dadurch zu realisieren, daß das Pendel auf dem waagrecht stehenden Luftkissentisch gleitet. Obwohl in den Gleichungen GL 7.2 noch die nichtlineare Wurzelfunktion enthalten ist, liegt bei diesem Sonderfall ein lineares System vor. Die Gleichungen können durch Einführung von Polarkoordinaten linearisiert und nach zwei Variablen separiert werden. Als Bewegung ergibt sich dann eine harmonische Federschwingung in radialer Richtung, die sich mit konstanter Winkelgeschwindigkeit um den Aufhängepunkt der Feder dreht.

Numerische Lösung des gekoppelten Gleichungssystems

Nachdem die Gleichungen GL 7.2 nicht entkoppelt werden können, ist keine vollständige analytische Lösung für den allgemeinen Fall möglich. Deshalb greift man wieder zur Simulation mit Hilfe des Computers: Nachdem man den Anfangsort (x_A, y_A) und die Anfangsgeschwindigkeit (v_{xA}, v_{yA}) gewählt hat, werden zunächst mit GL 7.2 die Beschleunigungen x und y berechnet, das sind Geschwindigkeitsänderungen. Mit kleinem Zeitschritt dt werden daraus die veränderten Geschwindigkeiten bestimmt:

$$v_{x\,neu} = v_{x\,alt} + a_x \cdot dt \qquad v_{y\,neu} = v_{y\,alt} + a_y \cdot dt$$

Analog ergibt sich der neue Ort:

$$x_{neu} = x_{alt} + v_{x\,neu} \cdot dt \qquad y_{neu} = y_{alt} + v_{y\,neu} \cdot dt$$

Nun fängt man wieder mit der Beschleunigungsberechnung an, die Schleife ist geschlossen. Die Simulation wurde in dem BASIC-Programm EEP (siehe [81]) und dem PASCAL-Programm ELPE (siehe Anhang II) realisiert.

Dieser einfache Euler-Algorithmus sollte Schülern der gymnasialen Oberstufe bekannt sein. Ist das nicht der Fall, so ist er ohne Schwierigkeiten einzuführen. Natürlich können andere numerische Verfahren, wie das Halbschrittverfahren oder das Runge-Kutta-Verfahren, verwendet werden. Nähere Untersuchungen haben gezeigt, daß dies nicht nötig ist (siehe [81]). Das Euler-Verfahren liefert gute Genauigkeit und hat den Vorteil, daß die notwendige Rechenzeit deutlich niedriger ist als bei anderen Verfahren.

Wie bei allen Computersimulationen ist es notwendig, die **Qualität der Berechnungen zu prüfen**. Es muß kontrolliert werden, ob die endliche Schrittweite dt nicht zu einer untragbaren Kumulierung von Fehlern führt. Eine wirksame Kontrolle liegt in der Überprüfung der Energiebilanz: Weicht die Gesamtenergie während des Durchlaufens der Bahn nur unwesentlich von der Anfangsenergie ab, so ist die Schrittweite genügend klein. Für alle folgenden Beispiele wurde dt = 0,005 s gewählt, d.h. eine Periode des entkoppelten Fadenpendels (1,81 s) ist durch etwa 360 Rechenschritte belegt. Der Energiefehler längs der Bahn bleibt meistens unter 1 %, nur an wenigen Stellen steigt er kurzzeitig bis 2,4 %, nimmt aber danach wieder ab. Eine weitere Kontrollmöglichkeit ist das Rückwärtsrechnen. Nach einer gewissen Zeit werden die Geschwindigkeitskomponenten umgedreht und kontrolliert, ob die Bahn zum Startort zurückkehrt.

Energieberechnung

Die Energie des Pendels setzt sich aus verschiedenen Komponenten zusammen:

$E_{Feder} = k/2 \cdot (l - l_0)^2 = k/2 \cdot (\sqrt{x^2 + y^2} - l_0)^2$ Spannenergie der Feder

$E_{Grav.} = -m \cdot g \cdot y$ potentielle Energie aufgrund der Gravitation bezogen auf den Nullpunkt $y=0$ (Das Minuszeichen resultiert wegen der Wahl der y-Richtung nach unten).

$E_{kin} = m/2 \cdot (v_x^2 + v_y^2)$ kinetische Energie

Für die Gesamtenergie kann noch eine Ruheenergie E_0 frei gewählt werden. Es bietet sich an, diese so zu wählen, daß die Gesamtenergie gerade 0 wird, wenn das Pendel in Ruhe ist ($x = 0$; $y = y_R = l_0 + g \cdot m / k$; $v_x = 0$; $v_y = 0$).

$$E_0 = -k/2 \cdot (y_R - l_0)^2 + m \cdot g \cdot y_R$$

Damit ist die Gesamtenergie festgelegt:

$$E = E_0 + k/2 \cdot (\sqrt{x^2 + y^2} - l_0)^2 - m \cdot g \cdot y + m/2 \cdot (v_x^2 + v_y^2) \qquad \textbf{(GL 7.7)}$$

Betrachtet man die potentielle Energie allein ($E_{Feder} + E_{Grav.}$), so entspricht sie hier dem Potential des Systems (Abb. 7.10).

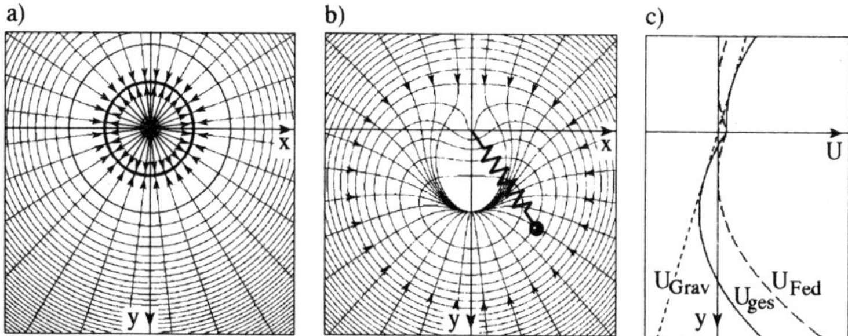

Abb. 7.10: *Potential für das ebene elastische Pendel*
Die Berechnungen gelten für $m = 1{,}4$ kg; $k = 38{,}5$ N/m und $l_0 = 0{,}46$ m. Dargestellt sind jeweils die Äquipotentiallinien (geschlossene Höhenlinien; Energieabstand zwischen zwei Linien ist 2,5 J) und Feldlinien (mit Pfeilen).

a) ohne Erdbschleunigung ($g = 0$): Die Linien sind konzentrische Kreise, am Aufhängepunkt ($x = 0; y = 0$) existiert ein lokales Maximum.

b) mit Erdbeschleunigung (zur Orientierung ist das Pendel eingezeichnet): Es gibt ein Minimum bei der Ruhelage des Pendels.

c) Zur Verdeutlichung des Potentialverlaufes ist ein Schnitt entlang der y-Achse dargestellt, d.h. $U(x=0; y)$. Es setzt sich aus dem Anteil U_{Fed} der Spannenergie und dem Anteil U_{Grav} der Gravitation zusammen.

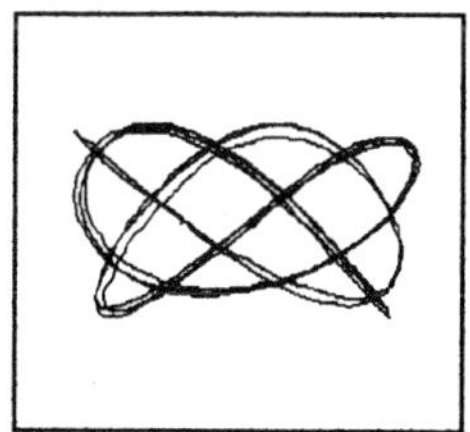

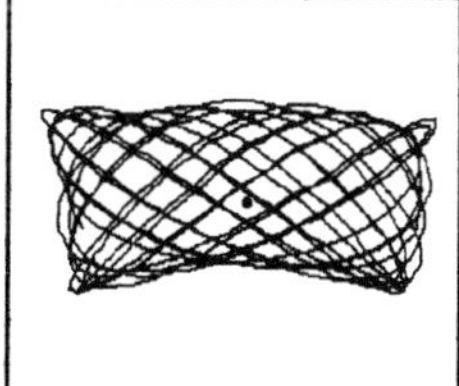

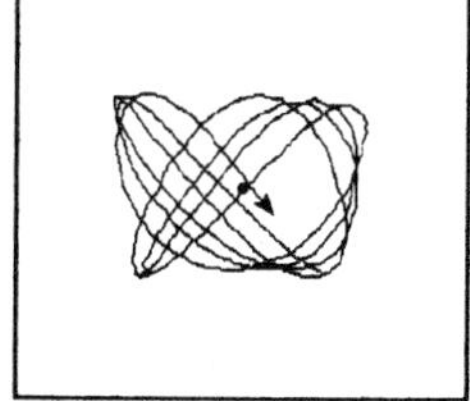

Abb. 7.11: *Bahnkurven des ebenen elastischen Pendels, gewonnen aus dem Realexperiment (Pendeldaten wie in Abb. 7.10). Die Aufnahmen wurden mit ORVICO gemacht. Links ein periodischer Bahnverlauf, in der Mitte und rechts quasiperiodische Bahnen. Die Dämpfung erlaubt nur eine kurze Beobachtungszeit (links 14 s, Mitte 23 s, rechts 9 s), danach stellen sich andere Bahntypen ein. Deshalb werden im folgenden alle Bahnen mit der Simulation erzeugt.*

7.3.2 Bahntypen und Sensitivität

Wählt man verschiedene Anfangsbedingungen, findet man wieder die drei verschiedenen Bahntypen:

Periodische Bahnkurven

Wie beim Magnetpendel (siehe 7.2) finden sich verschiedenste Formen geschlossener Bahnen (Abb. 7.12).

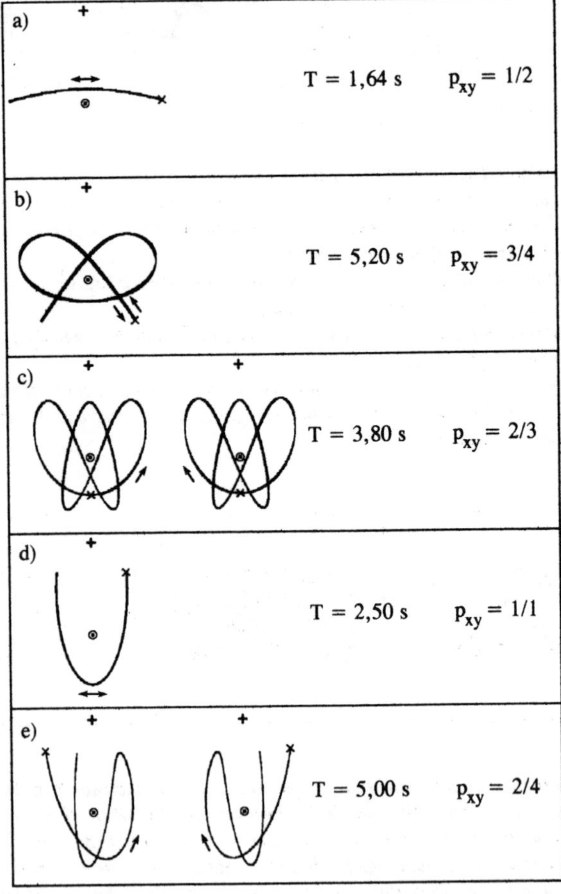

Abb. 7.12: *Beispiele periodischer Bahnen beim ebenen elastischen Pendel*
+: Aufhängepunkt; ⊙: Ruhelage; x: Startort (x_A, y_A); T: Periodendauer für einen Durchlauf; $p_{xy} = T_x / T_y = N_x / N_y$: Periodenverhältnis (siehe Text).

Die Bahnen haben verschiedene Grundcharakteristika:

- Bahnen mit "Spitzen" (a,b,d,e): Es gibt Umkehrpunkte, bei denen die Geschwindigkeit null ist.
- Bahnen ohne "Spitzen" (c): Die Geschwindigkeit ist nie null, eine Durchlaufrichtung charakterisiert die Bahn. Es existiert immer die entsprechende Bahn mit anderer Durchlaufrichtung.
- Es gibt Bahnen, die symmetrisch zur y-Achse liegen (a,b,c,d).
- Für Bahnen, die nicht symmetrisch zur y-Achse liegen, gibt es jeweils eine Bahn, die das Spiegelbild davon ist (c,e).

Die Bahnen sind mehr oder weniger verschlungen, d.h. es müssen mehr oder weniger Schwingungen in horizontaler bzw. vertikaler Richtung durchlaufen werden, bis sich die Kurve schließt. Sie lassen sich über das Periodenverhältnis $p_{xy} = T_x / T_y$ charakterisieren. Dabei ist T_x (bzw. T_y) die mittlere Periodendauer für die horizontale (bzw. vertikale) Schwingung. p_{xy} läßt sich als rationale Zahl durch Auszählen der nötigen Schwingungen in x-Richtung (N_x) und in y-Richtung (N_y) direkt aus der Bahnkurve bestimmen:

$$p_{xy} = T_x / T_y = N_x / N_y$$

Allerdings kann aus p_{xy} nicht eindeutig auf die Kurvenform geschlossen werden, so haben zwar a) und e) das gleiche Periodenverhältnis, aber ein anderes Aussehen. (Weitere Diskussionen zum Periodenverhältnis finden sich in [53])

Quasiperiodische Bahnkurven

Ist das Frequenzverhältnis T_x / T_y nicht rational, so schließt sich die Bahnkurve nicht, es entsteht eine quasiperiodische Bahn (Abb.7.13). Nach und nach wird systematisch ein Bereich der x - y - Ebene durch die Bahn völlig überdeckt. Solche Bahnen zeigen einen Zusammenhang zu periodischen Bahnen. Von einer periodischen Bahn ausgehend, findet man quasiperiodische Bahnen durch geringfügige Veränderung der Anfangsbedingungen.

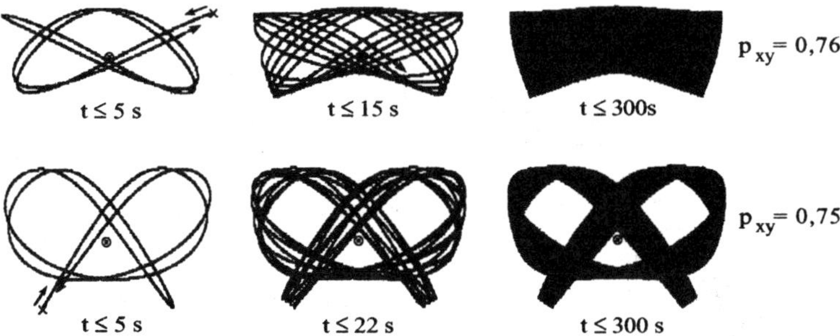

Abb.7.13: *Zwei Beispiele quasiperiodischer Bahnen beim ebenen elastischen Pendel (t: Zeit seit Start). Das Periodenverhältnis errechnet sich mit dem Computer, indem viele horizontale und vertikale Schwingungen gezählt werden.*

Chaotische Bahnkurven

Neben den regelmäßigen Bahntypen findet sich ein typisch anderes Verhalten, das man als ''chaotisch'' bezeichnet (Abb. 7.14). Wie beim Magnetpendel, so zeigt sich auch hier wieder ein Ausbrechen in bestimmten Bereichen der x - y - Ebene. Betrachtet man das Potential, so erkennt man, daß solch ein Bereich in der Nähe des Aufhängepunktes vorliegt. Dort ist das Potential defokussierend geformt (vergleiche 7.2).

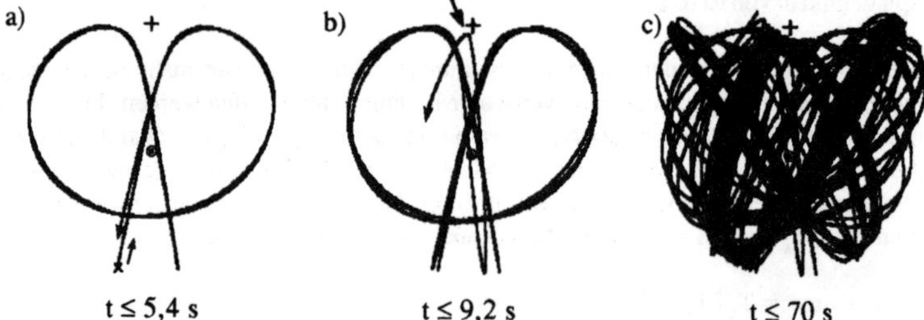

Abb. 7.14: *Chaotische Bahn beim ebenen elastischen Pendel (t: verstrichene Zeit seit Start).*
a) Symmetrisch aussehender, erster Bahndurchgang. Die Bahn führt nahe am Aufhänge punkt der Feder vorbei.
b) Plötzliches Ausbrechen aus der Bahn (Pfeil), nachdem vorher nur kleine Bahnabweichun gen aufgetreten sind.
c) Die Bahn zeigt über längere Zeit betrachtet unregelmäßiges Verhalten.

Eines der Merkmale von chaotischem Verhalten ist die hohe Sensitivität, sie ist beim ELPE wieder im exponentiellen Fehlerwachstum zu erkennen. Wie beim Rotationspendel werden zwei eng benachbart startende Bahnen parallel gerechnet und deren Abstand im Phasenraumdie logarithmisch aufgetragen (Abb. 7.15).

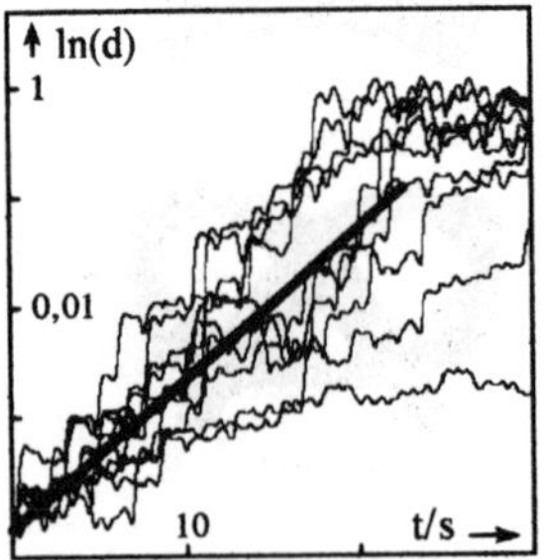

Abb. 7.15: *Fehlerentwicklung bei chaotischen Bahnen*
Jede Kurve stellt eine Parallelrechnung von je zwei eng benachbart gestarteten Bahnen dar (d: Abstand der Bahnen im Phasenraum; Anfangsabstand ist jeweils 0,1 mm). Im Mittel entwickelt sich der Abstand in der logarithmischen Darstellung längs einer Geraden, es liegt exponentielles Fehlerwachstum vor.

7.3.3 Der Poincaré-Schnitt beim ebenen elastischen Pendel

Festlegung der Schnittbedingungen

Der komplette Phasenraum ist beim vorliegenden Beispiel vierdimensional (x, y, v_x, v_y). Als Poincaré-Diagramm soll die Ebene v_y - y gewählt werden. Diese Ebene bietet die Möglichkeit, daß relativ leicht Vergleiche mit der Bahn in der x - y - Ebene möglich sind. Weiter muß noch die Schnittbedingung festgelegt werden, d.h. wann ein Eintrag in das v_y - y - Diagramm gemacht werden soll. Günstig erweist sich der Übergang über die y-Achse, also $x = 0$. Dies garantiert, daß das Objekt im vierdimensionalen Raum tatsächlich geschnitten wird. Der Übergang kommt häufig vor, das Pendel kann nicht nur auf der rechten oder linken Seite schwingen. Damit die Umlaufrichtung einer Bahn erkennbar wird, sei noch festgelegt, daß immer nur dann ein Eintrag in das Poincaré-Diagramm gemacht wird, wenn $v_y > 0$ ist. Das bedeutet, daß nur dann Durchstoßpunkte registriert werden, wenn die Bahn von hinten nach vorne durch die v_y - y - Ebene stößt (Abb.7.16).

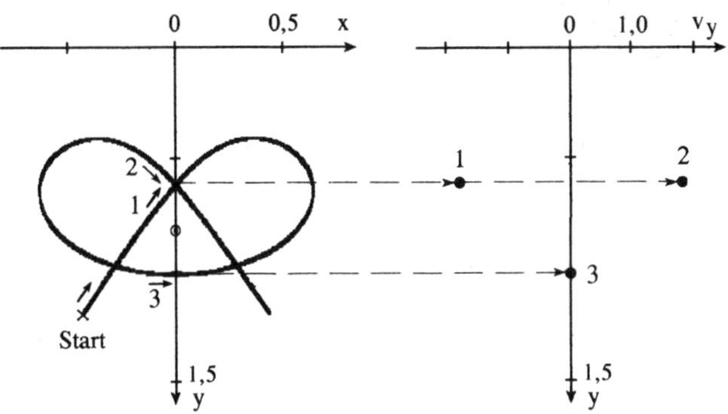

Abb. 7.16: *Festlegung zum Poincaré-Schnitt beim ebenen elastischen Pendel. Immer dann, wenn die Bahn die y - Achse von links nach rechts überquert ($x = 0$; $v_x > 0$), wird (v_y, y) aufgetragen.*

Die Bahntypen im Poincaré-Schnitt

Die drei verschiedenen Bahntypen werden im Poincaré-Schnitt besonders deutlich (Abb.7.17):

- Periodische Bahnkurven hinterlassen endlich viele einzelne Punkte, die geschlossene Linie im Phasenraum durchstößt die Schnittebene immer wieder an den gleichen Stellen.
- Quasiperiodische Bahnkurven zeigen sich in Linien. Die Versetzung der Bahnkurven zeichnen nach und nach eine Fläche in den Phasenraum, der Schnitt durch eine Fläche ist eine Linie.
- Die als chaotisch anzusehenden Bahnkurven füllen ein Gebiet der Schnittebene mit einer Punktwolke, das ist der Schnitt durch ein "Linienknäuel". Durch diesen deutlichen Unterschied zu periodischen und quasiperiodischen Bahnen läßt sich "Chaos" definieren, es liegt dann vor, wenn sich eine Punktwolke als Poincaré-Schnitt ergibt.

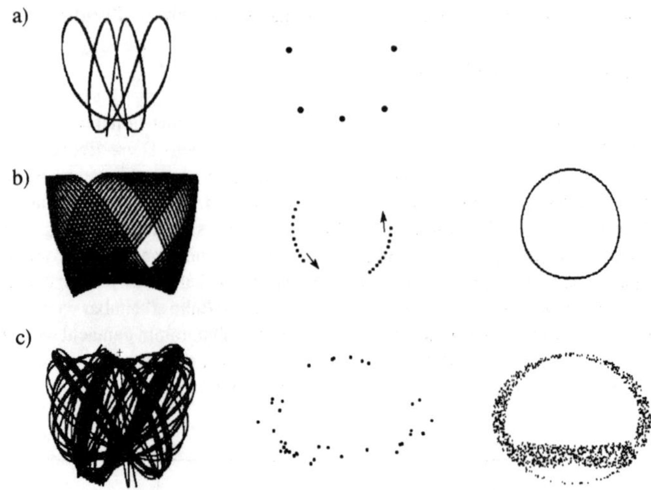

Abb.7.17: Verschiedene Bahntypen zeigen verschiedene Muster im Poincaré-Diagramm (links jeweils die Bahn im x - y - Diagramm, rechts der Poincaré-Schnitt im v_y - y - Diagramm).
a) Periodische Bahn
b) Quasiperiodische Bahn (Mitte: die ersten Sekunden, rechts: nach langer Zeit)
c) Chaotische Bahn (Mitte: die ersten Sekunden, rechts: nach langer Zeit)

Der vollständige Poincaré-Schnitt für eine fest vorgegebene Energie

Die Eindeutigkeit des Poincaré-Schnittes erlaubt es, das Pendelverhalten für eine vorgegebene Energie E_{vor} systematisch zu untersuchen. Nachdem ein Punkt des v_y - y - Diagrammes nur zu einer Bahn gehören kann, dürfen in einem Poincaré-Diagramm mehrere Bahnen eingetragen werden. Setzt man eine bestimmte Energie E_{vor} voraus, so ist dann die zugehörige Bahn auch aus dem Poincaré-Schnitt heraus eindeutig identifiziert. Wenn man also einen Punkt (v_y, y) aus dem Poincaré-Schnitt kennt, der zu einer bestimmten Bahn gehört, so kann man auch die Koordinaten x und v_x bestimmen. Mit der Schnittbedingung x = 0 kann v_x kann durch Umformung von GL 7.7 bestimmt werden:

$$v_x = \sqrt{2 \cdot (E_{vor} - E_0 - k/2 \cdot (|y| - l_0)^2 + m \cdot g \cdot y) / m - v_y^2} \qquad \textbf{(GL 7.8)}$$

Wegen Schnittbedingung $v_x > 0$ muß die Wurzel positiv gewählt werden. Die systematische Untersuchung geschieht nun in folgender Weise: Man geht von einem Punkt des Poincaré-Schnittes (v_{yA}, y_A, $x_A = 0$) aus und berechnet mit GL 7.8 noch v_{xA}. Jetzt startet man mit diesen Werten eine Simulation und erhält das Schnittmuster für diese Bahn. In gleicher Weise werden viele Simulationen durchgeführt, jedesmal mit neuem (v_{yA},y_A) und in anderer Farbe gezeichnet. Abb.7.18 zeigt den Poincaré-Schnitt für E_{vor} = 5 J. Er soll hier als **vollständiger Poincaré-Schnitt** bezeichnet werden.

Deutlich erkennt man Gebiete mit chaotischem Verhalten, Gebiete mit quasiperiodischem Verhalten und periodische Inseln, die von quasiperiodischen Linien umrandet werden. Die kleinen Bilder stellen zugehörige Bahnkurven dar, wobei die quasiperiodischen und chaotischen Bahnen nur für kurze Zeit gezeichnet sind.

Um die Abhängigkeit der auftretenden Bahnen und Chaosgebiete von der Energie zu untersuchen sind in Abb.7.23. und Abb.7.24. weitere vollständige Poincaré-Schnitte dargestellt.

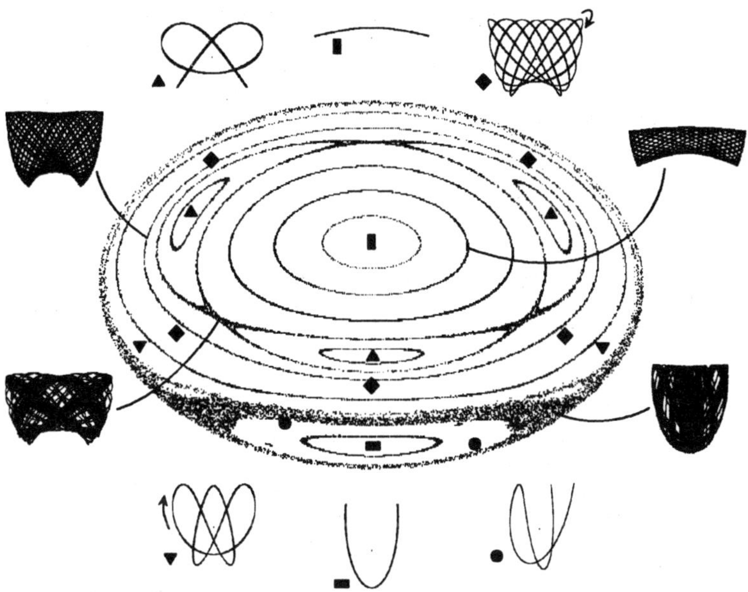

Abb.7.18: *Vollständiger Poincaré-Schnitt für* $E_{vor} = 5\,J$ *(Abszisse:* v_y*; Ordinate:* y*) (Parameter:* $m = 1{,}4\,kg$, $k = 38{,}5\,N/m$, $l_0 = 0{,}46\,m$*) Die Berechnungen wurden mit dem Programm ELPE durchgeführt. Die kleinen Bilder zeigen einige vorkommende Bahnen, die zugehörigen Inselpunkte bei den periodischen Bahnen sind markiert.*

Der vollständige Poincaré-Schnitt ist beschränkt

In Abb. 7.18 fällt auf, daß Punkte nur in einem ellipsenförmigen Gebiet existieren. Versucht man, für einen Punkt (v_y , y) außerhalb der Ellipse das zugehörige v_{xA} bei der vorgegebenen Energie E_{vor} zu berechnen, so zeigt GL 7.8, daß der Ausdruck unter der Wurzel negativ wird. Es existiert also kein zugehöriges v_{xA} . Aus GL 7.8 läßt sich durch einige Umformungen die Bedingung für die erlaubten (v_y , y) - Werte ableiten:

$$m \cdot v_y^2 + k \cdot (y - y_R)^2 \leq 2 \cdot E_{Vor}$$

Bei der Ableitung wurde allerdings $y \geq 0$ vorausgesetzt, was bei höherer Energie nicht generell gemacht werden kann (dort existiert dann noch eine zweite Ellipsenbedingung). Betrachtet man den Ausdruck als Gleichung, so bestätigt sie die Ellipse mit dem Zentrum ($v_y = 0$; $y = y_R$). Am Rande sei noch erwähnt, daß das Verhältnis der Halbachsen gerade den Wert k/m ergibt, das ist die Kreisfrequenz des reinen Federpendels.

Was bietet der vollständige Poincaré-Schnitt?

Abb. 7.18 zeigt, daß der vollständige Poincaré-Schnitt einen Überblick über das Verhalten des Pendels gibt. Daraus ergeben sich Fragen und Anregungen, von denen einige beantwortet und aufgegriffen werden, andere sollen den Leser zu weiteren Überlegungen und eigenen Studien anregen.

- Welche periodischen Lösungen sind möglich?
  Die Zentren der Inseln entsprechen immer einer periodischen Lösung. In dieser Weise lassen sich schnell die Anfangswerte für periodische Bahnen finden.
- Steckt hinter dem Auftreten der Inseln eine Systematik?
  Wie hängt das Periodenverhältnis p_{xy} mit dem Auftreten von Inseln zusammen?
  Wie stabil sind periodische oder quasiperiodische Lösungen?
  Wie entwickelt sich der Poincaré-Schnitt in Abhängigkeit von der Energie?
  Hierzu werden in 7.3.4 noch einige verblüffende Tatsachen gezeigt.
- Können einzelne Bahnen elementar bearbeitet und detailliert diskutiert werden?
  Eine Anregung dazu wurde mit dem Hilfsmittel der Potentialdarstellung bereits bei der Behandlung des Magnetpendels gegeben.
- Gibt es einen Zusammenhang zum Bifurkationsszenario?
  Es kann beobachtet werden, daß eine einzelne Insel sich in zwei Inseln aufspaltet (siehe Abb. 7.24: E = 7 J zu E = 8 J), allerdings folgt die Aufspaltungsserie anderen Gesetzen als das Feigenbaum-Szenario.
- Gibt es in den Schnittbildern Selbstähnlichkeit?
  Auffällig ist, daß häufig um eine Insel wieder eine Reihe anderer Inseln auftritt. Durch Vergrößerung kann gezeigt werden, daß tatsächlich immer wieder Substrukturen existieren.

7.3.4 Die Fibonacci-Serie und der Goldene Schnitt finden sich im Poincaré-Diagramm

In der Architektur, von griechischen Tempeln bis zu Wohnbauten von Le Corbusier, in der Malerei, von Albrecht Dürer bis Salvadore Dali, in der Musik bei Béla Bartók oder der Literatur in einem Hölderlin-Gedicht - der Goldene Schnitt taucht überall auf, er gilt als vollkommen und schön. Er trägt mit sich eine fast mystische Verbindung zum göttlichen Plan (Kepler), scheint das natürliche Maß von Ästhetik zu beschreiben. Inwieweit die Bedeutung dieses Maßes kulturhistorisch gebildet oder objektiv vorhanden ist, ist schwer zu klären. Ansätze zur Beschreibung der Natur mit Hilfe des Goldenen Schnittes sind seit Keplers "Weltharmonik" im Gespräch und in letzter Zeit wieder aktuell geworden. Es finden sich die ausgezeichnete Proportion und die Fibonacci-Zahlen direkt in der Blatt- und Samenanordnung vieler Pflanzen (Phyllotaxis). Die Winkelausrichtung von einem Blatt zum nächsten folgt bei vielen Pflanzen dem Goldenen Schnitt, die Zahlen der auftretenden Spiralen bei Sonnenblumensamen oder Tannenzapfen sind Fibonacci-Zahlen. Und nun taucht diese Relation auch in der unbelebten Natur, z.B. bei der Stabilität des Sonnensystems oder der Bildung von Quasikristallen, auf. Leider kann an dieser Stelle nur ein Hinweis auf die Bedeutung des Goldenen Schnittes erfolgen, für detailliertere Informationen muß auf andere Quellen verwiesen werden. Ein breit informierendes Buch dazu ist "Der Goldene Schnitt" von A. Beutelspacher und B. Petri [09], die physikalische Bedeutung ist im Artikel "Der Goldene Schnitt in der Natur" von Richter und Scholz [72] dargelegt.

Als Rüstzeug seien **einige mathematische Zusammenhänge** kurz dargestellt:

- Der Goldene Schnitt ist das Verhältnis g, welches eine gegebene Strecke c so in zwei Teile a und b teilt, daß sich die kleinere Teilstrecke (b) zur größeren (a) genauso verhält wie der größere Teil zur Gesamtstrecke: $g = b/a = a/c$
  Mit diesem Verhältnis und $c = a + b$ ergibt sich $g = (\sqrt{5} - 1)/2 = 0{,}61803\ldots$

- Weiter gilt $1/g = 1 + g$.

- Versucht man, g durch eine Folge von rationalen Zahlen anzunähern, so spielt die Fibonacci-Folge eine wichtige Rolle:

  0 1 1 2 3 5 8 13 21 34 ...

  Eine neue Zahl wird jeweils aus der Summe der beiden vorhergehenden gebildet. Die Folge, die gegen g konvergiert, ist eine Folge von Brüchen, die aus aufeinanderfolgenden Fibonacci-Zahlen gebildet wird:

  $$1/1 \quad 1/2 \quad 2/3 \quad 3/5 \quad 5/8 \quad 8/13 \quad \ldots \rightarrow g$$

- g ist die "irrationalste" aller Zahlen. Sie läßt sich zwar durch eine Folge rationaler Zahlen annähern, aber die Konvergenz verläuft langsam.

Was haben der Goldene Schnitt und die Fibonacci-Zahlen mit dem ebenen elastischen Pendel zu tun?

Im folgenden soll wieder der vollständige Poincaré-Schnitt für die Energie E_{vor} = 5 J betrachtet werden. Dort finden sich viele Inselketten. Richten wir das Augenmerk auf die jeweilige Anzahl N_i von Inseln, die jeweils zu einer periodischen Bahn gehören. Es finden sich dort Bahnen mit N_i = 1,2,3,5 also den ersten Fibonacci-Zahlen (siehe Abb.7.18). Dies ist ein erster Hinweis und er berechtigt zur weiteren, gezielten Suche. Um die Inselketten besser erkennen zu können, wird das Bild anders dargestellt (Abb.7.19). Dazu verändert man die Ellipse zuerst zu einem Kreis (a nach b). In diesen werden Polarkoordinaten (r , α) eingeführt, die vom Mittelpunkt (v_y = 0, y = y_R) aus definiert sind. Diese Polarkoordinaten werden gegeneinander aufgetragen, das ergibt ein α - r - Diagramm (c), in welchem alle Charakteristika des v_y - y - Diagrammes wiederzuerkennen sind.

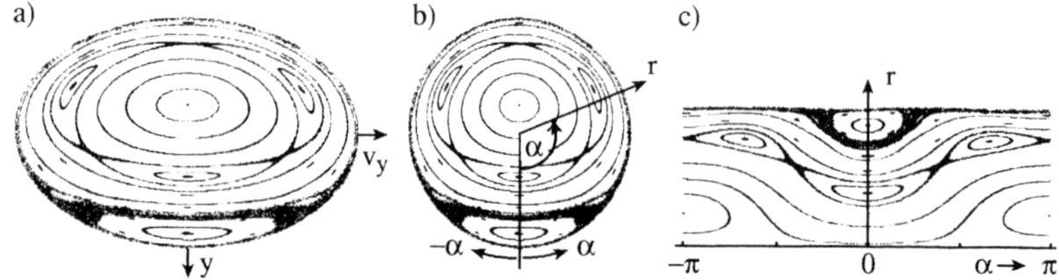

***Abb.7.19:** Andere Darstellung des Poincaré-Schnittes in Polarkoordinaten*

Durch gezieltes Suchen finden sich weitere Bahnen, deren Inselanzahlen Fibonacci-Zahlen sind. In Abb.7.20 sind sie markiert dargestellt. Es gibt auch Inselketten mit anderen Anzahlen als Fibonacci-Zahlen. Zur klareren Darstellung sind diese aber nicht eingezeichnet. Dargestellt sind nur noch die beiden Chaosbänder und einige Linien von quasiperiodischen Bahnen. Eine dieser Linien fällt auf (GS). Dazu betrachtet man die Inselketten in der Reihenfolge ihrer Anzahl: K1 (1 Insel), K2 (2 Inseln), K3 (3), K4 (5), K5(8) u.s.w. In dieser Abfolge nähern sich die Inselketten immer näher der Linie GS. Dabei wechseln die Seiten, so liegt K1 unten, dann K2 oben, K3 wieder unten und so fort.

Die Linie GS hat mit dem Goldenen Schnitt zu tun. Damit dieser Zusammenhang deutlich wird, soll zuerst das Windungsverhältnis eingeführt werden: Man betrachte eine periodische Bahn im Poincaré-Schnitt (hier wieder in der v_y - y - Darstellung) und numeriere die Entstehung der Punkte. Man startet bei einem Punkt und zählt die Anzahl N_u der nötigen Umläufe (in positiver Winkelrichtung), bis man wieder am Startpunkt angekommen ist (Abb.7.21). Berücksichtigt man die Anzahl N_i der dabei gezeichneten Inseln, so definiert sich das **Windungsverhältnis W** als Verhältnis dieser Zahlen

$$W = N_u / N_i$$

W läßt sich auch für quasiperiodische Bahnen berechnen, dazu zählt man die Umläufe N_u im v_y - y - Diagramm und dividiert durch die Anzahl N_i der dabei gezeichneten Punkte. Zu bemerken ist noch, daß das Windungsverhältnis nicht allein aus dem fertigen Poincaré-Schnitt abzulesen ist. Es ist wichtig, über die Punktabfolge oder über die Umlaufzahl im

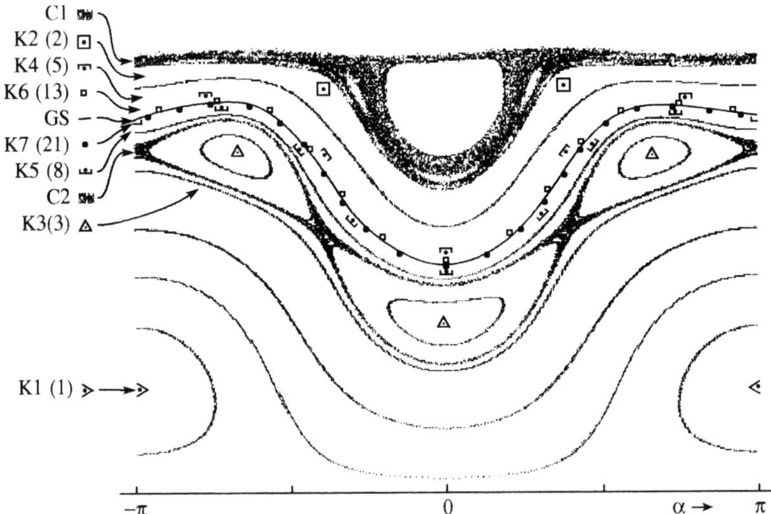

Abb.7.20: *Die Fibonacci-Folge im Poincaré-Schnitt*
Dargestellt sind die zwei Chaosbänder C1 und C2, einige Linien von quasiperiodischen Bahnen und die Inselketten, deren Anzahl N_i (Zahlen in Klammern) eine Fibonacci-Zahl ist. Alternierend konvergieren die Inselketten gegen eine Grenzlinie (GS). Die Berechnungen wurden mit dem Programm ELPE durchgeführt, dort sind die Zuordnungen einfacher zu erkennen, da die Inselketten verschiedene Farben haben.

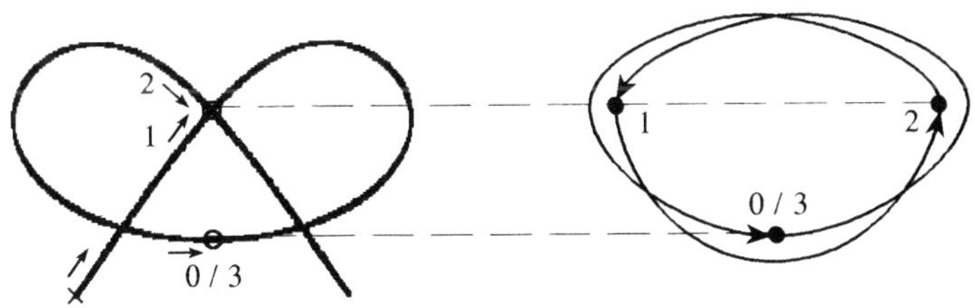

Abb.7.21: *Definition des Windungsverhältnisses W*
Der Poincaré-Schnitt (rechts; die Linien sind Orientierungshilfe) besteht aus $N_i = 3$ Punkten, die ihrem Entstehen nach numeriert sind. Für einen kompletten Bahndurchlauf benötigt man $N_u = 2$ Umläufe im v_y - y - Diagramm. Damit ist $W = N_u / N_i = 2/3 = 0{,}667$.

Poincaré-Schnitt informiert zu sein. Dazu sieht das Computerprogramm einen Modus vor, durch den aus abgespeicherten Daten die Dynamik im Poincaré-Schnitt Schritt für Schritt verfolgt werden kann. Das berechnete Windungsverhältnis kann damit ''von Hand'' kontrolliert werden. In Abb.7.22 sind die Bahnen, Poincaré-Schnitte und die Windungsverhältnisse für die Serie aus Abb.7.20 aufgelistet (Die Reihenfolge entspricht der Lage der Objekte).

W folgt genau der Konvergenzfolge der Brüche aus Fibonacci-Zahlen. Man beginne mit der untersten Bahn bei $N_i = 1$, dann kommt die oberste periodische Bahn $N_i = 2$, dann wieder unten $N_i = 3$, oben $N_i = 5$ und so fort. Es können noch periodische Ketten mit höheren Zahlen gefunden werden. Man wähle dazu den Startpunkt $v_y = 0$ und variiere y (ausgehend von dem Wert der vorhergehenden Bahn). Mit etwas Geduld können Bahnen bis $N_i = 89$ gefunden werden.

x - y	v_y - y	KS	N_u	N_i	$W = N_u / N_i$
		C1	--	--	≈ 0,62
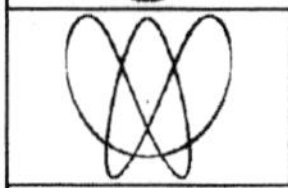	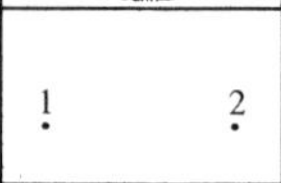	K2	1	2	1/2 = 0,5
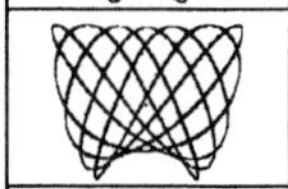	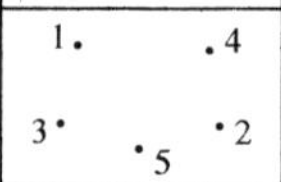	K4	3	5	3/5 = 0,6
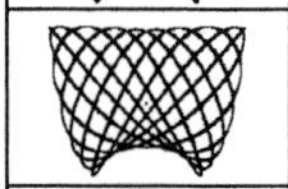	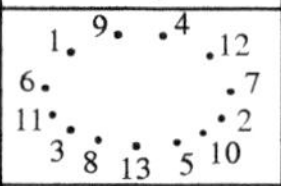	K6	8	13	8/13 = 0,615
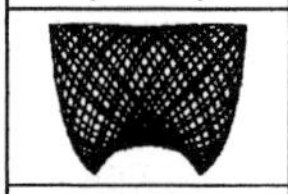	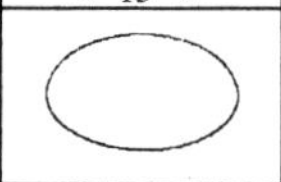	GS	--	--	g = 0,6180..
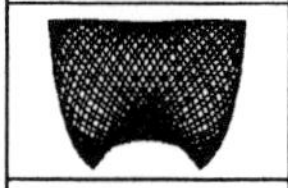	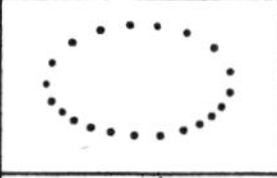	K7	13	21	13/21 = 0,619
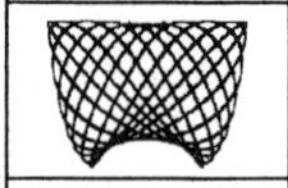	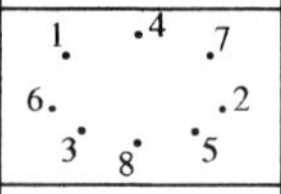	K5	5	8	5/8 = 0,625
	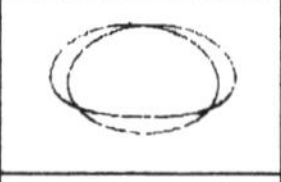	C2	--	--	≈ 0,75
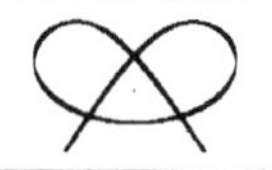	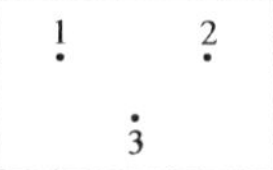	K3	2	3	2/3 = 0,667
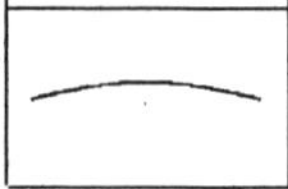	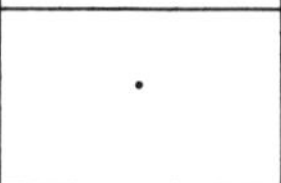	K1	1	1	1/1 = 1,0

Abb. 7.22: *Die Fibonacci-Serie zeigt die Annäherung an den Goldenen Schnitt (GS) KS: Markierung entsprechend Abb. 7.20 (Schrittabfolge für die Konvergenz); N_u: Anzahl der Umläufe im v_y - y - Diagramm; N_i: Anzahl der Inselpunkte; W: Windungsverhältnis*

Der Goldene Schnitt als letzte Bastion im Chaos

Bisher wurde nur die Existenz der Fibonacci-Folge und die Konvergenz gegen eine Bahn mit dem Goldenen Schnitt als Windungsverhältnis gezeigt. Als letztes soll nochmals zum Chaos zurückgekehrt werden. In der Bilderserie Abb.7.23 ist zu erkennen, daß die chaotischen Bereiche sich vergrößern oder verkleinern, daß auch getrennte Bänder miteinander verschmelzen können.

Betrachten wir dieses Verschmelzen von Chaosbereichen etwas genauer:
Bei $E_{vor} = 5$ J liegen zwei Chaosbänder vor (C1 und C2 in Abb.7.20). Zwischen diesen liegen viele periodische Ketten und viele quasiperiodische Linien, unter anderem auch die Linie mit W = g. Erhöht man nun die Energie, so breiten sich die Chaosbänder aus, sie rücken immer näher zusammen. Dabei werden immer mehr Linien von quasiperiodischen Bahnen und Inselketten von periodischen Bahnen vernichtet, die Chaosbereiche zerstören immer mehr Ordnung (Abb.7.24). **Das Auffallende ist nun, daß die letzte Linie, die zerfällt, gerade die ist, deren Windungsverhältnis dem Goldenen Schnitt entspricht.** Das bedeutet, daß die stabilste Bahn eine quasiperiodische Bahn ist. Sie hat als Windungsverhältnis die irrationalste Zahl, die es gibt, den Goldenen Schnitt.

Man könnte nun einwenden, daß dies hier gerade Zufall ist, daß man eben die Inselketten gerade richtig ausgewählt hat. Doch dies ist nicht der Fall, das gezeigte Phänomen ist durch die Mathematiker und Physiker **Kolmogorov, Arnold und Moser** (siehe Kapitel 1) im sogenannten **KAM-Theorem** durch störungstheoretische Überlegungen mit analytischen Mitteln nachgewiesen worden.

Eines der ersten Systeme, bei dem das beschriebene Szenario durch Computerexperimente gezeigt wurde, ist ein ähnliches Doppelpendel, wie es in Kapitel 2 kurz beschrieben ist. Darüber wurde ein Lehrfilm erstellt, in dem alle oben gezeigten Phänomene deutlich gemacht werden [71]. Ein anderes Beispiel ist ein Billard-System, das in [43] ausführlich beschrieben ist. Dort und in [72] finden sich hilfreiche Erklärungen zum KAM-Theorem. Das Theorem wird praktisch angewendet in der Physik der Plasmen und Teilchenbeschleuniger. Das klassische Problem geht zurück auf Henri Poincaré. Er beschäftigte sich um die Jahrhundertwende mit der Stabilität des Sonnensystems und legte in seinen "Neuen Methoden der Himmelsmechanik" eine Grundlage für die Chaos-Forschung. Moser hat die eröffneten Fragen mit dem KAM-Theorem beantwortet [64]. Damit schließt sich auch wieder der Kreis zur Keplerschen Weltharmonik.

Beschreibungen zu den Farbabbildungen der folgenden Seiten:

Abb. 7.23: *Vollständige Poincaré-Schnitte für verschiedene Energien*
E = 1,25 J: Es existieren nur periodische (Inseln) und quasiperiodische (Linien) Bahnen.
E = 5 J: Weitere Inseln tauchen auf, als äußerer Rand erscheint ein schmales Chaosband
E = 10 J: Das Chaosband verdrängt periodische und quasiperiodische Bahnen.
E = 15 J: Das Pendel kann über den Aufhängepunkt hinwegschwingen.
E = 20 J: Das Chaos breitet sich weiter aus.
E = 25 J: Das Chaos trennt sich in zwei Bänder, neue Inseln treten auf.
E = 50 J; E = 100 J: Das Chaos wird zurückgedrängt, die "Störung" durch die Gravitation fällt nicht mehr so stark ins Gewicht.
Die Bilder wurden mit dem Programm ELPE berechnet, dabei sind die Maßstäbe so gewählt, daß die Strukturen jeweils das Bild ausfüllen.

Abb. 7.24: *Die Entwicklung des Poincaré-Schnittes bei Erhöhung der Energie*
Die Schnitte sind hier in Polarkoordinaten dargestellt (vergleiche Abb. 7.19)
Chaosbänder entstehen und breiten sich aus (gelber Bereich oben und schmaler, zusammenhängender Bereich um die 3er-Kette; vergleiche C1 und C2 aus Abb. 7.18 mit Bild bei E = 5 J). Dabei werden immer mehr periodische und quasiperiodische Bahnen vernichtet. Bei E = 6 J sind die beiden Chaosbänder noch getrennt, bei 7 J sind sie verschmolzen. Es finden sich noch andere Auffälligkeiten. So entstehen z.B. neue Inselformationen, verändern sich und verschwinden wieder (deutlich jeweils in der oberen Mitte). Weiter deutet sich eine Bifurkation an, ein Punkt teilt sich in zwei (E = 8 J).

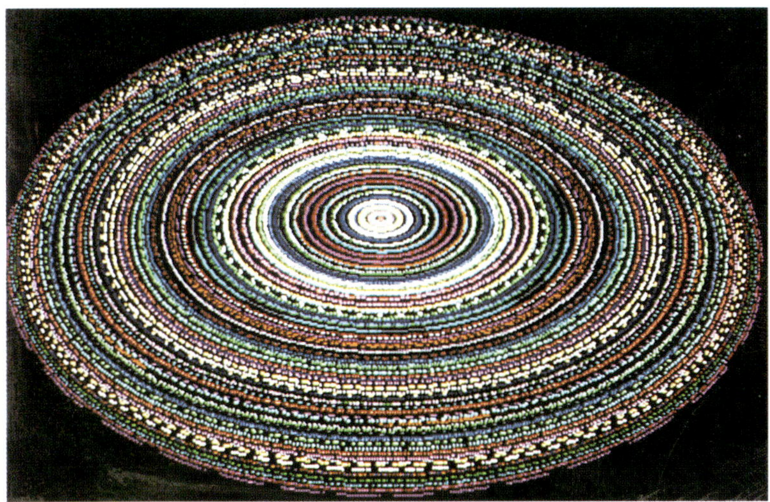

E = 1,25 J

E = 5 J

Abb. 7.23: *Beschreibung siehe S. 174*

E = 10 J

E = 15 J

Abb. 7.23: *Beschreibung* *siehe S. 174*

E = 20 J

E = 25 J

Abb. 7.23: *Beschreibung siehe S. 174*

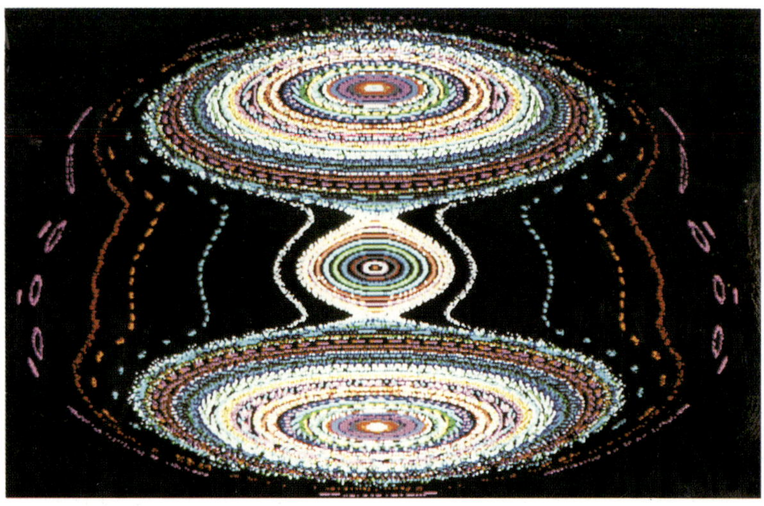

E = 50 J

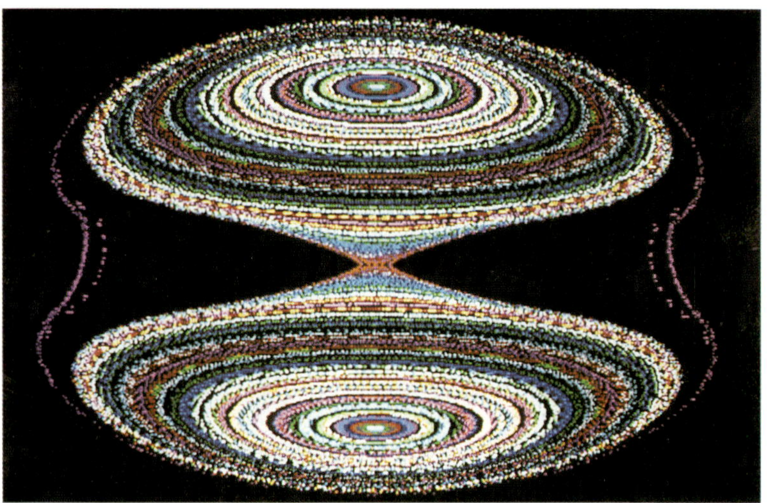

E = 100 J

Abb. 7.23: *Beschreibung* *siehe S. 174*

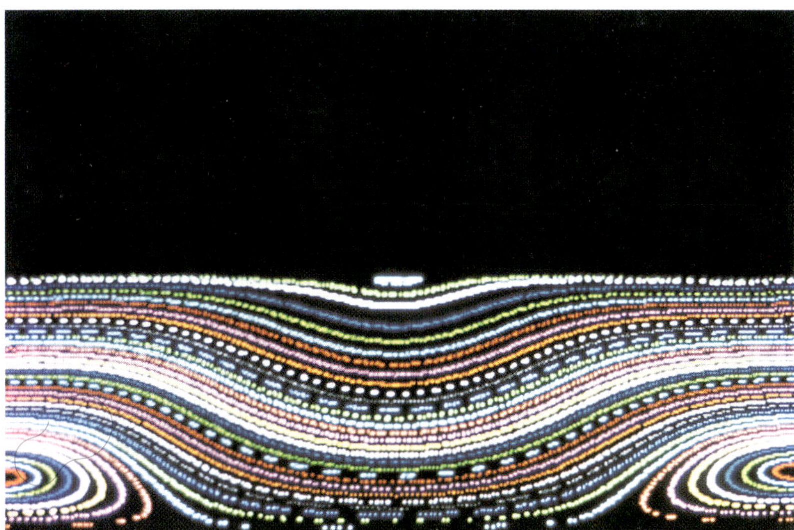

E = 2,5 J

E = 4 J

Abb. 7.24: *Beschreibung* *siehe S. 174*

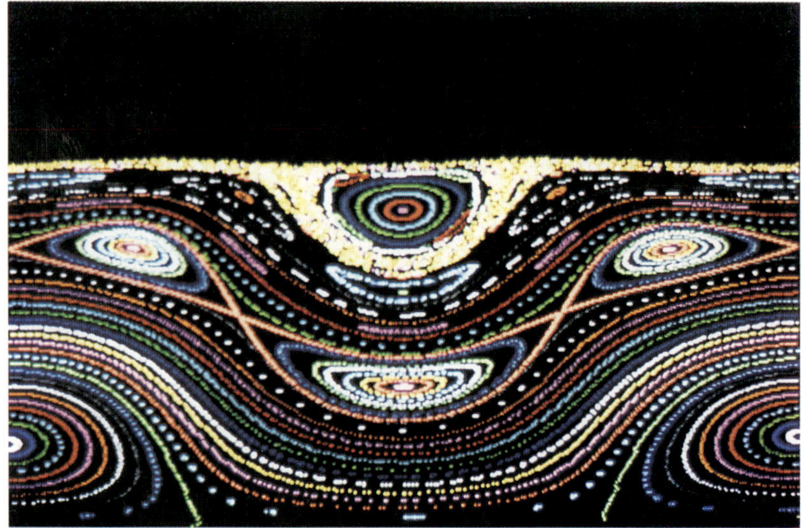

E = 5 J

E = 6 J

Abb. 7.24: *Beschreibung siehe S. 174*

E = 7 J

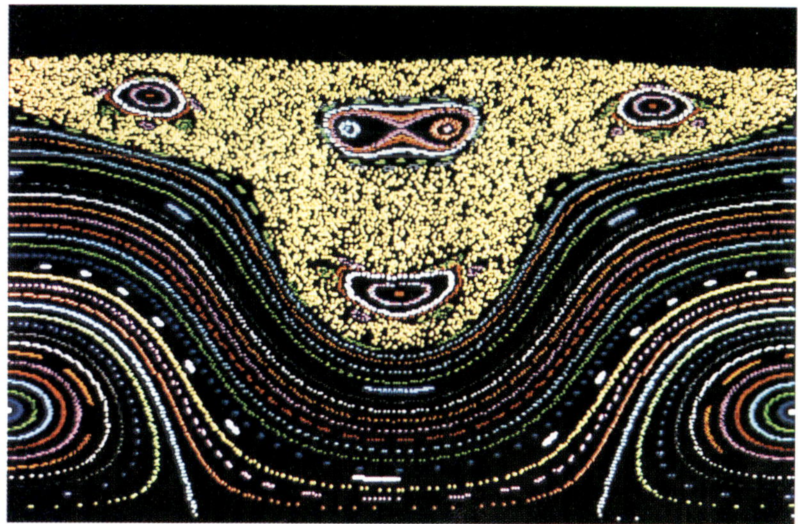

E = 8 J

Abb. 7.24: *Beschreibung* *siehe S. 174*

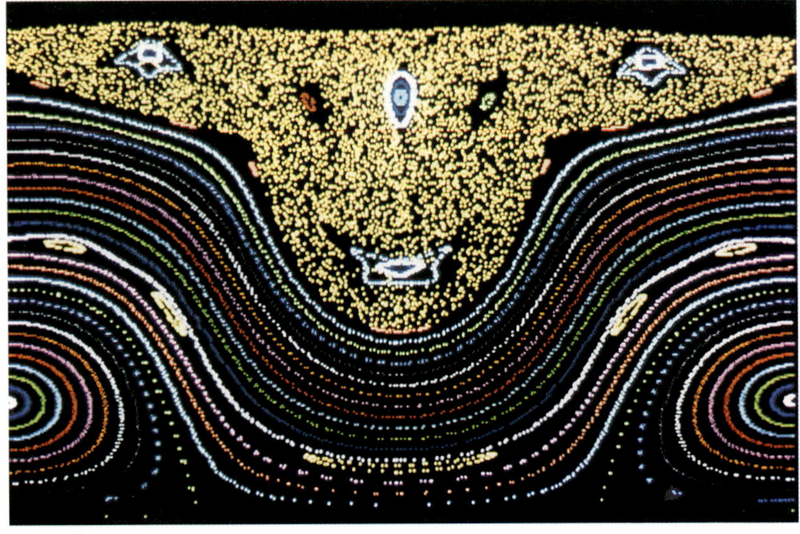

E = 9 J

E = 10 J

Abb. 7.24: *Beschreibung siehe S. 174*

Anhang

I. Das Rotationspendel mit Unwucht im Experiment

Der Aufbau des zentralen Experiments wird in tabellarischer Weise dargelegt, alle anderen Experimente sind im Text beschrieben. Der schematische Aufbau, Variablen- und Parameterdefinitionen sowie der Ansatz für die Differentialgleichung finden sich in Kap. 3.1. Das Computerprogramm zur Datenaufnahme und -weiterverarbeitung ist in Anhang II. beschrieben.

Versuchsaufbau: (schematischen Darstellung siehe Abb.3.1.)

Grundaufbau:
- "Drehpendel nach Pohl" (Gerät Nr. 34600, Fa. Leybold, 5030 Hürth, siehe zugehörige Gebrauchsanweisung) mit Veränderungen und Ergänzungen

Unwucht:
- Zusatzmasse am Nullpunkt des Drehkörpers

Anregung:
- Schrittmotor mit 200 Schritten/Umdrehung = 1,8°/Schritt (KP39HM, Fa. MS-Elektronik, 8011 Kirchheim) und Antriebsrad mit Exzenter (Exzentrität 10 mm)
- Anregungsübersetzung mit durch Feder vorgespanntem Faden anstatt Schubstange von Exzenter zu Schwingungserreger
- Ansteuerung über speziell entwickelte Elektronik (Worg, Wieser, Sektion Physik der Universität München, ELAB Nr.452), Anregungsperiode 0 - 6,25 s in Schritten von 6,25 ms, digital über Druckknöpfe einstellbar

Dämpfungsstrom für Wirbelstromdämpfung:
- Stromkonstanter (enthalten in Ansteuerungs-Gerät ELAB Nr.452), 0 - 1000 mA, Genauigkeit 1 mA, digital über Druckknöpfe in Schritten von 1 mA einstellbar

Datenaufnahme:
- Winkelstellung des Pendelkörpers über Drehpotentiometer (reibungsarm, 5 kΩ, NDS 22 R5K, Fa. Megatron, 8011 Putzbrunn) als Spannungsteiler (Gesamtspannung 3V); von der Rückseite her an die Drehachse über einen Gummischlauch angeflanscht; Spannungsübertragung an Computer durch Analog-Digital-Wandler (8 Bit Auflösung, ANALOG-S-IN, Fa. ms-microsystems, 8046 Garching)
- Anregungsphase durch Lichtschranke, die jeweils beim Nulldurchgang des Schwingungserregerarmes unterbrochen wird; Signalübergabe an Computer durch DIGITAL-8-IN (Fa. ms-microsystems)
- Dämpfung durch dem Dämfungsstrom proportionale Spannung (von ELAB Nr. 452) an weiteren Eingang von ANALOG-S-IN

Pendelparameter (siehe auch 3.1.3):

$D = (16{,}5 \pm 1) \cdot 10^{-3}$ Nm/rad	Federkonstante der Rückstellfeder Bei der Messung (statisch) ergab sich, daß D geringfügig vom Auslenkwinkel α abhängt (bis 5 % Abweichung), die Feder ist eingedreht härter als aufgedreht.
$T_0 = (1{,}86 \pm 0{,}03)$ s	Eigenperiode ohne Zusatzmasse keine Abhängigkeit von der Amplitude feststellbar
$\Theta_0 = (1{,}60 \pm 0{,}07) \cdot 10^{-3}$ kg · m²	Trägheitsmoment ohne Zusatzmasse aus $T_0^2 = 4 \cdot \pi^2 \cdot \Theta_0/D$
$m = 0{,}024$ kg	Unwuchtmasse veränderbar, angegebener Wert ist Standardeinstellung
$r_0 = 0{,}085$ m	Abstand Unwucht - Drehachse
$\alpha_e = 5{,}2° = 0{,}09$ rad	Amplitude derAnregung veränderbar, angegebener Wert ist Standardeinstellung
$k_{d1} = (1{,}6 \pm 0{,}08) \cdot 10^{-4}$ Nm	Dämpfungskonstante der konstanten Schleifreibung bestimmt aus Aklingkurve des Pendels ohne Zusatzmasse (die Kurve nimmt linear ab)
$k_{d2} = (2{,}65 \pm 0{,}1) \cdot 10^{-3}$ Nm/A²	Dämpfungskonstante durch Wirbelstromdämpfung bestimmt aus Abklingkurven (m = 0) bei verschiedenem Strom I durch die wirbelstromerzeugende Spulen und jeweiliger Annäherung der Kurven bei Anpassung der Simulation

Zur Kontrolle der Parameterwerte und des Ansatzes für die Differentialgleichung GL 3.11 wurden Abklingkurven (ohne Anregung) aus dem Experiment mit entsprechenden Kurven der Computersimulation verglichen. Experiment und Simulation entsprachen in allen Fällen sehr gut.

II. Computer-Programme

Didaktische Bemerkungen

Bei der Behandlung von Themen der nichtlinearen Dynamik ist der Computer ein wichtiges, häufig sogar notwendiges Hilfsmittel. Für die Datenaufnahme bei den Experimenten und deren Bearbeitung sowie zur Simulation der behandelten Systeme wurden Programme entwickelt. Die Programme sind so konzipiert, daß sie auch von ungeübten Computeranwendern benutzt werden können. Hierzu wurde versucht, eine benutzerfreundliche Programmoberfläche zu schaffen. Die Programme sind weitgehend selbsterklärend. Ziel ist hier nicht, Funktion und Umgang mit dem Computer zu lernen, sondern die Stärken der Rechenmöglichkeiten und Graphik zu nutzen. Durch den hohen Interaktionsgrad eignen sie sich nicht nur für die Demonstration, sondern auch zum selbständigen Studieren und Forschen. Die Simulationsprogramme sind so gestaltet, daß sie sich für die Lehrmethode ''selbständiges Studieren und Forschen am simulierten Experiment'' eignen ([40] und [84]).

Hinweise zur Programmierung und zur nötigen Computerkonstellation

Als **Programmiersprache** wurde durchgehend **Turbo-Pascal 5.5** verwendet, die Programme sind auf Personal-Computern unter dem **Betriebssystem MS-DOS** lauffähig. Sie nutzen **VGA- bzw. EGA-Graphik** (einige Programme unterstützen zusätzlich CGA und Hercules). Ein eventuell vorhandener **mathematischer Koprozessor wird unterstützt** und ist wünschenswert, die Programme sind aber auch ohne Koprozessor lauffähig. Einige der Programme sind **zweisprachig** (Deutsch und Englisch), während des Ablaufs kann zwischen den Sprachen umgeschaltet werden. Einige der Programme können über den Autor erworben werden (siehe beiliegende Bestellkarte).

Programme zum Rotationspendel mit Unwucht

Aufnahme und Auswertung des Experimentes:
ROPE-EXP
Das Programm dient zur Datenaufnahme und -auswertung des Experimentes (siehe I.). Kontinuierlich werden der Winkel α, der Dämpfungsstrom I und die Anregungsphase φ aufgenommen und in verschiedenen Diagrammen dargestellt. Aus dem Winkelverhalten wird die Winkelgeschwindigkeit, Phasenraum, Häufigkeitsverteilung der Minima und Rückabbildung gebildet. Für die Aufnahme von Einzugsgebieten, Poincaré-Schnitt, Attraktoren und zur Fourieranalyse sind spezielle Routinen vorhanden. Das Programm ist von der Hardware-Konstellation desInterfaces abhängig.

Simulation des Systems:
ROPE-SIM
Es handelt sich um eine Simulation des Systems Rotationspendel mit Unwucht (siehe Anhang I). Das Programm entspricht im Wesentlichen dem Programm ROPE-EXP. Zusätzlich sind noch die dreidimensionale Darstellung des Phasenraums und die Anregungsphase (je nach Energiefluß in verschiedener Farbe) möglich. Als Algorithmus liegt das Euler-Verfahren zugrunde, die Beschleunigungen werden nach der Differentialgleichung GL 3.11

berechnet. Es wurde auch eine Version mit dem Runge-Kutta-Verfahren 4. Ordnung erstellt, die aber bei gleicher Genauigkeit keine Verkürzung der Rechenzeit ergibt.

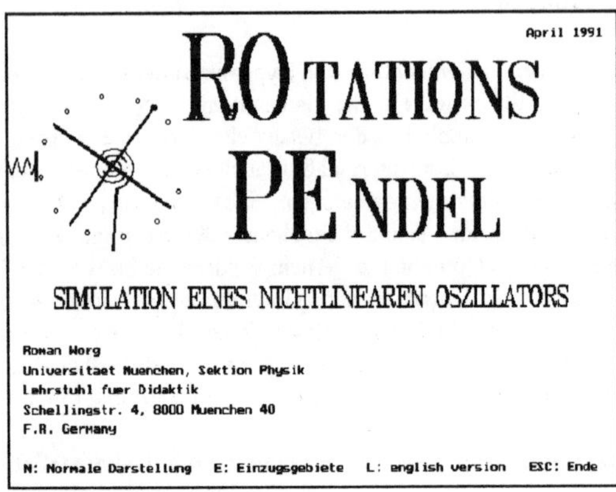

Berechnung von Feigenbaum-Diagrammen:

ROPE-FEI

Zusatzprogramm zu ROPE-SIM für die systematische Berechnung des Feigenbaum-Diagrammes (Darstellunungsvariable: untere Umkehrpunkte der Schwingung; Kontrollparameter: Dämpfungsstromes I).

Berechnung von Attraktoren:

ROPE-ATT

Zusatzprogramm zu ROPE-SIM zur systematischen Untersuchung von Attraktoren. Parallel werden die Bahnen von bis zu 400 Simulationen gerechnet, die zum Start auf einem Kreis im Phasenraum angeordnet sind. Die Attraktoren werden als Poincaré-Schnitt für wählbare Anregungsphasen dargestellt. Mit dem Programm läßt sich auch die Entwicklung eines Attraktors studieren (Verzerren und Zusammenfalten analog zur Bäcker-Transformation).

ROPE-CIN

Abgespeicherte Bilder von seltsamen Attraktoren werden wie in einem Trickfilm nach und nach dargestellt. Dazu wurden vorher Poincaré-Schnitte bei verschiedener Anregungsphase mit ROPE-ATT berechnet.

ROES-ATT

Simulation des Rössler-Attraktors. Eine numerische Integration des Differentialgleichungssystems $x' = -(y + z)$; $y' = x + y/5$; $z' = 1/5 + z \cdot (x-c)$ [nach 01/02,p.136] wird zweidimensional (x,y) bzw. dreidimensional (x,y,z) (Farbcodierung nach z) dargestellt.

Erarbeitung der Iterationsnäherung:

ROPE-ITE

Verglichen werden die Attraktoren, die durch Simulation (Poincaré-Schnitt bei $\varphi = \pi/2$, Parameter I) nach GL 3.11 entstehen, mit den Attraktoren, die aus der Iterations-Modellierung (siehe Abb.4.16) resultieren. Bis zu 400 Vorgänge werden parallel simuliert bzw.

iteriert. Für die Startaufstellung ist eine Ellipse gewählt die in verschiedenen Farben gezeichnet wird. Damit läßt sich die Entwicklung des Verzerrens und Zusammenfaltens studieren.

HENON
Wie ROPE-ITE, nur ohne Simulation, die Iterationsgleichungen sind durch die Henón-Abbildung gegeben: $X_{neu} = a \cdot X_{alt}^2 + b + c \cdot Y_{alt}$; $Y_{neu} = d \cdot X_{alt}$.

Berechnung von Einzugsgebieten:
ROPE-EIN
Zusatzprogramm zu ROPE-SIM zur Berechnung von Einzugsgebieten. Systematisch werden viele Punkte des Phasenraumes $v_\alpha - \alpha$ als Startpunkte gewählt (Scannen) und jeweils der Einschwingvorgang abgewartet. Je nach dem erreichtem Attraktor wird der Startpunkt in verschiedener Farbe markiert. Das Programm beinhaltet spezielle Routinen zur Untersuchung von Startpunkten nahe des hyperbolischen Punktes. Optional kann die Farbmarkierung abhängig von der Dauer der Konvergenz zu einem Attraktor (unabhängig vom erreichten Attraktor) gewählt werden. Damit läßt sich das globale Konvergenzverhalten untersuchen.

Berechnung des Liapunov-Exponenten:
ROPE-LIA
Zusatzprogramm zu ROPE-SIM zur Untersuchung von Fehlerentwicklung und Berechnung des Liapunov-Exponenten. Es werden zwei benachbart startende Bahnen ausgewertet, die Abstandsentwicklung über die Zeit aufgetragen und hierfür eine exponentielle Näherung durchgeführt. Der Exponent ist der Liapunov-Exponent (siehe GL.6.8 und GL.6.9; Methode nach Brandstäter et al [13]). Systematisch kann diese Berechnung in Abhängigkeit des Kontrollparameters I durchgeführt werden.

Programme zu Iterationen

ITER
Für verschiedene Iterationsgleichungen werden die Iterationen Schritt für Schritt durchgeführt und dargestellt. Zur Iteration stehen verschiedene Funktionen zur Wahl:

$f(X) = C \cdot X \cdot (1-X)$ (logistische Funktion)
$f(X) = C \cdot X \cdot (1-X)^2$
$f(X) = C \cdot \sqrt{X \cdot (1-X)}$
$f(X) = C \cdot \sin(\pi \cdot X)$
$f(X) = - C \cdot X^2 + 0{,}3 \cdot X + 1$ (Henón-Iteration)

Das Programm beinhaltet eine Option zur Darstellung der Rückabbildung $X_{neu}(X_{alt})$. Damit eignet es sich zum Studium des Konvergenzverhaltens. Die Funktionen $f(X)$, $f^2(X)$, $f^3(X)$ und Hilfslinien sind einzeichenbar. Weitere Optionen erlauben die systematische Berechnung des Feigenbaum-Diagrammes und des Liapunov-Exponenten in Abhängigkeit vom Kontrollparameter C. Der Liapunov-Exponent wird dabei über die Ableitung der Iterationsfunktion berechnet (nach GL.6.5).

Programme zu Fraktalen

Erzeugung fraktaler Strukturen:
FRAK-WUR
Ausgehend von einem Punkt wächst eine dendritische Struktur. Dazu startet immer wieder ein Punkt von einem entfernten Kreis (Winkel zufällig) und wandert mit "Random Walk" über die Fläche. Berührt er an einer Stelle die Struktur, bleibt er dort und ergänzt diese (siehe Abb.6.9). Als Art der Wechselwirkung kann zwischen Berücksichtigung zum Einfang der direkten Nachbarn oder auch über Eck gewählt werden.

FRAK-RAN
Erzeugung einer Punktmenge, die zufällig durch "Random Walk" in zwei Dimensionen entsteht.

FRAK-KOC und SCHNEE
Generierung der Kochschen Kurve. Beim Programm SCHNEE wird von einenem Dreieck ausgegangen, so entsteht eine "Schneeflocke".

FRAK-DRE
Erzeugung des Sierpinski-Dreiecks durch Iteration über Zufallsmethode. Zufällig wird einer von drei festgelegten Punkten A,B,C ausgesucht. Ein neuer Punkt P_{neu} definiert sich als Mittelpunkt zwischen dem alten Punkt P_{alt} und dem ausgewählten Eckpunkt.

FRAK-BLA
Erzeugung des fraktalen Farnblattes durch Iteration über Zufallsmethode. Zufällig wird einer von vier Datensätze $a_i, b_i, c_i, A_i, B_i, C_i$ ausgesucht. Ein neuer Punkt (x_n, y_n) definiert sich aus dem alten Punkt (x_a, y_a) mit dem ausgewählten Datensatz über die affine Abbildung:
$x_n = a_i \cdot x_a + b_i \cdot y_a + c_i$ $\qquad$ $y_n = A_i \cdot x_a + B_i \cdot y_a + C_i$

Bestimmung der fraktalen Dimension:
FD-BOX
Bestimmung der fraktalen Dimension nach dem Gitter-Verfahren (siehe Kapitel 6.) für Strukturen auf zweidimensionaler Grundmenge. Im Demonstrationsteil wird die Methode schrittweise dargestellt. Optionen sind die interaktive Bestimmung von Näherungsgeraden und Generierung von fraktalen Mengen.

FD-DIS
Bestimmung der fraktalen Dimension nach dem Abstandsanalyse-Verfahren (siehe Kap. 6.) für Strukturen auf eindimensionaler oder zweidimensionaler Grundmenge. Optionen sind die schrittweise Demonstration der Methode und interaktive Bestimmung von Näherungsgeraden. Die fraktalen Mengen können über Iteration (logistische Funktion, Sierpinski-Abbildung, Farnblatt-Abbildung, Henón-Abbildung und Iterations-Modellierung für Rotationspendel) oder durch Laden von gemessenen Datensätzen vorbereitet werden.

Programme zum Magnetpendel

Aufnahme und Auswertung des Experimentes:
MAPE-EXP
Aufnahme und Auswertung von Bahnen des Magnetpendels. Die Aufnahme erfolgt mit ORVICO. Es können zwei Meßkurven verglichen werden und damit die Sensitivität auf kleine Störungen untersucht werden. Aus den Meßkurven wird ein Poincaré-Schnitt berechnet.

Simulation des Systems:
MAPE
Simulation des Magnetpendels. Einem zweidimensionalen quadratischen Potential (Modell für Gravitationswirkung) können maximal vier "Hügel" (abstoßende Magnete) bzw. "Mulden" (anziehende Magnete) hinzugefügt. Potential und Bahnen können zwei- oder dreidimensional dargestellt werden. Die Reibungskraft ist proportional zur Geschwindigkeit berücksichtigt. Je nach Startbedingung ergeben sich verschiedene Bahntypen. Es können Einzugsgebiete berechnet werden: Systematisch werden Punkte der x - y - Ebene als Startpunkte gewählt (Scannen) und jeweils abgewartet, bei welchem Magnet die Bahn durch die Dämpfung endet. Entsprechend wird der Startpunkt in verschiedener Farbe markiert. Die Modellierung der Mulden geschieht durch einen kosinusförmigen Ansatz für ein Zusatzpotential .

Programm zum ebenen elastischen Pendel

ELPE
Simualtion der Schwingung eines Federpendels in zwei Dimensionen. Aus der Simulation wird der Poincaré-Schnitt berechnet. Durch sytematische Berechnung bei konstanter Energie ergibt sich der vollständige Poincaré-Schnitt (siehe Kapitel 7).

Sonstige Programme

Fehlerentwicklung beim mathematischen Pendel:
SENS-PEN
Zwei Pendel (Masse an drehbarem Stab) werden parallel simuliert und ihr Winkelabstand über die Zeit dargestellt. Damit lassen sich je nach Startbedingungen lineares und exponentielles Fehlerwachstum untersuchen (Sensitive Abhängigkeit von Startbedingung).

Überlagerung von Schwingungen:
SUPE-POS
Überlagerung von Schwingungen zur Analyse von diskreten Fourier-Spektren. Schritt für Schritt wird jeweils eine Schwingung $S = A \cdot \cos(\omega \cdot t) + B \cdot \sin(\omega \cdot t)$ zur schon vorhandenen Schwingung addiert. Das Programm dient zur Analyse der Kurvenformen von ROPE-EXP und ROPE-SIM.

Demonstration der Bäcker-Transformation:
BACK-TRAF
Schritt für Schritt kann verfolgt werden, wie durch Strecken und Zusammenfalten eines Quadrates ein Mischvorgang abläuft (siehe Abb.3.35).

III. Literatur

Neben Publikationen, die im Text zitiert werden, sind zur Ergänzung eine Auswahl von weiteren Veröffentlichungen angeführt.

[01] Abraham R.H., Shaw C.D.:
Dynamics - The Geometry of Behavior. Part 1: Periodic Behavior
Dynamics - The Geometry of Behavior. Part 2: Chaotic Behavior
Dynamics - The Geometry of Behavior. Part 3: Global Behavior
Aerial Press, Santa Cruz, California, 1984

[02] Backhaus U., Schlichting H.J.:
Auf der Suche nach Ordnung im Chaos
MNU 43/8 (1.12.1990), S.456-466

[03] Bader F.:
DPG-Physikschule für Lehrer
Phys.Bl. 45(1989) Nr.9, S.388

[04] Becker F.:
Pierre Simon Laplace
in Die Grossen, Band VI/2, S.944-955

[05] Becker K.H., Dörfler M.:
Computergrafische Experimente mit Pascal - Chaos und Ordnung in dynamischen Systemen
Vieweg, Braunschweig, 1986

[06] Behr R.:
Ein Weg zur fraktalen Geometrie
Ernst Klett Schulbuchverlag, Stuttgart, 1989

[07] Bergé P., Pomeau Y., Vidal C.:
Order within Chaos
John Wiley & Sons, New York, 1984

[08] Bergé P., Dubois M., Manneville P., Pomeau Y.:
Intermittency in Rayleigh-Bénard convection
Le Journal de Physique-Lettres 41 (1980) p.341-345, (Reprint in [19])

[09] Beutelsbacher A., Petri B.:
Der Goldene Schnitt
BI-Wissenschaftsverlag, Mannheim, Wien, Zürich, 1988

[10] Biebach G.:
Die Lorenzgleichungen - von der mathematischen Formulierung bis zum Experiment Wasserrad. Schriftl. Hausarbeit für Prüfung LAG in Bayern, Lehrstuhl für Didaktik der Physik, Universität München, 1990

[11] Binnig G.:
Aus dem Nichts - Über die Kreativität von Natur und Mensch
Piper, München, 1989

[12] Böhm U.:
Einführung der Chaostheorie in der Schule anhand des nichtlinearen elektrischen Schwingkreises. Schriftl. Hausarbeit für Prüfung LAG in Bayern, Lehrstuhl für Didaktik der Physik, Universität München, 1989

[13] Brandstäter A., Swift J., Swinney H.L., Wolf A.:
A strange attractor in a Couette-Taylor experiment in Turbulance and chaotic phenomena in fluids (editor: T.Tatsuni)
Elsevier Science Publishers B.V. (North-Holland), IUTAM,1984,p.179-184

[14] Breuer R.:
Das Chaos
GEO, 7/1985, p.36-54

[15] Brun, E.:
Von Ordnung und Chaos in der Synergetik
PhuD 4,1985, p.289-308

[16] Chaos und Fraktale, Spektrum der Wissenschaft: Verständliche Forschung
Spektrum-der-Wissenschaft-Verlagsgesellschaft, Heidelberg, 1989

[17] Chaotische Nachrichten
Monatsschrift von "Die Chaos-Gruppe - Verein zur Förderung der Erforschung nichtlinearer Dynamik e.V.", Technische Universität München

[18] Crutchfield J.P., Farmer J.D., Packard N.H., Shaw R.S.:
Chaos
Spektrum, Februar 1987, S.78-91 (Reprint in [16])

[19] Cvitanovic P.:
Universality in chaos
Adam Hilger, Bristol and New York, 1984,1986,1989

[20] Dengler R., Luchner K., Worg R.:
ORVICO - Object Registration by Video and Computer
Intern. Conference "Low Cost Experiments ...", Kairo 1987, Proceedings

[21] Dengler R., Luchner K., Worg R.:
ORVICO - Eine neue Methode zur Auswertung von Bewegungsvorgängen
PhuD 2, 1987, S. 128-131

[22] Deker U., Thomas H.:
Unberechenbares Spiel der Natur - Die Chaos-Theorie
bild der wissenchaft, 1/83 p.63-75

[23] Dorn F., Bader F.:
Physik Oberstufe Gesamtnand 12/13, Lehrerband
Schroedel, Hannover, 1988

[24] Eberl W., Kuchler M., Hübler A., Lüscher E., Maurer M., Meinke P.:
Analytical Representation of Stroboscobic Maps of Ordinary Nonlinear Differential Equations
Zeitschrift für Physik B - Condensed Matter 68, p. 253-258 (1987)

[25] Ernst B.:
Der Zauberspiegel des M.C.Escher
TACO Verlagsgesellschaft, Berlin, 1986

[26] Feigenbaum M.J.:
Universal Behavior in Nonlinear Systems
Los Alamos Science 1 4-27 (1980), (Reprint in [19])

[27] GEO - Wissen: Chaos + Kreativität
Gruner + Jahr, Hamburg, 1990

[28] Gerlach W.:
Johannes Kepler
in Die Grossen Band V/2, S.524-565, Kindler Verlag, Zürich, 1977

[29] Gleick J.:
Chaos - die Ordnung des Universums
Droemer Knaur, München 1988

[30] Grassberger P., Procaccia I.:
Characterization of Strange Attractors
Physical Review Letters, Vol. 50, Nr5 (31.Jan.1983) p.346-349

[31] Grebogi C., Ott E., Yorke J.A.:
Chaos, Strange Attractors, and Fractal Basin Boundaries in Nonlinear Dynamics. Science, Vol.238, (30 October 1987) p.632-638

[32] Grenacher F.:
Zu den Mathematischen Grundlagen der Chaostheorie
Referat zur Tagung "Computereinsatz im Fach Physik"
Staatliche Akademie Comburg, 28.-30.Juni 1989

[33] Großmann S., Thomae S.:
Invariant Distributions and Stationary Correlation Functions of One-Dimensional Discrete Processes.
Zeitschr. für Naturforschung 32a(1977), p.1353-1363

[34] Großmann S.:
Selbstähnlichkeit: Das Strukturgesetz im und vor dem Chaos
Phys.Bl. 45(1989) Nr.6, S.172-180

[35] Haken H.:
Synergetik
Physica didacta, 1,1979, p.3-11

[36] Haken H.:
Erfolgsgeheimnisse der Natur. Synergetik: Die Lehre vom Zusammenwirken
Ullstein - Sachbuch, Nr.34220, Frankfurt/M, Berlin 1988

[37] Hofstadter D.R.:
Metamagical Themas
Scientific America 239(11), 1981, p.16-29

[38] Hübler A.W.:
Beschreibung und Steuerung nichtlinearer Systeme
Dissertationsschrift an der Technischen Universität München, 1987

[39] Hénon M.:
A Two-dimensional Mapping with a Strange Attractor
Communications in Mathemat. Physics 50 (1976), p.69-77, (reprint in [26])

[40] Jodl H.J., Luchner K.:
Forschen lernen - Möglichkeiten am Computer
Phys.Bl. 47 (1991) Nr.6

[41] Kadanoff L.P.:
Roads to chaos
PHYSICS TODAY, December 1983, p.46-53

[42] Kirchgraber U.:
Mathematik im Chaos: Ein Zugang auf dem Niveau der Sekundarstufe I
Berichte über Mathematik und Unterricht, No.90-03, ETH Zürich, 1990

[43] Korsch H.J., Mirbach B., Jodl H.-J.:
Chaos und Determinismus in der klassischen Dynamik: Billard-Systeme als Modell.
PdN-Ph. Ordnung und Chaos, 7/36 (1987) S.2-10

[44] Korsch H.J.:
Ordnung und Chaos - Grundlagen
Vortragsmanuskript Lehrerfortbildung Universität Kaiserslautern, Feb. 1988

[45] Küppers Bernd-Olaf (Hrsg.):
Prinzipien der Selbstorganisation und Evolution des Lebens
Serie Piper, München 1987

[46] Kuhn W. (Hrsg.):
Synergetik
PdN-Ph. 35. Jahrgang, Nr.4, 1986

[47] Kuhn W. (Hrsg.):
Ordnung und Chaos
PdN-Ph. 7/36. Jahrgang 1987

[48] Kuhn W. (Hrsg.):
Physik Band II, 1.Teil: Klasse 11
Westermann Schulbuchverlag, Braunschweig, 1989

[49] Kunick A., Steeb W.-H.:
Chaos in dynamischen Systemen
Bibliographisches Institut, Mannheim, Wien, Zürich, 1986

[50] Leven R.W., Koch B.-P., Pompe B.:
Chaos in dissipativen Systemen
Vieweg, Braunschweig, 1989

[51] Lorenz E.N.:
Deterministic Nonperiodic Flow
Journal of the Atmospheric Science, Vol.20(1963), p.130-141

[52] Luchner K.:
Aufgaben der Fachdidaktik an der Universität
Ringvorlesung an der Ludwig-Maximilians-Universität, WS 1989/90

[53] Luchner K., Worg R.:
Chaotische Schwingungen - Beobachtungen, Simulation, Interpretation
PdN-Ph. 4/35. Jahrgang 1986, p.9-22

[54] Luchner K., Worg R.:
Harmonische und chaotische Schwingungen
MNU 40/6, 1987, S. 337-343

[55] Luchner K., Worg R.:
Introductory Examples to Chaotic Motion - Mechanical Systems in Experiment and Simulation
Intern. Workshop "Chaos in Education", Balaton,Ungarn, 1987, Proceedings

[56] Lüscher E.:
Zur Physik des Chaos, 1.Teil
PhuD 3, 1989, p.207-230

[57] Mandelbrot B.B.:
The Fractal Geometry of Nature
Freeman, San Francisco, 1982

[58] Manneville P., Pomeau Y.:
Intermittency and the Lorenz Model
Phys.Lett. 75A (1979) 1

[59] Martienssen W.:
Beobachtungen an deterministisch-chaotischen Systemen
Vortrag auf DPG-Physikschule für Lehrer, Bad Honnef, Juli 1989

[60] Marx G. (editor):
Teaching non-linear phenomena Vol.I + Vol.II
Proceedings of the International Workshop Lake Balaton, Hungary, 4/1987

[61] May R.M.:
Simple mathematical models with very complicated dynamics
Nature Vol 261, No 5560 (1976), pp 459-467, (Reprint in [19])

[62] Mayer-Kress G.:
Leserbrief in Bild der Wissenschaft 4/1983. S.14

[63] Merté B.:
Wachstum und Eigenschaften dentritischer Strukturen
Phys.Bl. 46 (1990), Nr.1. p.21-22

[64] Moser J.:
Is the Solar System Stable ?
Neue Zürcher Zeitung, 14.Mai 1975

[65] Nicolis G., Prigogine I.:
Die Erforschung des Komplexen
Piper Verlag, München, 1987

[66] Ottino J.M.:
Mischen zäher Flüssigkeiten
in [16], S.52-61

[67] Peitgen H.-O., Richter P.H.:
The Beauty of Fractals - Images of Complex Dynmical Systems
Springer, Berlin Heidelberg, 1986

[68] Peitgen H.-O., Saupe D. (Editors):
The Science of Fractal Images
Springer, New York, 1988

[69] Pflug A.:
Kosmos und Chaos
Vortrag Lehrerfortbildung Universität Kaiserslautern, Februar 1988

[70] Poincaré H.:
Les Méthodes Nouvelles de la Méchanique Céleste III
Gauthiers-Villards, Paris, 1899

[71] Richter P., Scholz H.-J.:
Das ebene Doppelpendel
Unterrichtsfilm C 1574, IWF, Göttingen, 1984
dazu Publikationen zu wissenschaftlichen Filmen, Serie 9 No 7,1986

[72] Richter P.H., Scholz H.-J.:
Der goldene Schnitt in der Natur
in Küppers (Hrsg.) Ordnung aus dem Chaos, Serie Piper 743, S.175-214
Piper-Verlag München 1987

[73] Ruelle D.:
Les attracteurs étranges
La Rechere N°108 Février 1980, Vol.11, p.132-144

[74] Ruelle D:
Strange Attractors
The Mathamatical Intelligencer 2 (1980), P.126-137,
(Übersetzung von [73], Reprint in [19] p.37-48)

[75] Schuster H.G.:
Deterministic Chaos - An Introduction, 2. revised edision
VCH Verlagsgesellschaft mbH, Weinheim, 1988

[76] Sexl R.U.:
Die klassische Mechanik - eine trockene Materie, Ordnung und Chaos
Lehrbrief für Integrierte Lehrerfortbildung mit Schwerpunkt Physik
Österr. Bundesministrium für Unterricht und Kunst, Wien, 1982

[77] Siemsen F.:
Chaos und Raumbegriff
physica didactica 16, Heft 1 (1989), p.35-40

[78] Silverberg L., Luchner K., Worg R.:
Nichtlineare gekoppelte mechanische Systeme: Simulation, Experiment, stabiles und chaotisches Verhalten
PhuD 1, 1986, S. 23-38

[79] Stierstadt K.:
Ordnung und Unordnung in Materie
PhuD 4, 1973, S.292-311

[80] Stütz F.:
Das Chaos-Pendel, Versuch in der 7. Klasse am Gymnasium ...
Wissenschaftliche Nachrichten Nr. 85, Wien, Januar 1991
Hrsg.: Österreichisches Ministerium für Unterricht, Kunst und Sport

[81] Weingart A.:
Das ebene elastische Pendel - Computersim. eines chaotischen Systems
Schriftl. Hausarbeit für Prüfung LRS in Bayern, Lehrstuhl für Didaktik der Physik, Universität München, 1987

[82] Weisskopf V.F.:
Probleme der Popularisierung der modernen Physik
Phys.Bl. 46 (1990), Nr.3, S.73-76

[83] Wisdom J.:
Urey Prize Lecture: Chaotic Dynamics in the Solar System
Icarus 72 (1987), p.241-275

[84] Worg R.:
Sind Computer im Unterricht nichts weiter als unnützes Spielzeug?
in "Wege in der Physikdidaktik" (Hrsg. W.Schneider), Verlag Palm & Enke, Erlangen, 1989

[85] Zöpfl H. (Hrsg.):
Kleines Lexikon der Pädagogik und Didaktik
Verlag Ludwig Auer, Donauwörth, 1975

IV. Stichwortverzeichnis

N

O

P

Q

R

S

T

U

V

W

Y

Z